建筑施工特种作业人员安全培训系列教材

塔式起重机安装拆卸工

中国建筑业协会机械管理与租赁分会　组编
张燕娜　主编

中国建材工业出版社

图书在版编目（CIP）数据

塔式起重机安装拆卸工/张燕娜主编．—北京：中国建材工业出版社，2019.1（2021.4 重印）
建筑施工特种作业人员安全培训系列教材
ISBN 978-7-5160-2411-9

Ⅰ.①塔… Ⅱ.①张… Ⅲ.①塔式起重机—装配（机械）—安全培训—教材 Ⅳ.①TH213.308

中国版本图书馆 CIP 数据核字（2018）第 209689 号

内容简介

本书以丰富的图示、经验性解释的方式，阐述了塔机分类、塔机主要性能参数、塔机各系统构造、安全保护装置、附着及基础装置、安拆作业示例说明、简易维护及故障处理、塔机安拆作业安全常识、塔机安拆验收标准、典型塔机安拆事故案例分析等内容。

本书为读者提供了塔机专业知识、经验总结、关键安全技术要点，可作为塔机安装拆卸工的培训教学用书。

塔式起重机安装拆卸工

中国建筑业协会机械管理与租赁分会　组编
张燕娜　主编

出版发行：中国建材工业出版社
地　　址：北京市海淀区三里河路 1 号
邮　　编：100044
经　　销：全国各地新华书店
印　　刷：北京雁林吉兆印刷有限公司
开　　本：850mm×1168mm　1/32
印　　张：12.375
字　　数：310 千字
版　　次：2019 年 1 月第 1 版
印　　次：2021 年 4 月第 2 次
定　　价：54.80 元

本社网址：www.jccbs.com，微信公众号：zgjcgycbs

本书如有印装质量问题，由我社市场营销部负责调换，联系电话：(010)88386906

《塔式起重机安装拆卸工》编委会

前　言

随着我国深化改革的进程，建筑业在近二十年内飞速发展，塔式起重机（以下简称塔机）的应用规模自本世纪初开始出现井喷式发展。目前我国塔机无论从规模、种类、应用上均很广泛，从事塔机科研、设计、制造、安装、维修、管理的人员规模是不容忽视的大型群体。

在塔机飞速发展过程中的初期，伴随着塔机安拆单位以及大量塔机安拆作业人员加入本行业，安拆单位及安拆作业人员的准入门槛明显降低，安拆单位及安拆作业人员的能力水平难以跟上行业发展的脚步，外加塔机行业并非社会媒体所关注的前沿行业，社会自发的技术培训和技术交流体系明显欠缺，塔式起重机事故频发。总结塔机事故发现，塔机事故绝大部分发生在塔机安拆环节中。

塔机自身即为特种设备中的典型设备，具有高危性、非标性、复杂性的特点，也是国家法规定义中的“危大工程”，需要具有较高专业理论和专业技能的人员参与塔机工作。然而，由于诸多原因，我国塔机安拆作业人员平均文化水平不高，另因大量安拆单位管理上的懈怠，使得塔机安拆作业人员大量工作在诸多危险源之中，更为严重的是，塔机安拆作业人员往往没有意识到这种危险状态。

针对上述现状和特点，本书围绕相关法规、标准及考试范围，以通俗易懂为原则，以突出表达经验总结、理论总结、示例讲解、图片展示、关键安全操作为特点，意在使读者在掌握考试必备知识点的同时，学习一些有关塔机安拆作业安全的专业理论和经验，提高塔机安拆作业质量，为塔机安拆作业人员增添一份安全保障。

编　者
2018年8月

目　　录

第一章　塔式起重机的分类

第一节　国家推荐标准对塔式起重机的分类规定

《塔式起重机》(GB/T 5031) 中规定，塔式起重机（下称塔机）分类按照架设方式、变幅方式、臂架结构形式、回转方式四种方式划分，如图 1-1 所示。

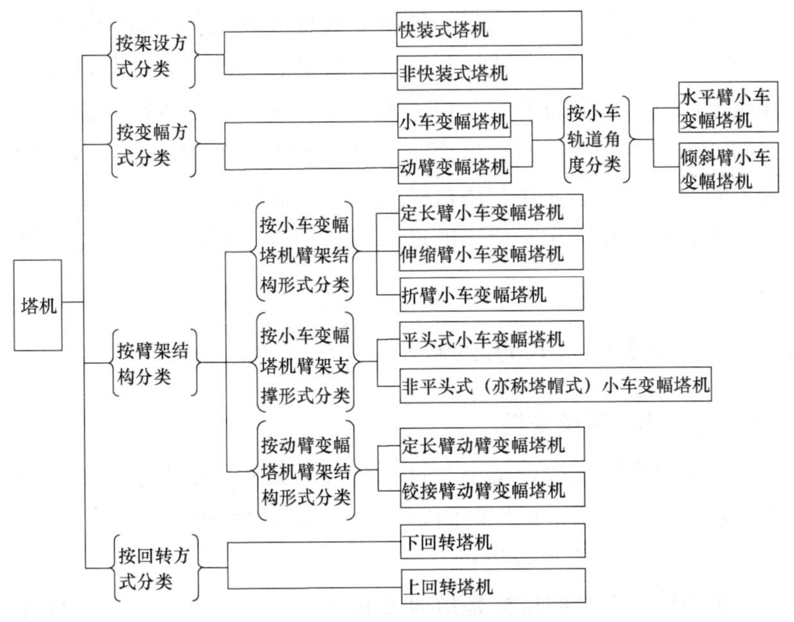

图 1-1　塔式起重机国标分类图

一、按架设方式分类

(一) 快装式塔机

一般为自行架设塔机，即依靠自身的动力装置和机构能实现运输状态与工作状态相互转换的塔机。快装式塔机安装、拆卸方便，改变高度能便捷快速适应建筑物高度的变化。其中底盘形式有轮胎加支腿或轨道式，运输时需另配牵引车或专用牵引车，但因一般塔机级别较小，现今国内已很少使用。有采用专用汽车底盘或履带底盘的，可以自行运输和自行组装进入工作状态，但因较其他常规塔机制造成本高，国内除在风电等特殊工程外很少使用。

(二) 非快装式塔机

一般为非自行架设塔机，即依靠其他起重设备进行组装架设成整机的塔机。非快装式塔机安装、拆卸较为复杂，一般起重臂杆在地面安装后靠自升起升拉力将起重臂杆搬起，拆卸时靠自身的制动力控制臂杆降落至地面；另外随着现今辅助起重设备能力的不断增强，大多非快装塔机的安装、拆卸已基本全部由辅助起重设备完成。现今实际使用的塔机不论何种类别，全部是非快装式塔机。

二、按变幅方式的分类

(一) 小车变幅塔机

小车变幅塔机按臂架小车轨道与水平面的夹角大小又可细分为水平臂小车变幅塔机和倾斜臂小车变幅塔机两种。

1. 水平臂小车变幅塔机

水平臂小车变幅塔机是指通过起重小车沿起重臂运行进行变幅的塔机。这类塔机的起重臂架固定在水平位置，变幅小车悬挂于臂架下弦杆上，两端分别和变幅卷扬机的钢丝绳连接；在变幅小车上装有起升滑轮组，当收放变幅钢丝绳拖动变幅小车移动时，起升滑轮组也随之而变，以此方法来改变吊钩的幅度。它的优点是幅度利用率高，而且变幅时所吊重物在不同幅度时高度不变，工作平稳。其缺点是臂架受力以弯矩为主，故臂架质量比动臂变幅架的质量稍大一些。另外，在同样塔身高度的情况下，小车变幅塔机比动臂变幅塔机的起重高度利用范围小。如图 1-2、图 1-3 所示。

图 1-2 水平臂、小车变幅、非平头（塔帽式、拉杆式）、上回转、定长臂

2. 倾斜臂小车变幅塔机

是指小车变幅塔机的起重臂可在一定角度范围内仰起，以便略微提高塔机的提升高度。此类塔机在业内已几乎不可见到，主要因为在设计上存在技术瓶颈，仅在少数设计单位做过微型塔机设计实验。一类较为可靠的倾斜臂小车变幅塔机，是将小车固定在臂端后，再做起重臂俯仰运动，实现动臂式塔机的同等运动原理，俯仰角度相对较大；另外一类是经过对变幅钢丝绳、起升钢丝绳及小车结构做较大改装，以达到起重臂俯仰小角度后小车仍可在起重臂上行走，但俯仰角度很小，一般为 30°左右。

图 1-3 水平臂、小车变幅、平头式、上回转、定长臂

（二）动臂变幅塔机

是指通过臂架俯仰运动进行变幅的塔机。幅度的改变是利用变幅卷扬机和变幅滑轮组系统来实现的。起重臂上仰时，起升高

度不需要靠增加塔身标准节来实现；动臂变幅式塔机的最大起重量比相同起重力矩的水平臂塔机的大，很适合一次起重量比较大的施工；动臂塔机结构复杂，能耗高。动臂塔机平衡臂的回转半径很短，起重臂上仰时，塔机工作幅度随之减少，因此十分利于塔机灵活地避开空中的障碍物，减少施工工地群塔之间的相互干扰。臂架受力状态良好，以轴向压力为主，臂架自重相对较轻。当塔身高度一定时，与其他类型塔机相比，具有一定的起升高度优势。近些年来，随着我过超高层建筑飞速发展，重型动臂式塔机常以内爬式、外挂式安装应用。

三、按臂架结构形式分类

（一）按小车变幅塔机臂架结构形式分类

1. 定长臂小车变幅塔机

是指起重臂由不同段钢结构架组成，只能拼装成某种特定长度的起重臂，塔机工作中不能随时更改起重臂长度。目前国内大多数小车变幅塔机的臂架均属于定长臂。

2. 伸缩臂小车变幅塔机

是指起重臂可以在一定范围内伸缩，变换臂长及作业半径。较定长臂小车变幅塔机有随时变臂长的优势，但因结构复杂、起重臂的自重因伸缩结构而加大，目前国内较少使用。

3. 折臂小车变幅塔机

是可以根据起重作业需要，臂架可以弯折的塔机。该塔机可以同时具备动臂变幅和小车变幅的性能，一般起重臂分为前后两节，后节臂可以俯仰变幅改变角度，前节臂随后节臂角度变化而改变高度但仍处于水平状态，小车仍可运行，如图 1-4 所示。

图 1-4　折臂式小车变幅塔机

（二）按小车变幅塔机臂架支撑形式分类

1. 平头式小车变幅塔机

是指无塔帽和臂架拉杆等部件，其臂架与塔身为 T 字形的塔机，如图 1-7 所示。由于臂架采用无拉杆式，此种设计形式很大程度上给起重臂的分段安装提供了便利，同时因为没有塔帽的存在，塔机最高点的高度较非平头式塔机一般可以降低 6m 左右，有助于群塔错高。平头臂架形式的受力条件不佳，臂架质量及高度均比非平头塔机的大，制造成本较高，臂架运输占用车辆相对较多。近年来，平头式小车变幅塔机已越来越受到使用者欢迎，目前使用量已越来越接近非平头式小车变幅塔机。

2. 非平头式小车变幅塔机

一般是指常见的塔帽式小车变幅塔机，亦称锤头式、拉杆式、塔尖式或塔头式等多种称谓，如图 1-6 所示，是使用较长的传统塔机形式。因有拉杆结构存在，是最符合力学原理的结构形式，最大限度节省了塔机结构材料及保证结构强度，较平头式小车变幅塔机，因拉杆及塔尖结构的存在使得塔机最大高度点较高，不利于群塔错高，另外因为起重臂上的一根或多根拉杆的存在，造成起重臂安装、拆卸时较为麻烦，且因起重臂上拉杆节点的存在造成起重臂一般只能以整体或者分为较短整体吊装，对拼装场地尺寸要求较高。

（三）按动臂变幅塔机臂架结构形式分类

1. 定长臂动臂变幅塔机

是指起重臂由不同钢结构架组成，只能拼装成某种特定长度的起重臂，塔机工作中不能随时更改起重臂长度，如图 1-8 所示。目前国内大多数动臂变幅塔机的臂架均属于定长臂。

2. 铰接臂动臂变幅塔机

是指起重臂以铰接形式分为两段或多段的动臂变幅塔机，较定长动臂变幅塔机，可以通过铰接点转动，使得整个臂架出现折弯，从而躲避吊装过程中臂架下障碍物，具有较好的障碍环境适应性，但因结构复杂，在国内使用不多。

四、按回转方式分类

（一）上回转塔机

是指回转支撑设置于塔机的上部的塔机。其特点是塔身不转动，在回转部分与塔身之间装有回转支撑装置，这种装置将上、下两部分系为一体，又允许上、下两部分相对回转。如图 1-6～图 1-11 所示。优点是：操作室一般设置在塔机上部，操作视线较好；由于塔身不转动，给塔机附着、内爬、外挂等安装形式提供了必要条件。缺点是：一般平衡配重和所有机构设置在塔机上部，外加回转支撑重量较大，上回转塔机的重心偏高，稳定性不好。因其优点的存在，目前国内应用的多为上回转塔机。

（二）下回转塔机

是指回转支撑设置于塔身底部、塔身相对于底架转动的塔机。其回转总成、平衡重、工作机构等均设置在下端，吊臂装在塔机顶部，塔身、平衡重和所有的机构等均装在转台上，并与回转台一起回转，如图 1-2～图 1-5 所示。优点是：重心低、稳定性好、塔身仅受单项弯矩，因平衡重放置在下部，能够自行架设、整体搬运。缺点是：操作室一般设置在下回转台上，操作视线不佳；塔身在工作时需要转动，无法进行附着、内爬、外挂等多种安装形式，无法满足大型建筑需求。因此，下回转塔机的应用主要是针对在一定高度范围内的吊装工况，多为小型快装式塔机，大多高层建筑均无法使用，但也有较大甚至超大型的下回转塔机应用在不需要附着的工况中。

第二节　行业标准对塔机的分类规定

《建筑施工塔式起重机安装、使用、拆卸安全技术规程》(JGJ 196—2010) 中规定（下称“行标”），塔机分类按照架设方式、变幅方式、回转方式、加节方式四种方式划分，如图 1-5 所示。

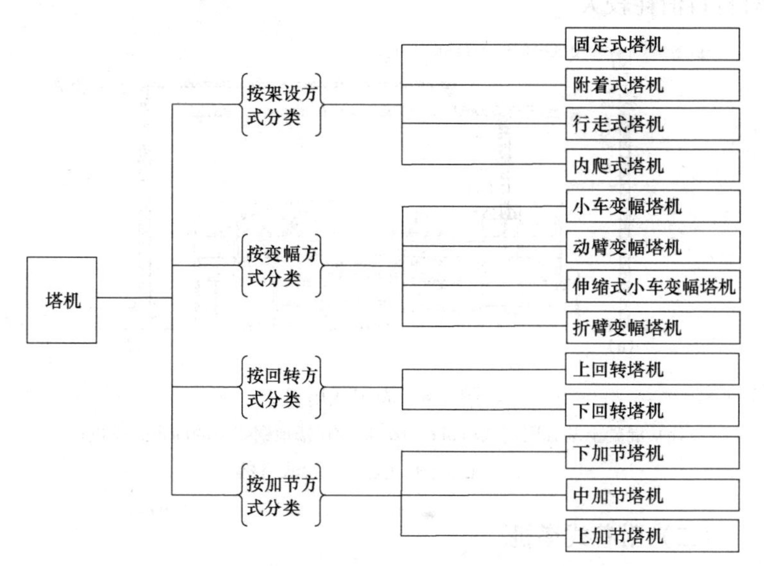

图 1-5　塔式起重机行业标准分类图

行标分类方式与国标分类方式相比，新增了按架设方式分类的种类及按加节方式分类的种类，现对该新增种类进行介绍。

一、按架设方式分类

（一）固定式塔机

是指塔机基础处于固定状态的塔机，一般包括塔机底部通过预埋件预埋在混凝土结构中、连接于钢结构底架、连接于装配式混凝土块组、将无台车行走底架放置于坚固地面的形式或者其他固定连接方式。一般塔身为独立自由状态，无附着结构，如图1-6所示。优点是：一般占用场地较小、稳定性相对有保障、可以安装在各类结构之上。缺点是：塔机不能移动，作业半径为定值；一般塔机起升高度受限于塔身自由高度，多为40～50m高，超大型塔机可达80～100m高；预埋式混凝土基础常为一次性使用，对材料消耗较大。

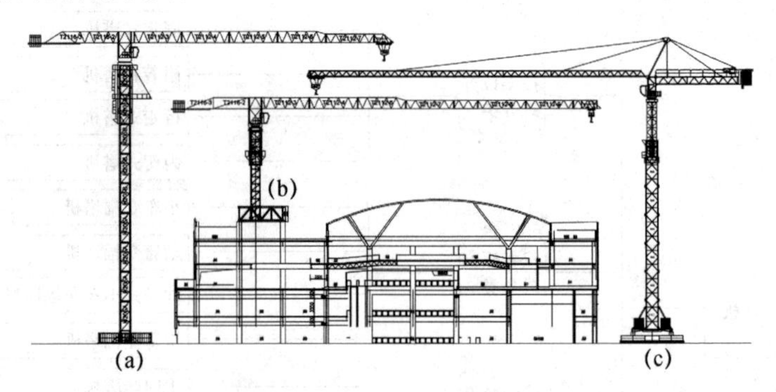

图1-6　固定式塔机

(a) 混凝土基础固定式塔机；(b) 架设在楼顶钢架上的固定式塔机；(c) 无台车行走底架固定式塔机

(二) 附着式塔机

是指塔身通过钢结构附着组件连接于建筑体，抵抗塔身水平作用力，从而抵抗塔机力矩并提高塔机稳定性，使得塔机可以随建筑增高而自行顶升的塔机。附着式塔机没有明确起升高度限制，实际中受限于建筑高度、起升机构钢丝绳长度、标准节极限抗压强度等特定配置。

(三) 行走式塔机

亦称轨道式塔机，是一种由轨道组及塔机行走底架结构组成塔机基础的塔机，可以通过行走改变塔机作业半径范围，适用于面积较大的吊装作业，因行走式塔机的塔身一般均为独立自由状态，行走式基础的稳定性有一定挑战，故行走式塔机的高度一般不会超过塔机最大允许自由高度，一般为40～80m高居多，如图1-7所示。

图1-7　行走式塔机

（四）内爬式塔机

亦称爬升式塔机，是只在建筑体内或外安装多道支架结构后，塔机塔身通过特定的内爬塔身结构架设在支架上，并通过塔身上的爬升机构在多道支架结构上爬升来增加塔机高度的塔机。内爬式塔机既能随建筑的增高而增高，而且塔机总标准节数可以不变，不必向附着式塔机那样需要用标准节从地面一直堆垛安装至最终高度。相比附着式塔机，内爬式塔机的最终高度不受标准节数量、成本和强度极限的限制。随着国内近年来超高层建筑的不断增多，内爬式塔机尤其是重型内爬式塔机得到了大量应用。如图1-8、图1-9所示。

图 1-8　架设于建筑内部的内爬式塔机

图 1-9　架设于建筑内部的内爬式塔机

二、按加节方式的分类

（一）下加节塔机

塔身加节是在近地面进行的，其外套架连在塔机底座上，因而加节较安全，安装也方便。这类塔机一般为下回转塔式起重机，加节的液压缸随着塔身的升高而荷载加大，故起重高度受到一定的限制。下加节塔机在国内使用极少。

（二）塔身中加节塔机

塔身由爬升套架（又称外套架）的侧面横向加节，并借助于液压顶升机构自升。这类塔机分为两种：一种采用外套架内塔身加节；另一种采用内套架外塔身加节，外塔身往上顶升前在平台上临时拼装起来，大多的自升塔机均为中加节塔机，见图 1-10、图 1-11。

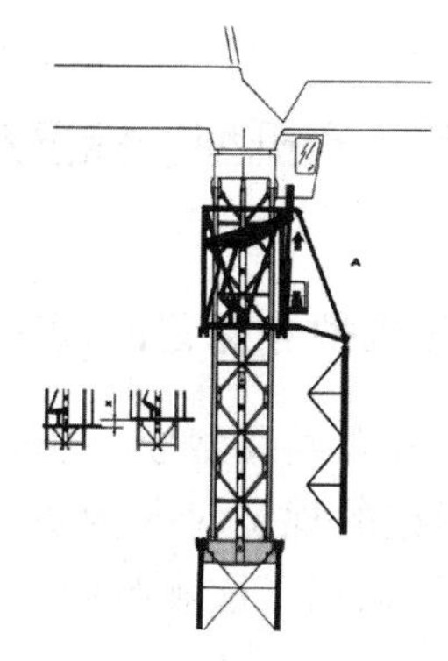

图 1-10　中加节塔机（内套架外塔身）

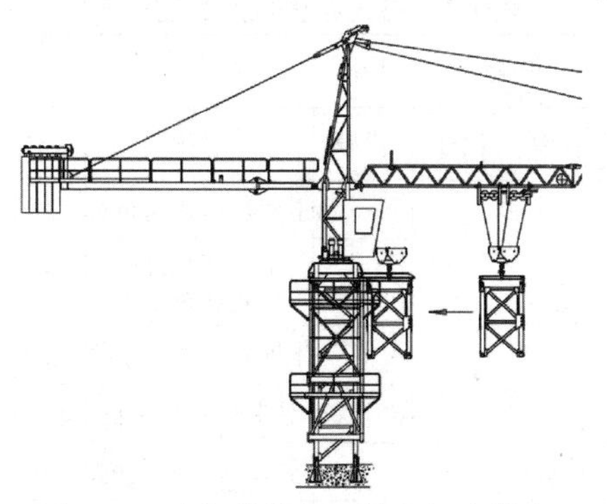

图 1-11　中加节塔机（外套架内塔身）

（三）上加节塔机

起重吊钩把标准节塔身装进起重机顶部中心位置就位，然后利用液压顶升机构逐步爬升，达到自升目的。这种加节安装方法，塔身节安装的高度大，安装效率高，并简化爬升平台。但是，在安装工况下的平衡较复杂，而顶部中心翻板安装较麻烦。上加节塔机在国内使用极少。

第三节　塔机型号标记方式

一、行业标准对塔机型号标记的规定

《建筑机械与设备产品分类及型号》（JG/T5093—1997，现已作废）中对塔机型号标记的规定对业内塔机型号的订立影响深远，此前部分塔机制造厂采用了该规范中的要求。相关规定见表1-1及图1-12。

表1-1　塔式起重机产品型号表

类	组		型号		特性	产品		主参数代号		
名称	名称	代号	名称	代号	代号	名称	代号	名称	单位	表示法
建筑起重机	塔式起重机	QT（起塔）	轨道式（固定式）	—	—	上回转塔式起重机	QT	额定起重力矩	kN·m	主参数乘10^{-1}
					Z（自）	上回转自升塔式起重机	QTZ			
					A（下）	下回转塔式起重机	QTA			
					K（快）	快装塔式起重机	QTK			
			汽车式	Q（汽）	—	汽车塔式起重机	QTQ			
			轮胎式	L（轮）	—	轮胎塔式起重机	QTL			
			履带式	U（履）	—	履带塔式起重机	QTU			
			组合式	H（合）	—	组合塔式起重机	QTH			

型号编制方法

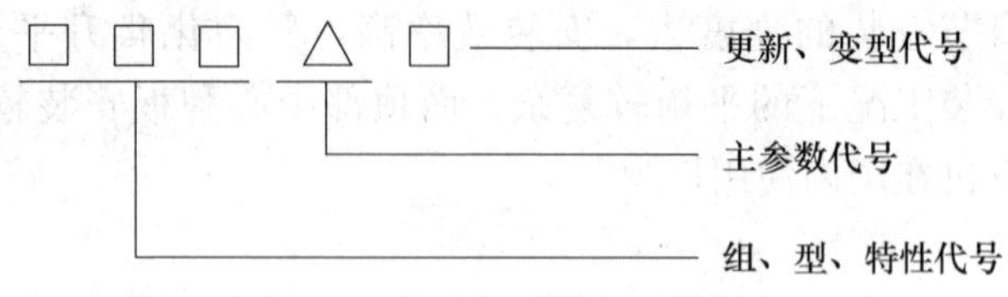

图1-12　行业标准塔机型号标识

标记实例：公称起重力矩为 2500kN·m 的上回转自升式塔式起重机标记为 QTZ250。

二、实际塔机制造厂对塔机型号的标记方式

在过去，国内塔机制造厂主要根据相关标准标记塔机型号，有的也直接采用国外引进塔机型号的原始型号，但是随着近年我国塔机制造规模飞速增长，塔机制造厂数量呈现数量级的增加，塔机型号的标记开始变得纷繁复杂。除了遵循相关标准及引进型号外，很多塔机制造厂都自己命名了代表自己塔机品牌的标记方式，在此仅举出国内常见的塔机型号标记，见表 1-2 所示。

表 1-2　常见国内品牌塔机型号标识及含义

<table>
<tr><th>制造厂家</th><th>厂家型号</th><th colspan="3">标识的含义</th></tr>
<tr><td rowspan="10">四川建机</td><td rowspan="2">C7050</td><td>C</td><td>70</td><td>50</td></tr>
<tr><td>川建塔帽式</td><td>$L_{max}=70m$</td><td>$Q_L=50kN$（5t）</td></tr>
<tr><td rowspan="2">P8030</td><td>P</td><td>80</td><td>30</td></tr>
<tr><td>平头式</td><td>$L_{max}=80m$</td><td>$Q_L=30kN$（3t）</td></tr>
<tr><td rowspan="2">D650</td><td>D</td><td colspan="2">650</td></tr>
<tr><td>动臂变幅</td><td colspan="2">$M_{max}=650tm$（6500kN·m）</td></tr>
<tr><td rowspan="2">M900</td><td>M</td><td colspan="2">900</td></tr>
<tr><td>重型</td><td colspan="2">$M_{max}=900tm$（9000kN·m）</td></tr>
<tr><td rowspan="2">DZ80</td><td>D</td><td>Z</td><td>80</td></tr>
<tr><td>动臂变幅</td><td>折臂式</td><td>$M_{max}=80tm$（8000kN·m）</td></tr>
</table>

续表

制造厂家	厂家型号	标识的含义					
沈阳建机	H3/36B	H	3	36	B		
		L_{max}=60m	单绳拉力3t	Q_L=36kN（3.6t）	改进型代号		
	S560k25	S	560	K	25		
		沈阳建机标识	M_{max}=560tm（5600kN·m）	L_{max}=70m	Q_{max}=25t		
	S160LE8	S	160	L	E	8	
		沈阳建机标识	M_{max}=160tm（1600kN·m）	动臂变幅	L_{max}=45m	Q_{max}=8t	
	M125/75	M	125	75			
		L_{max}=80m	单绳拉力125kN（12.5t）	Q_L=75kN（7.5t）			
永茂建机	ST7032	S	T	70	32		
		永茂建机标识	塔机（Tower）	L_{max}=70m	Q_L=32kN（3.2t）		
	STT393	S	T	T	293		
		永茂建机标识	塔机（Tower）	平头式	M_{max}=293tm		
	STL720	S	T	L	270		
		永茂建机标识	塔机（Tower）	动臂变幅	M_{max}=720tm		
张家港波坦	MC480	M	C	480			
		重型	城市型	M_{max}=480tm			
中联重科	TC7525-16D	T	C	75	25	16	D
		塔机（Tower）	起重机（Crane）	L_{max}=75m	Q_L=25kN（2.5t）	Q_{max}=16t	改进型代号
	D800-42	D	800	42			
		重型	M_{max}=800tm（8000kN·m）	Q_{max}=16t			
	TCR6055	T	C	60	55		
		塔机（Tower）	起重机（Crane）	L_{max}=60m	Q_L=25kN（5.5t）		

续表

制造厂家	厂家型号	标识的含义			
中昇建机	ZSL2700	ZS		L	2700
		中昇建机标识		动臂变幅	M_{max}＝2700tm（27000kN·m）
	ZSC3200	ZS		C	3200
		中昇建机标识		平头式	M_{max}＝3200tm（32000kN·m）
江麓机电	QTZ280	Q	T	Z	280
		起重机	塔式	自升式	M_0＝280tm（2800kN·m）
	JL7032	JL		70	32
		江麓标识		L_{max}＝70m	Q_L＝32kN（3.2t）

注：表中符号、代号解释：

1	L_{max}	最大幅度
2	Q_L	最大幅度处的额定起重量
3	Q_{max}	最大起重量
4	M_{max}	最大起重力矩
5	M_0	公称起重力矩

第二章　塔式起重机的基本技术参数

第一节　幅度

幅度亦称作业半径、工作半径，是指回转中心线至吊钩中心线的水平距离，用 L 表示，常用标准单位为 m（米），一般塔机的幅度中包括最大幅度 L_{max} 和最小幅度 L_{min}，如图 2-1 所示。

最小幅度是指：水平臂塔机小车所能到达的最靠近臂根的设计位置时所形成的幅度；动臂塔机起重臂与水平面夹角为最大设计值时所形成的幅度。

最大幅度是指：水平臂塔机在特定安装臂长配置时，小车所能达到的最远设计位置时所形成的幅度；动臂塔机起重臂与水平面夹角为最小设计值时所形成的幅度。

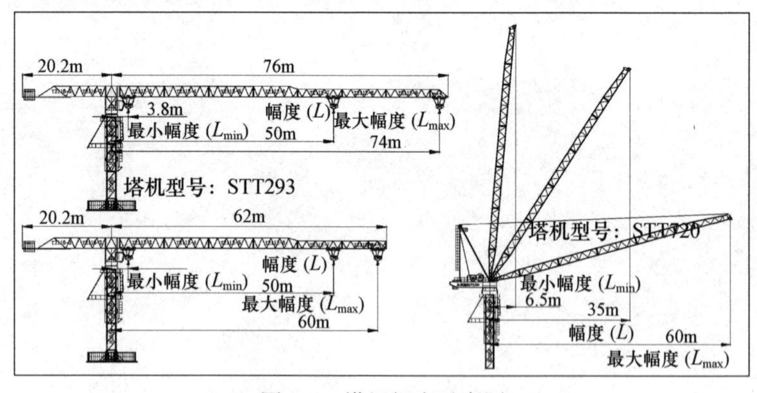

图 2-1　塔机幅度示意图

第二节　起重量

起重量亦称起重重量、起重载荷，或俗称为吊载，是指塔机起吊物体的质量，用 Q 表示，标准单位为 kN（千牛），实际操作中大家为理解方便，常用单位 t（吨）来表示，但要牢记换算关系为：1t＝10kN。

一、额定起重量

是指塔机在不同幅度上所能允许的最大起重量设计值，在塔机设计和出厂时已制定，并通过塔机各限制器限制实际起重量不得超过各幅度时的额定起重量，用 Q_n 表示。

所谓额定起重量特指在某特定型号塔机安装至设计标准独立自由高度时，吊钩以下所有被吊载物体的总质量，随着塔机高度逐渐增高，塔机起升钢丝绳随之加长，起升钢丝绳的自重增加会微量削减塔机额定起重量，尤其塔机到达超高高度时，额定起重量的削减尤为严重，应根据起升钢丝绳自重或说明书中的算法对额定起重量进行折减计算。

塔机在不同幅度时的额定起重量不同，一般可以理解为幅度越大，其额定起重量越小，幅度越小，其额定起重量越大；另外同一台塔机在安装不同起重臂长配置时，各幅度上的额定起重量也不同，同一台塔机特定臂长时采用不同起升钢丝绳数或小车数量，各幅度上的额定起重量也不同。

如图 2-2、图 2-3 所示。

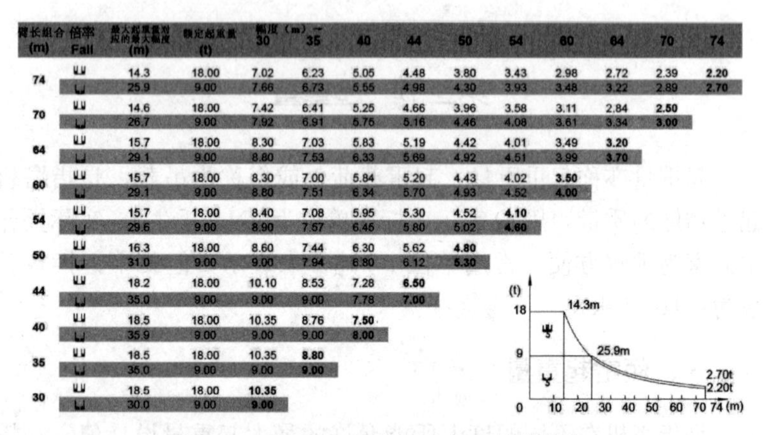

臂长组合 (m)	倍率 Fall	最大起重量对应的最大幅度 (m)	额定起重量 (t)	幅度（m）→ 30	35	40	44	50	54	60	64	70	74
74		14.3	18.00	7.02	6.23	5.05	4.48	3.80	3.43	2.98	2.72	2.39	**2.20**
		25.9	9.00	7.66	6.73	5.55	4.98	4.30	3.93	3.48	3.22	2.89	**2.70**
70		14.6	18.00	7.42	6.41	5.25	4.66	3.96	3.58	3.11	2.84	**2.50**	
		26.7	9.00	7.92	6.91	5.75	5.16	4.46	4.08	3.61	3.34	**3.00**	
64		15.7	18.00	8.30	7.03	5.83	5.19	4.42	4.01	3.49	**3.20**		
		29.1	9.00	8.80	7.53	6.33	5.69	4.92	4.51	3.99	**3.70**		
60		15.7	18.00	8.30	7.00	5.84	5.20	4.43	4.02	**3.50**			
		29.1	9.00	8.80	7.51	6.34	5.70	4.93	4.52	**4.00**			
54		15.7	18.00	8.40	7.08	5.95	5.30	4.52	**4.10**				
		29.6	9.00	8.90	7.57	6.45	5.80	5.02	**4.60**				
50		16.3	18.00	8.60	7.44	6.30	5.62	**4.80**					
		31.0	9.00	9.00	7.94	6.80	6.12	**5.30**					
44		18.2	18.00	10.10	8.53	7.28	**6.50**						
		35.0	9.00	9.00	9.00	7.78	**7.00**						
40		18.5	18.00	10.35	8.76	**7.50**							
		35.9	9.00	9.00	9.00	**8.00**							
35		18.5	18.00	10.35	**8.80**								
		35.0	9.00	9.00	**9.00**								
30		18.5	18.00	**10.35**									
		30.0	9.00	**9.00**									

图 2-2　STT293 塔机额定起重量性能表

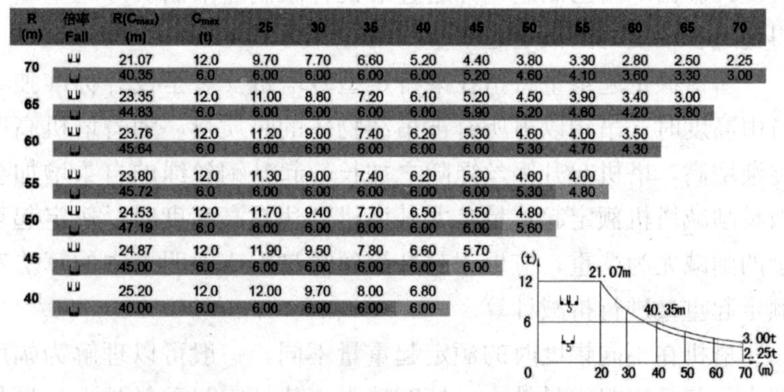

R (m)	倍率 Fall	R(C_{max}) (m)	C_{max} (t)	25	30	35	40	45	50	55	60	65	70
70		21.07	12.0	9.70	7.70	6.60	5.20	4.40	3.80	3.30	2.80	2.50	2.25
		40.35	6.0	6.00	6.00	6.00	6.00	5.20	4.60	4.10	3.60	3.30	3.00
65		23.35	12.0	11.00	8.80	7.20	6.10	5.20	4.50	3.90	3.40	3.00	
		44.83	6.0	6.00	6.00	6.00	6.00	5.90	5.20	4.60	4.20	3.80	
60		23.76	12.0	11.20	9.00	7.40	6.20	5.30	4.60	4.00	3.50		
		45.64	6.0	6.00	6.00	6.00	6.00	6.00	5.30	4.70	4.30		
55		23.80	12.0	11.30	9.00	7.40	6.20	5.30	4.60	4.00			
		45.72	6.0	6.00	6.00	6.00	6.00	6.00	5.30	4.80			
50		24.53	12.0	11.70	9.40	7.70	6.50	5.50	4.80				
		47.19	6.0	6.00	6.00	6.00	6.00	6.00	5.60				
45		24.87	12.0	11.90	9.50	7.80	6.60	5.70					
		45.00	6.0	6.00	6.00	6.00	6.00	6.00					
40		25.20	12.0	12.00	9.70	8.00	6.80						
		40.00	6.0	6.00	6.00	6.00	6.00						

图 2-3　ST7030 塔机额定起重量性能表

二、最大起重量

是指塔机在所有臂长组合、小车组合、钢丝绳组合配置下，所有幅度时的各额定起重量中的最大值，称为最大起重量，亦称最大额定起重量，用 Q_{max} 表示。如图 2-2 所示，其 STT293 塔机最大额定起重量为 18t。

最大额定起重量在一定程度上体现了一台塔机的综合性能级

别，但最大额定起重量不能完全代表一台塔机的综合性能级别，也就是说，最大额定起重量较大的塔机未必比最大额定起重量较小的塔机的综合性能级别高。例如 C7059 塔机最大额定起重量为 12 吨，C7030 塔机最大额定起重量为 16 吨，但 C7059 塔机无论是远幅度额定起重量、公称起重力矩还是最大起重力矩，均比 C7030 大很多。

第三节　起重力矩

起重力矩 M 是指幅度 L 和相应起重量（俗称吊载）Q 的乘积。

计算公式：起重力矩（M）=幅度（L）×起重量（Q）　（2-1）

起重力矩（M）的标准单位为 kN·m（千牛·米），实际操作中业内为通俗易懂和方便，常用 t·m（吨·米）来表示；但要牢记换算关系为：1t·m=10kN·m。

例：如图 2-4 所示，该塔机在 50m 幅度处吊起了质量为 3t 的物体，则此时该塔机的起重力矩计算如下：

$M=L\times Q=50m\times 3t=150t\cdot m$。

若需要换算为标准单位，则 150t·m=1500kN·m

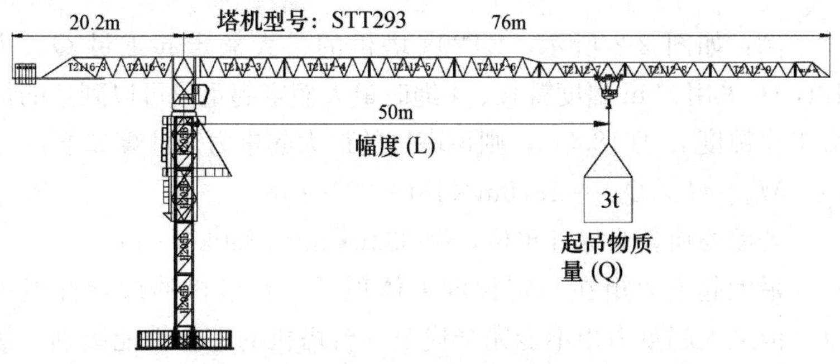

图 2-4　STT293 塔机特定幅度起吊示意图

一、额定起重力矩

额定起重力矩 M_n 是指塔机各特定幅度与该幅度上所允许的额定起重量的乘积。

计算公式：

额定起重力矩（M_n）＝幅度（L）×额定起重量（Q_n）（2-2）

例：如图 2-2 所示，STT293 塔机采用 74m 幅度臂长组合、2 绳时，在 50m 幅度处的额定起重量为 4.3t，则该塔机在该幅度时的额定起重力矩计算如下：

$M_n = L \times Q_n = 50m \times 4.3t = 215t \cdot m$

若需要换算为标准单位，则 215t · m＝2150kN · m

二、最大起重力矩

最大起重力矩 M_{max} 是指最大额定起重量重力与其在设计确定的各种组合臂长中所能达到的最大工作幅度的乘积，是现行规范《塔式起重机》(GB/T5031) 中的定义，亦可理解为塔机各组合幅度处所计算得到的额定起重力矩中的最大额定起重力矩。

计算公式：

最大起重力矩（M_{max}）＝幅度（L）×最大额定起重量（Q_{max}）（2-3）

例：如图 2-2 所示，ST293 塔机的最大额定起重量 Q_{max} 为 18t，并采用 30m 幅度臂长、4 绳时最大额定起重量可以到达的最大工作幅度 L 为 18.5m，则该塔机的最大起重力矩计算如下：

$M_{max} = L \times Q_{max} = 18.5m \times 18t = 333t \cdot m$

若需要换算为标准单位，则 333t · m＝3330kN · m

最大起重力矩在一定程度上体现了一台塔机的综合性能级别，但最大起重力矩不能完全代表一台塔机的综合性能级别。例如 STT293 塔机与 ST7030 相比（图 2-2、图 2-3），在同安装为

70m 幅度臂长时可以看出，其各幅度上的额定起重力矩差别不大，基本属于同等起重性能级别，但是当计算该两台塔机各自的最大起重力矩时却有如下差别：

STT293：$M_{max}=L\times Q_{max}=18.5m\times 18t=333t\cdot m$

ST7030：$M_{max}=L\times Q_{max}=25.2m\times 12t=302.4t\cdot m$

所以，对于实际综合额定起重力矩性能相近的塔机，一般在设计上的最大额定起重量越大、最短可装臂长越短，其计算出的最大起重力矩越大。

三、公称起重力矩

是指起重臂为基本臂长时最大幅度与相应幅度上额定起重量的乘积，用 M_0 表示，是已作废规范《塔式起重机分类》(JG/T5037）中的定义，另外该规范中还规定且推荐公称起重力矩级别，如表 2-1 所示。在以前长时间内，各塔机制造厂生产的塔机大多用该定义规定了公称起重力矩，如 H3/36B、HK40/21B、C7030、ST7027、C7022、STT293 塔机的公称起重力矩均为 250t · m，并用 QTZ250 表示，但这些塔机的最大起重力矩均在 300t · m 上下，而计算出的公称起重力矩差距也较大，例如 STT293 塔机与 ST7030 的公称起重力矩分别为：

STT293：$M_0=L$（基本臂幅度）$\times Q$

$=30m\times 10.35t=310.5t\cdot m$

ST7030：$M_0=L$（基本臂幅度）$\times Q=40m\times 6.8t=272t\cdot m$

其分类参见表 2-1。

表 2-1 《塔式起重机分类》(JG/T5037）中推荐公称起重力矩系列

公称起重力矩 kN · m								
	100	160	200	250	315	400	500	630
	800	1000	1250	1600	2000	2500		
	3150	4000	5000	6300				

续表

公称起重力矩 t·m	10	16	20	25	31.5	40	50	63
	80	100	125	160	200	250		
	315	400	500	630				

公称起重力矩在一定程度上体现了一台塔机的综合性能级别，综合考虑了塔机不同幅度上的额定起重量不同、额定起重力矩不同等因素，但依然无法完全准确体现塔机的实际起重力矩级别，因为各厂家设计的同等级别塔机的基本臂长不一样，所计算出的公称起重力矩也会大不一样。《塔式起重机分类》(JG/T5037) 已被《塔式起重机》(GB/T 5031) 代替，并改为采用最大起重力矩表示。

四、整机作用力矩

整机作用力矩是指塔机在特定工况时，整机对基础或其他参照点产生的总力矩，主要用于塔机基础、附着、爬升架等力矩计算时所用。整机作用力矩的大小与塔机的最大起重力矩等级无必然关系，常因塔机高度增加时风载力矩的增加而增加。例如1台安装为60m高的QTZ125塔机的倾翻力矩，比1台安装为30m高的QTZ250塔机的整机作用力矩要大。

第四节 起升高度

塔机运行或固定独立状态时，空载、塔身处于最大高度、吊钩处于最小幅度处、吊钩支承面对塔机基准的允许最大垂直距离，起升高度用 H 表示，单位一般为m（米）。

对于动臂变幅塔机，起升高度分为最大幅度时起升高度和最小幅度时起升高度。

一、塔机起升高度基准面的选择

（1）对于最常用的水平臂小车塔机以独立固定式基础或轨道式基础放置于水平地面附近情况，起升高度基准面可采用说明书中的标准基准面，并得到说明书中的标准起升高度。固定混凝土基础以基础承台上表面为基准面，轨道式基础以轨道顶面为基准面。此时的起升高度不考虑周边环境，仅针对塔机结构本身所形成的标准起升高度，也可理解为“公称塔高”，以表示对于塔机自身结构而言已到达的起升高度，用来考证塔机是否达到起升高度极限，如图 2-5 所示。

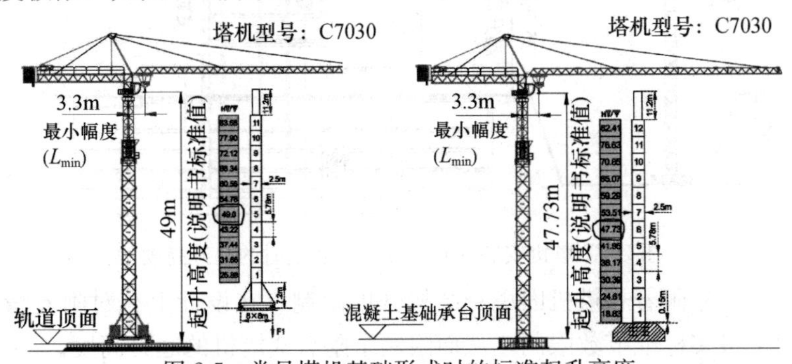

图 2-5　常见塔机基础形式时的标准起升高度

（2）当塔机基础置于基坑下、楼顶或其他复杂结构上时，应按照实际情况选取有效的起升高度基准面，如图 2-6 所示。

二、塔机起升高度的限制因素

（1）对于一台独立自由状态（无附着）的塔机，因塔身强度限制，塔机不得超过设计上的最多标准节数，从而限制了起升高度。

（2）当塔机通过附着或在建筑体上爬升至百米甚至几百米时，因实际起升高度可能大幅增加，但不同塔机起升机构的起升钢丝绳长度是有限的，钢丝绳的长度及实际所需的钢丝绳倍率限制了起升高度。

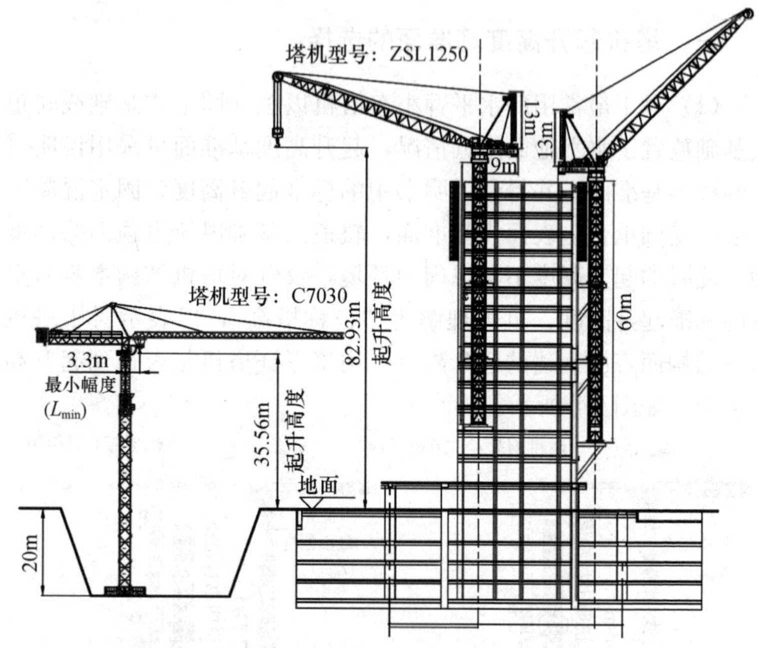

图 2-6 塔机安装在基坑或建筑体上时的起升高度

（3）附着式塔机因塔身结构强度限制，在设计上有对附着情况下最多标准节数限制，从而限制了附着式塔机的起升高度。

（4）塔机基础或架设结构所在环境中的高度位置，有时在很大程度上影响了实际起升高度，如同一台塔机基础部分放置在深基坑中或者高层建筑楼顶，其有效起升高度是截然不同的。

第五节 工作速度

一、起升速度

起吊各稳定运行速度挡对应的最大额定起重量，吊钩上升过程中稳定运动状态下的上升速度。

二、小车变幅速度

对小车变幅塔机，起吊最大幅度时的额定起重量、风速小于3m/s时，小车稳定运行的速度。

三、全程变幅时间

对动臂变幅塔机，起吊最大幅度时的额定起重量、风速小于3m/s时，臂架仰角从最小角度到最大角度所需的时间。

四、回转速度

塔机在最大额定起重力矩载荷状态、风速小于3m/s、吊钩位于最大高度时的稳定回转速度。

五、运行速度

空载、风速小于3m/s、起重臂平行于轨道方向时塔机稳定运行速度。

六、慢降速度

起升滑轮组为最小倍率，吊有该倍率允许的最大额定起重量，吊钩稳定下降时的最低速度。

第六节 轨距

是指轨道中心线或起重机行走轮踏面中心线之间的水平距离，如图2-7所示。现最常用的塔机行走结构轨距以6m、8m居多。

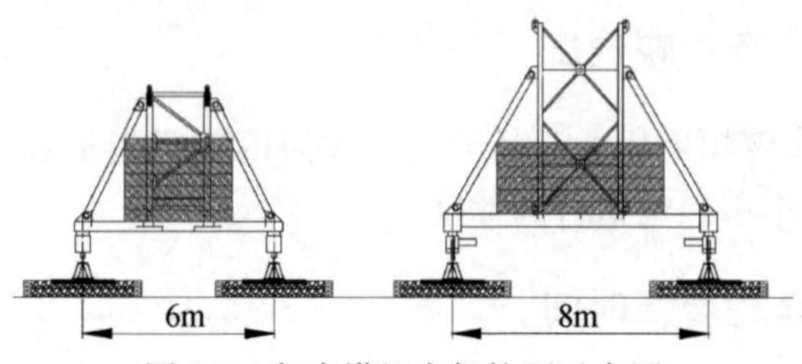

图 2-7 行走塔机底架轨距示意图

第七节 尾部尺寸

下回转起重机的尾部尺寸是由回转中心至转台尾部（包括压重块）的最大回转半径。上回转起重机的尾部尺寸是由回转中心线至平衡臂转台尾部（包括平衡重）的最大回转半径。

第三章　塔式起重机的基本构造和工作原理

第一节　塔机的组成

塔机组成参见图 3-1。

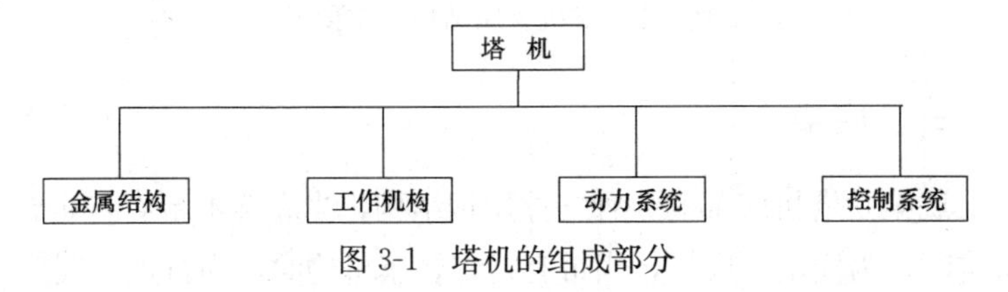

图 3-1　塔机的组成部分

第二节　塔机的金属结构

塔机金属结构组成参见图 3-2、金属结构分布位置参见图 3-3。

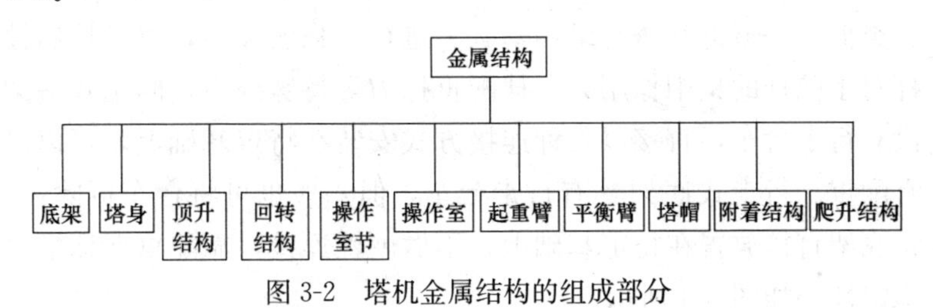

图 3-2　塔机金属结构的组成部分

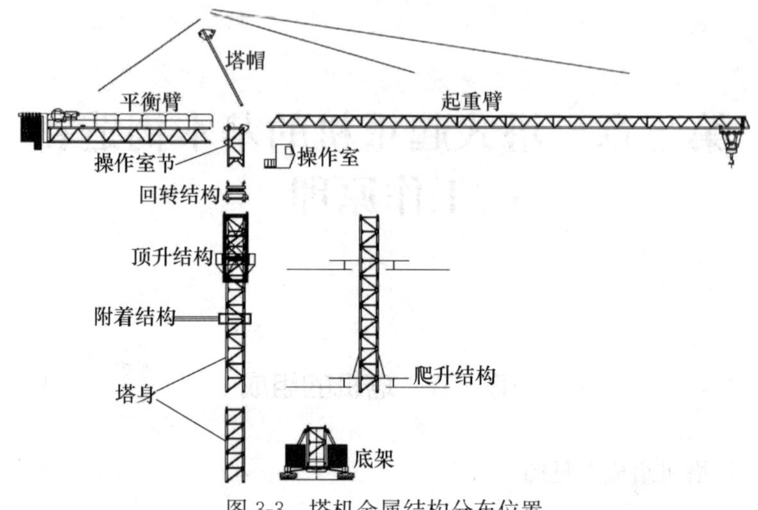

图 3-3　塔机金属结构分布位置

一、底架

底架是塔机底部的一种支撑用钢结构，当底架不带有行走台车机构时，为固定式底架，当带有行走台车机构时，为行走式底架。

（一）常见底架结构组成

最常见的底架一般由底梁结构、斜撑杆、压重、基础节、行走台车组成。底梁一般采用十字梁或类似十字梁，有的还设有横梁。4 个斜撑杆连接于底梁断点至塔身主弦杆，压重有的采用金属结构，现大多采用混凝土结构。基础节一般结构形式与塔机塔身类似，一般都在塔身结构基础上进行了强度加强，以抵抗斜撑杆对主弦杆的集中作用力、挂配重拉力等特殊外力。固定式底架没有行走台车，直接以某种连接方式安装在特定基础上，可以没有配重。行走式底架具有行走台车，但一般也可将台车拆除后，将底架直接放置在特定基础上，不做硬性连接，靠配重保证塔机稳定性，如图 3-4 所示。

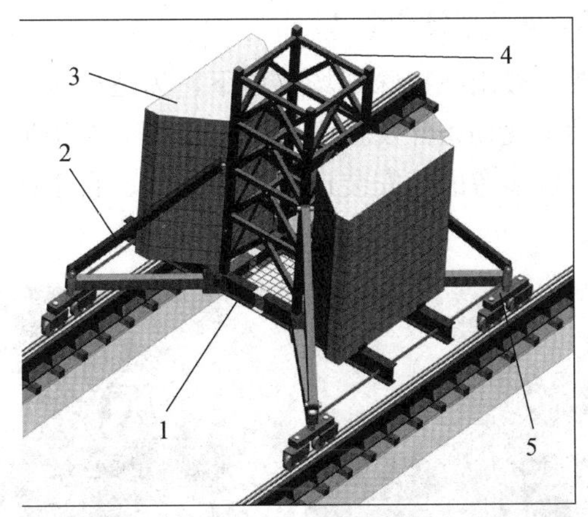

图 3-4　常见底架结构形式

1—底梁结构；2—斜撑杆；3—压重；4—基础节；5—行走台车

常见的行走底架，制造厂的细节设计各有不同，如图 3-5 所示。但是，常见的行走底架在设计上均充分考虑了底架的可拆解性能、轻量化设计、控制成本，便于安拆及运输。

图 3-5　常见底架结构形式

（二）不常见底架结构形式

该类底架一般用在特殊现场环境下，为适应现场条件，设计上主要考虑满足现场条件及强度要求，在细节结构形式上往往做简化处理，不过多考虑其安装运输是否方便、自重往往较大，如图 3-6 所示。

(a)　　(b)

图 3-6　不常见底架结构形式

(a) 为降低安装高度的重型塔机底架；(b) 可装两种塔身的底架

二、塔身

（一）标准节

标准节是常见塔机中最重要的、最主要的结构，主要出现在现今最常用的上回转塔机上。

所谓标准节，并非国标概念上的通用标准件，而只是对于一台塔机或者同一制造厂内的相同、通用的塔身节，不同厂家、不同塔机之间的标准节一般是不能互换的，即使结构形式相同可以安装，但法规也不允许不同塔机制造厂的标准节混合使用。

少数塔机的标准节并非完全一样，因在设计上考虑塔身上、下部所受弯矩不同，故在设计上将塔身标准节从下至上做了由强到弱的分布。例如 C7050 塔身上的标准节从下至上分别是 R87、R86、R85，其标准节主体形式一样，主弦杆直径分别为 140mm、

130mm、120mm。

1. 标准节结构组成

如图 3-7 所示，标准节主结构由主弦杆（或称主肢）及腹杆组成，杆件截面形状多样，常用角钢、圆管、H 型钢、方管钢、实心圆钢。主肢主要承受竖向拉压力，斜腹杆承受水平力，水平腹杆对标准节起到整体稳定性作用。

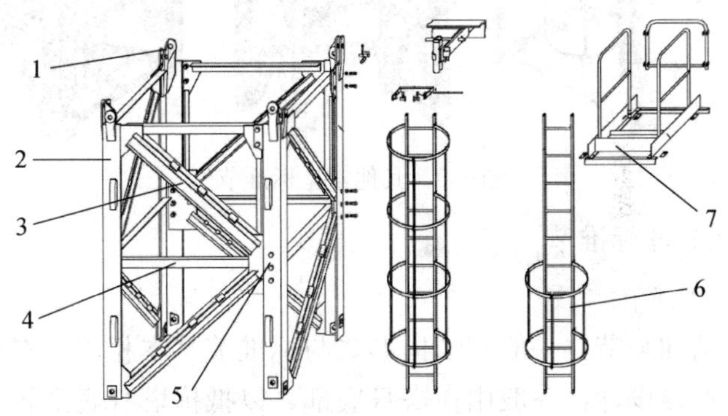

图 3-7　标准节结构组成（常见波坦 L 系列）

1—连接副；2—主弦杆（主肢）；3—斜腹杆；4—水平腹杆；
5—单片连接螺栓；6—爬梯；7—休息平台

标准节有可以拆解成若干片的，也有整体焊接不可拆解的。可拆解的片式标准节便于运输及局部更换，但整体强度及稳定性相对较差，加工成本相对较高；不可拆解的整体式标准节整体强度及稳定性相对较好且加工成本相对较低，但不便于运输及局部更换。

标准节之间的连接副形式多样，主要有销轴连接、螺栓连接，也有少量瓦扣连接。

休息平台按照设计规定，每隔若干个标准节安装一个，供人员爬塔时休息。

2. 其他常见标准节形式

其他常见标准节形式参见图 3-8。

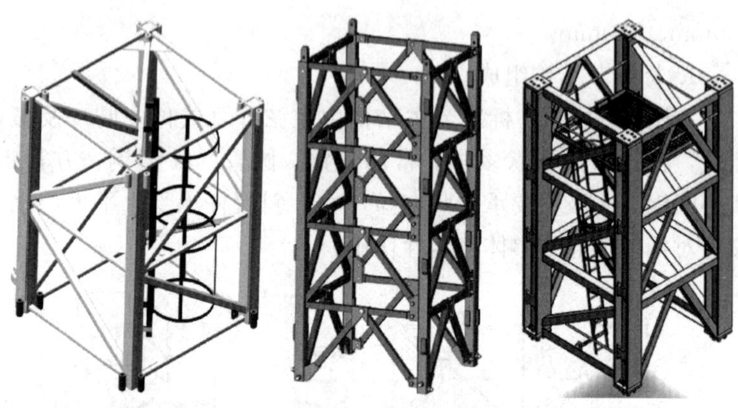

图 3-8　其他常见标准节

（二）非标准节

1. 加强节

所谓加强节，一般其结构形式与标准节基本相同，在局部材料上做加强设计，一般用在塔身底部，以抵抗塔身底部较大的弯矩。这种加强节，其实和前文所述的 C7050 塔身上设置 3 种标准节的情况本质一样，只是很多厂家将底部强度较高的标准节叫做加强节而已。

有的加强节是用作塔机爬升时卡在爬升梁上，抵抗集中水平力，这种加强节有的厂家也叫爬升专用节或以特殊编号描述。

2. 过渡节（或称转换节）

严格意义上的过渡节，是用来将上、下两种不同截面尺寸甚至结构形式完全不同的两种标准节或其他结构进行连接的装置，如所图 3-9 示。

有的所谓过渡节，其实本质是底部加强节，只是地脚销轴或螺栓做了加强而已，如 L68G21 节，有的厂家叫做过渡节，有的厂家叫做加强节，如图 3-10 所示。

图 3-9　过渡节（V35 转 L69）

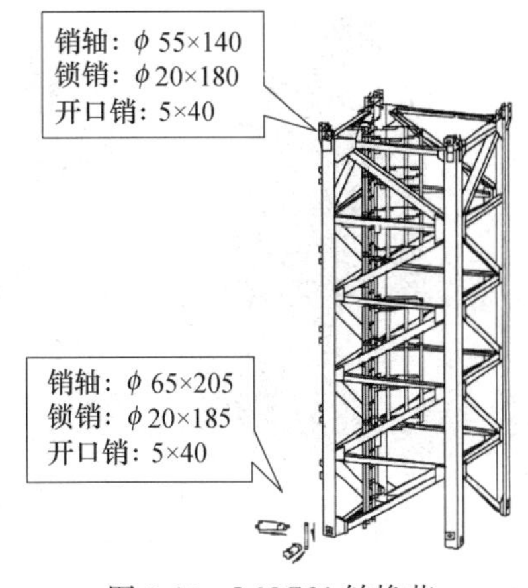

图 3-10　L68G21 转换节

三、顶升结构

顶升结构形式多样，但国内常见的顶升结构形式并不多，以下介绍几种顶升结构形式。

（一）外套架顶升结构

此类顶升结构在国内最为常见，结构较为简单，只是一个套架总成，一般由套架钢结构桁架、人行平台、顶升液压缸、液压泵站、扁担梁等组成，参见图 3-11。

（二）内套架（或称内塔身）顶升结构

该类顶升结构在国内用量较为常见，其结构形式特点是套架（或称内塔身）设置于塔身内部，通过挂靴结构进行顶升，原理与外套架大同小异，参见图 3-12。

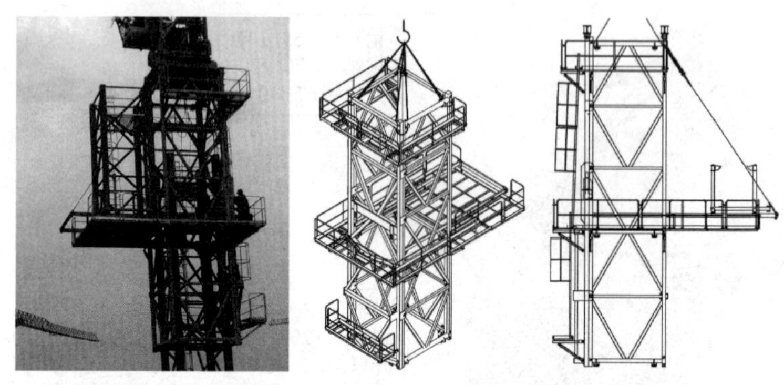

图 3-11　外套架顶升结构

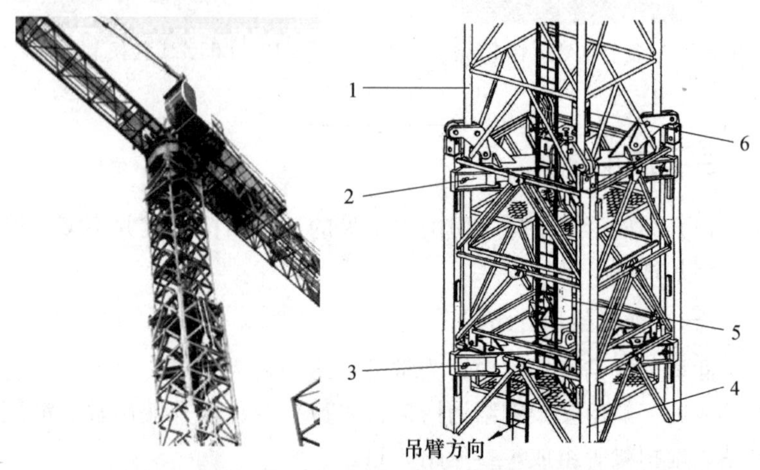

图 3-12　内套架（内塔身）顶升结构

1—内套架（内塔身）；2—上十字梁（支撑梁）；3—下十字梁（支撑梁）；4—标准节；5—液压缸；6—液压泵站

（三）内、外套架组合顶升结构

该类顶升结构在国内用量相对较少，主要出现在波坦系列重型塔机上。该类顶升结构相对复杂，操作也相对复杂，但由于设计原理上的巧妙，顶升结构质量较低，且省去了常规塔机顶升时所需的每个标准节上的爬抓结构，参见图 3-13。

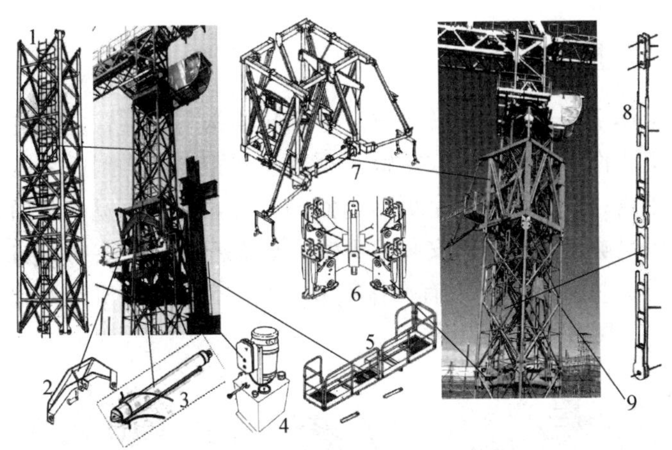

图 3-13　内、外套架组合顶升结构

1—内套架（内塔身）；2—扁担梁；3—液压缸；4—液压泵站；5—行走平台；6—十字梁（滑动底座、支撑梁）；7—外套架；8—顶升爬梯；9—标准节

四、回转结构

回转结构（或称回转总成）一般由回转上支座（或称转台）、回转副（轴承、齿圈等）、回转下支座组成，一般回转机构设置于回转上支座上。回转上支座与塔臂、塔帽或操作室节连接，如图 3-14 所示。

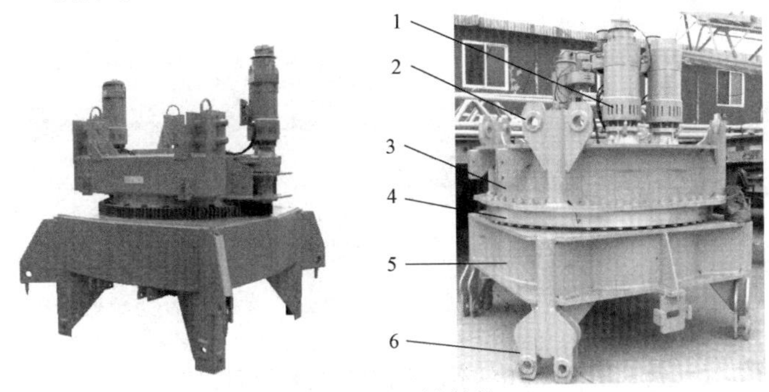

图 3-14　回转结构

1—回转机构；2—上连接副；3—回转上支座（转台）；4—回转副（轴承、齿圈）；5—回转下支座；6—下连接副

五、操作室节

操作室节（或称回转塔身）是回转结构与起重臂之间的连接节，主要作用有：加大起重臂与顶升套架距离，得到所需的起升高度距离；使侧面操作室更贴近回转中心，减小净宽；给回转机构预留足够设计空间；安装起重臂、平衡臂或塔尖结构。如图 3-15 所示。大多塔机均设有操作室节，但也有少数塔机不设置操作室节，如图 3-16 所示。

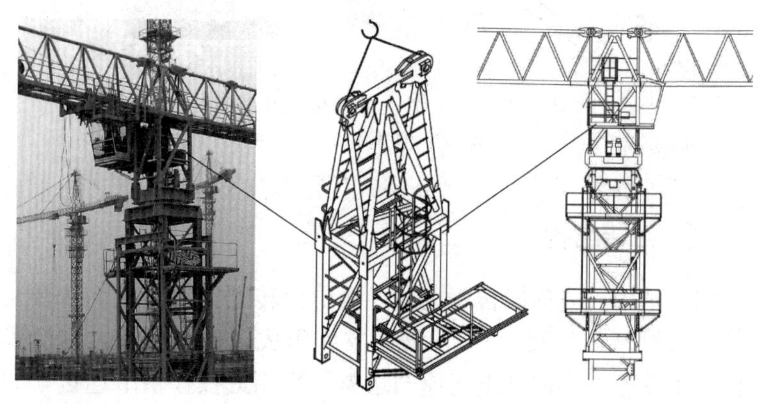

图 3-15　操作室节（回转塔身）

图 3-16　不设有回转塔身的塔机

六、操作室

塔机操作室是塔机必需的结构单元，为封闭式，上回转塔机一般设置在塔机上部的侧面或者中央，下回转塔机设置在塔机下部。操作室除安装必须的操作装置、控制系统外，一般在设计上具备视野开阔、空间充足舒适的特点，如图 3-17 所示。

图 3-17 塔机操作室

七、起重臂

塔机起重臂（亦称吊臂、臂架、大臂），多采用桁架结构，主要由主肢（上弦杆、下弦杆）及腹杆组成，如图 3-18 所示。

起重臂上的弯矩主要由上、下弦杆承受，竖向力主要由侧面斜腹杆承受，水平惯性力主要由水平斜腹杆及侧面斜腹杆共同承受。

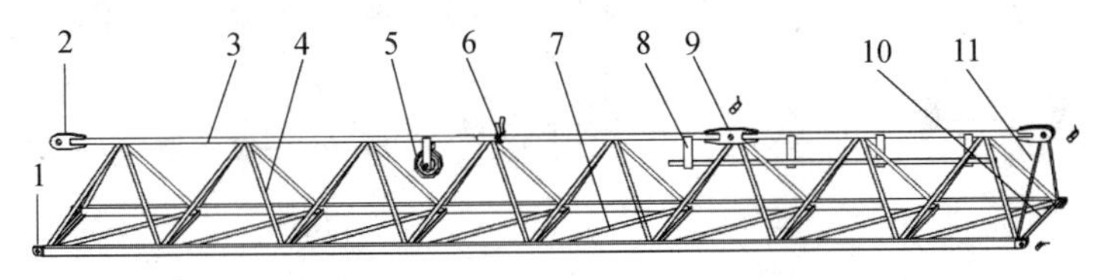

图 3-18 常见起重臂结构图

1—下弦杆连接副；2—上弦杆连接副；3—上弦杆；4—侧面斜腹杆；5—钢丝绳导轮；6—拉杆支架；7—水平斜腹杆；8—挡风板支架；9—拉杆连接点；10—水平横腹杆；11—侧面横腹杆

（一）起重臂截面形式

对于常见的水平臂小车变幅塔机，起重臂截面一般采用正三角形，截面稳定性较好，三角形定点对于设置拉杆节点较易，三角形下端可设置两条小车轨道，因轨道间距较大，小车较为稳定，吊装时不容易出现过多的两侧轨道受力不均。当塔机起重力矩级别大到上千吨·米级别时，若继续采用正三角形截面，因其小车轨道较大，造成小车结构跨度大，从而导致小车自重过大，故该类大型塔机尤其是平头式小车变幅塔机，一般采用倒三角形截面，从而降低小车宽度及质量。

在中大型平头塔机上，也有很多在起重臂后端部分采用矩形截面，矩形截面较三角形截面，其上、下弦杆均有两个，该截面布置可以在同样弦杆材料的情况下，得到更大的起重臂强度，以抵抗弯矩、剪力等。

对于动臂变幅塔机，因其不存在变幅小车，故起重臂上无小车轨道，在设计上无需考虑小车所需的轨道结构，结构形式较为简单，且起重臂主要只承受轴向压力，受力工况较水平臂小车变幅塔机要良好，故动臂变幅塔机的起重臂一般设计为矩形截面，但也有少量小型动臂变幅塔机的起重臂设计成正三角形。参见图3-19。

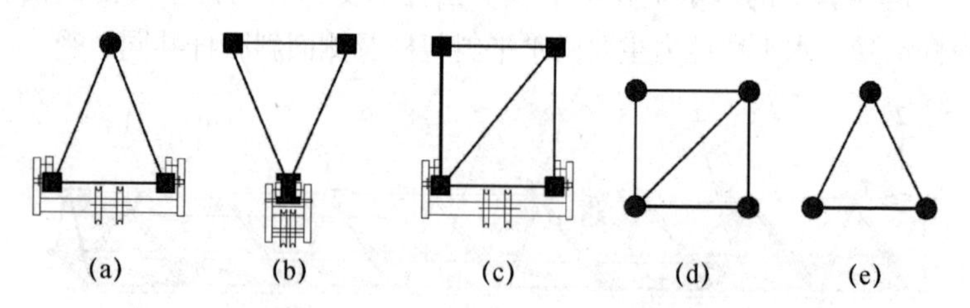

图 3-19　常见的塔机起重臂截面形式

（a）正三角形截面；（b）倒三角形截面；（c）矩形截面；
（d）矩形截面（不带轨道）；（e）正三角形截面（不带轨道）

（二）起重臂杆件钢材截面形式

对于上弦杆以及动臂变幅塔机的下弦杆，因不必兼顾小车轨道功能，常见钢材截面形式较多，最为常用的是实心圆钢、管钢、方管钢、角钢对接矩形钢。重型塔机上也有采用 H 型钢（含拼接 H 型钢）。

对于水平臂小车变幅塔机，需要兼顾小车轨道的下弦杆，一般均采用矩形钢材截面，倒三角形起重臂截面的塔机，因小车轨道集中在一条下弦杆上，一般采用类似工字状拼接钢材截面，得到两条轨道。

八、平衡臂

平衡臂的作用是通过自身钢结构、平衡重块及起升机构等自重产生的力矩以抵抗起重臂力矩，平衡臂总力矩一般均大于起重臂力矩，其差值多为塔机最大额定起重力矩的一半。平衡臂的结构形式大致分为薄板梁式、箱型梁式及桁架式三种，如图 3-20 所示

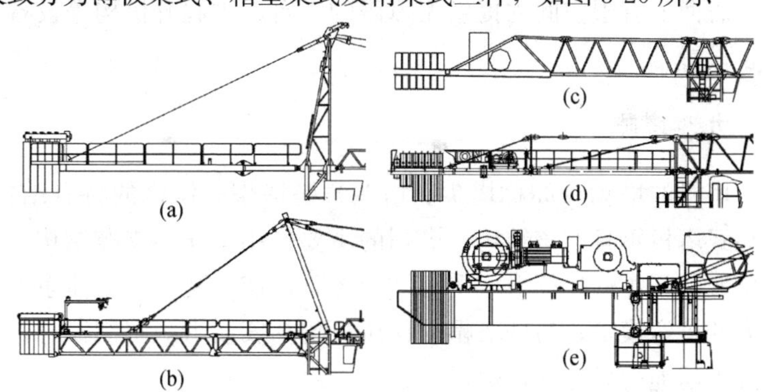

图 3-20　常见塔机平衡臂结构形式

（a）塔帽式塔机——薄板梁式平衡臂；（b）塔帽式塔机——桁架式平衡臂；
（c）平头式塔机——桁架式平衡臂；（d）平头式塔机——薄板梁式平衡臂；
（e）动臂变幅塔机——箱型梁式平衡臂

平衡臂之所以在设计上多种多样，一般是出于以下一些因素考虑所致：

如图 3-20 中（a）所示，因该塔机起重力矩级别较小，平衡臂总长约 12m 且质量不大，故设计成薄板梁式平衡臂并在安装时整体安装，薄板梁式平衡臂结构形式简单，设计加工较为方便。

如图 3-20 中（b）和图 3-20（c）所示，因该塔机起重力矩级别较大，平衡臂长度达到约 20m 且质量相对较大，故采用桁架式平衡臂，可以具备分段安装的性能。如图 3-20 中（d）所示，是通过设置 2 段拉杆及 2 段薄板梁式平衡臂来实现平衡臂可以分段安装的性能，实质上拉杆与薄板梁所组成的结构相当于桁架。

如图 3-20 中（e）所示，为大型动臂变幅塔机平衡臂，因动臂塔机需要具备群塔超高层作业时的较密集布置，故平衡臂一般长度较小，最大额定起重力矩在千吨米级的动臂变幅塔机平衡臂，一般长度仅为约 10m，从而也造成平衡重块质量过大，故一般采用箱型梁式平衡臂，得到较大的平衡臂结构强度，并在平衡臂上表面的有限空间内提供无障碍的平台，供起升机构等设备的安装设置。

九、塔帽

塔机的塔帽（亦称塔尖、塔头）是塔帽式塔机的特有结构，平头式塔机不具有该结构；塔帽的主要作用是作为支撑结构，与起重臂及平衡臂拉杆形成受力结构体系，使该受力结构体系得到较大的抗弯模量；另外塔帽的作用还包括安装力矩限制器，作为起升钢丝绳的导轮通道等。

（一）塔帽的形式分类

塔帽的具体形式多样，暂难以严格分类，但可按单项结构特点分为：

（1）按倾斜方向分类：前倾、垂直、后倾。

(2) 按结构形式分类：四棱锥桁架、三角桁架、四棱台桁架、片式桁架。

(二) 塔帽的主要常见结构形式

参见图 3-21。

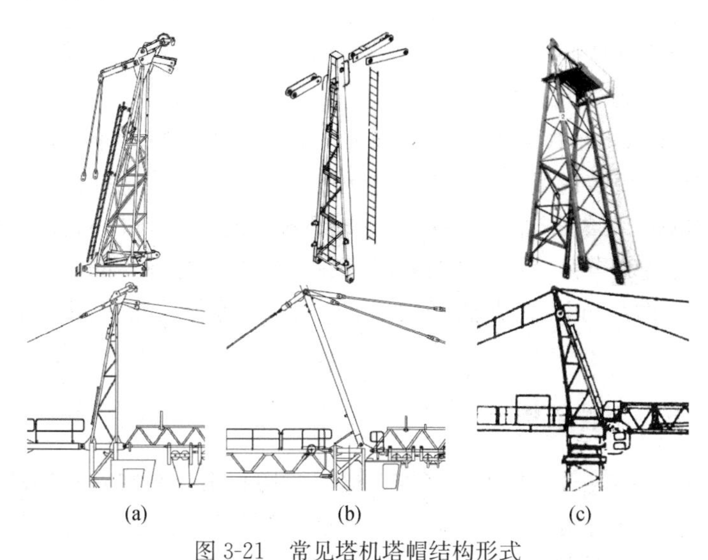

(a)　(b)　(c)

图 3-21　常见塔机塔帽结构形式

(a) 前倾四棱锥桁架式；(b) 片式撑架式（亦称 A 字架式）；(c) 后倾三角桁架式

1. 前倾四棱锥桁架式

如图 3-21 中（a）所示，该类塔帽是国内最常见的塔帽结构形式，由于采用四棱锥桁架，整体结构强度和稳定性较好，前倾使得起重臂拉杆对接时更为方便，桁架结构与操作室节（亦称回转塔身）或回转上支座连接形成刚体，安装平衡臂或起重臂时可作为刚性支撑。

2. 片式撑架式（亦称 A 字架式）

如图 3-21 中（b）所示，该类塔帽为法国波坦公司的主要塔帽设计形式，并在国内大中型塔机中大量应用，由于其为片式结构且可以下节点转动，必须配以桁架式平衡臂，平衡臂必须与操作室节（亦称回转塔身）或回转上支座刚性连接，否则平衡臂和起重臂将因该塔帽是非固定形式而难以安装。该塔帽工作状态均采用后倾，以提高对起重臂方向的抗拉强度。在安装过程中，该塔帽可以转动为前倾，以便安装起重臂拉杆，并通过塔帽向后转动将起重臂拉杆拉直。

3. 后倾三角桁架式

如图 3-21 中（c）所示，该类塔帽在国内也略有采用，桁架结构比四棱锥桁架结构的稳定性更强，采用后倾形式提高起重臂方向的抗拉强度，但该固定式后倾不利于起重臂拉杆的方便性。其中有些起重臂拉杆为柔性拉杆（钢丝绳、尼龙绳）的塔机因拉杆为柔性，可以解决拉杆安装的方便性问题，故采用该塔帽形式。

十、附着结构

附着结构（亦称附墙结构、锚固结构）用于有独立基础的塔机，将其塔身与建筑体连接，承受塔身对其产生的水平力，从而抵抗塔机倾翻力矩，使塔机可以提高安装高度。

（一）附着结构主要组成部分

如图 3-22 所示，附着结构主要由附着框、附着杆组成，均有塔机制造厂设计和加工的塔机附属部件。另外，附着杆与建筑体的连接节点结构需根据具体建筑节点结构形式进行特定设计、加工和安装，一般情况下难以实现连接节点永久重复使用。

（二）附着结构平面布置形式

一般塔机说明书中均给出建议的平面布置形式及附着杆长，如图 3-22 所示，已为较为接近说明书中要求的附着杆长及平面布置形式，且该形式下附着杆的受力较为合理，但是，实际施工中所处的环境条件往往无法满足塔机说明书所提的附着平面布置要

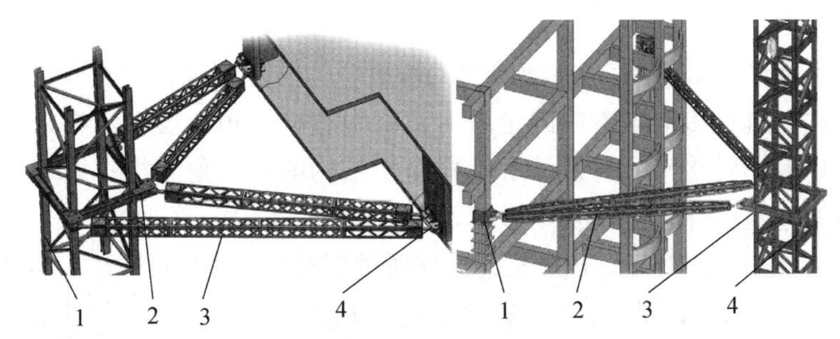

图 3-22　塔机附着结构主要组成部分

1—塔身节；2—附着框；3—附着杆；4—附墙连接节点结构

求，此时，附着结构的平面布置形式变得多样，甚至出现较为极端的附着杆角度、长度、附墙节点连接方式等，需要另行设计加工众多非标附着部件，甚至是对原厂附着框、附着杆进行改造。较为常见且受力合理的附着平面布置形式如图 3-23 所示。

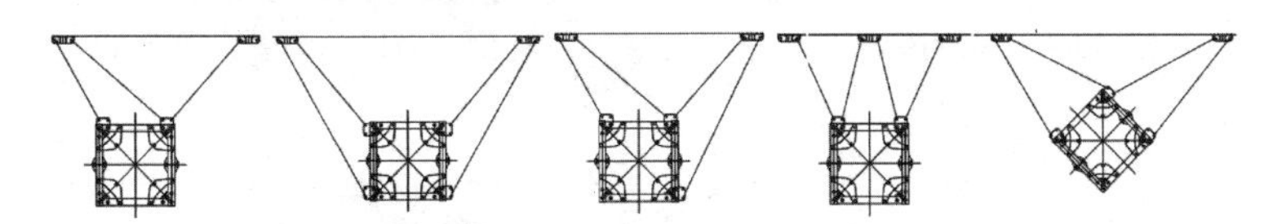

图 3-23　常见且受力较为合理的附着平面布置形式

（三）异型附着结构

异型附着结构（亦称非标附着结构）是指现场条件无法执行说明书中推荐的附着平面布置方式、附着杆长度范围，或者需要特殊的附墙节点连接方式，甚至对原厂附着框等部件进行改造。异型附着结构的设计及部件加工设计专业知识，需由塔机原制造厂提供设计和加工，部分非塔机自身部件可由建筑设计院或相关专业单位设计和加工。

如图 3-24 所示，因整体强度需求，在附着框侧面加装了连接耳板增加第 4 根附着杆；设计了蝴蝶头将小截面附着杆双杆并用，以提高附着杆强度；为不同建筑柱体截面设计了可调尺寸的抱柱框。

如图 3-25 所示，在建筑内的塔机，为防止塔机晃动碰撞建筑结构，进行多向附着以固定塔身。因附着杆过短，设计了半根附着杆专用转接头，并设计了 1 根箱型结构的超短附着杆；因塔身距离建筑柱体过近而发生干涉，对附着框一角进行了改造。

如图 3-26 所示，因超长附着杆通过不可受力的建筑柱体而设计的环梁结构，以供附着杆可以绕过该柱体并连接于远方附着柱体上。

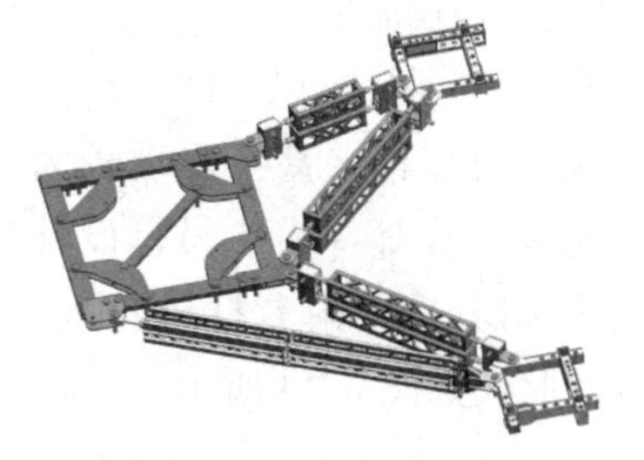

图 3-24　异型附着示例 1

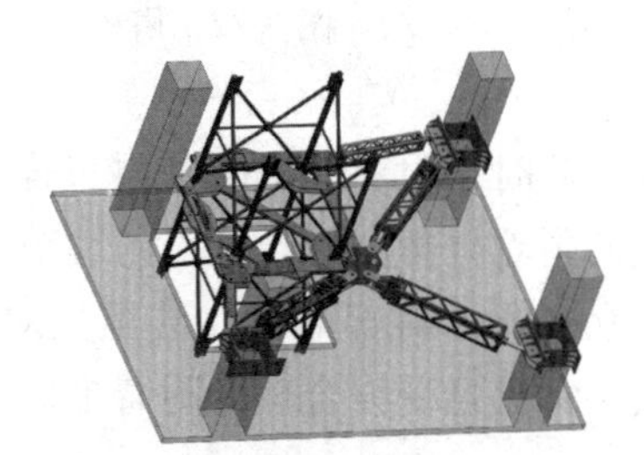

图 3-25　异型附着示例 2

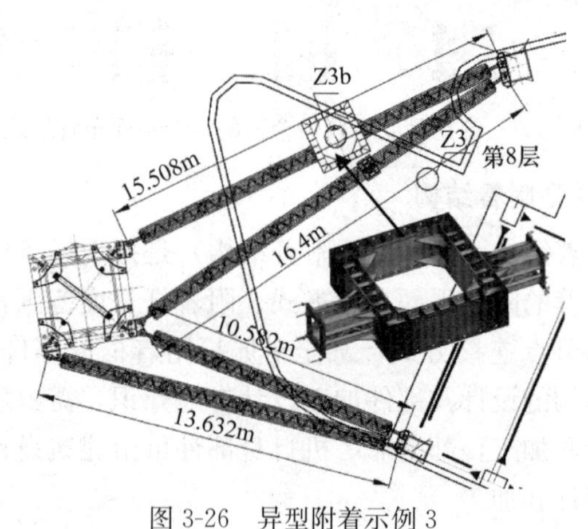

图 3-26　异型附着示例 3

十一、爬升结构

爬升结构是通常所说的“内爬塔机”所需的结构，爬升结构与附着结构的区别是：附着结构仅承受塔身水平向力，塔机竖向力（自重为主）仍由塔机底部基础或其他支架承受；爬升结构承受塔机水平力及竖向力，对塔机进行全方位支撑。

（一）爬升结构主要组成部分及使用方法

爬升结构一般包括爬升环梁和爬升支架。爬升环梁是塔机自身附带的爬升专用结构，用于支撑塔身节以及爬升时作为爬升液压缸支点。因实际现场条件多样，塔身自带的爬升环梁基本不可能直接安装在建筑体上，故需设计加工特定的爬升支架结构，用于将爬升环梁转接到建筑体上。爬升支架的具体结构形式随具体建筑结构形式而衍生出多种形式，属于非标构件，需塔机制造厂或专业公司进行设计和加工。

另外，内置顶升机构的内爬塔机，还具有一个底部的特殊爬升专用节，该节内部放置顶升机构（液压缸、扁担梁、液压泵站）等，此外还带有爬升用的专用爬梯。

爬升支架结构最少需要 3 套，塔机正常工作时为 2 道爬升支架结构进行塔机固定，当需要爬升时，需在该 2 道爬升结构上方适当位置安装第 3 道爬升支架结构，爬升后由上面 2 道爬升支架支撑塔机，并拆除底部爬升支架结构，如图 3-27 所示。

（二）机构内置式爬升构造

液压缸等机构设置于塔身底部塔身节内，并在塔身外侧挂有爬梯，液压缸通过对爬梯上施加推力从而实现塔机的爬升运动。该种爬升构造的优点是，每次爬升循环中，不用拆装爬升机构（液压泵站、液压缸、扁担梁等），减少爬升机构对塔身外的建筑空间。爬升式爬升机构以最下端爬升支架结构为支点进行爬升。

（三）机构外置式爬升构造

液压缸等机构设置于塔身外部，安装在爬升环梁上，爬升时液压缸以环梁为支座并向上顶推塔身节，从而实现塔机爬升运

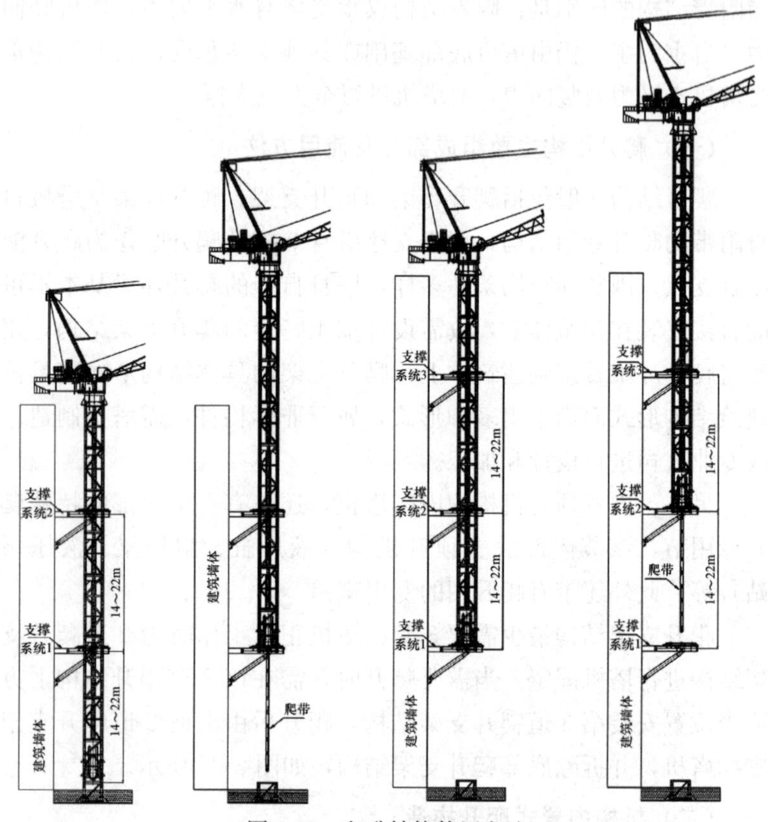

图 3-27　爬升结构使用方法

动。该种爬升构造的优点是不需另行设置专用的爬升用爬梯（亦称爬带），但缺点是每次爬升循环中，均需拆除并安装到上层爬升环梁，且占用建筑空间。爬升式爬升机构以 3 道爬升支架的中间 1 道爬升支架结构为支点进行爬升。

第三节　塔机的工作机构

塔机工作机构及主体总成参见图 3-28、图 3-29。

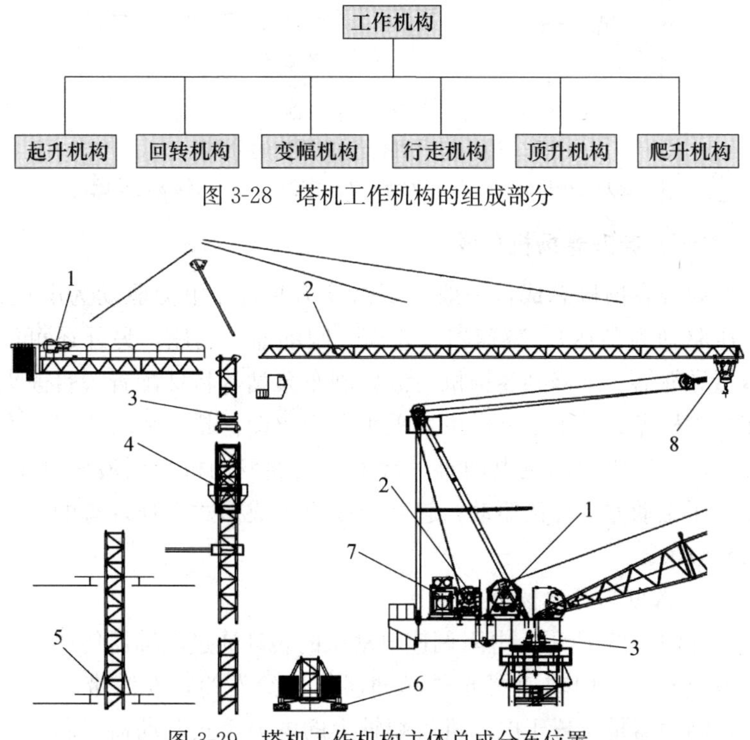

图 3-28　塔机工作机构的组成部分

图 3-29　塔机工作机构主体总成分布位置

1—起升机构——卷扬机；2—变幅机构——卷扬机；3—回转机构；4—顶升机构；5—爬升机构；6—行走机构；7—液压泵站总成；8—变幅机构——小车

一、起升机构

起升机构是塔机运动机构中最重要的机构，其功率一般远高于其他机构，2 件机构的复杂程度远高于其他机构，主要由起升卷扬机总成、钢丝绳、滑轮组、吊钩滑轮总成组成，参见图 3-30。

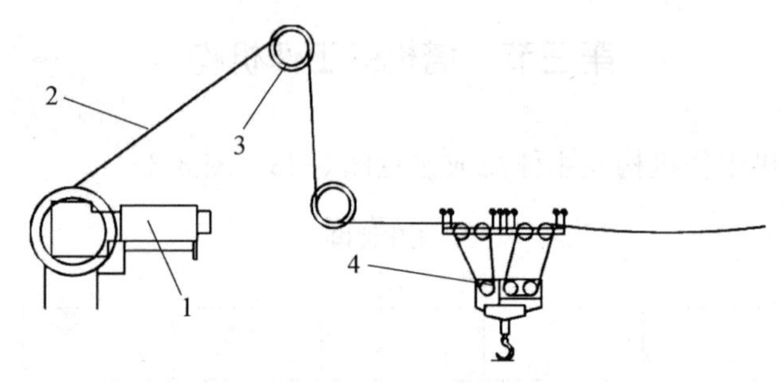

图 3-30 起升机构组成部分的分布

1—起升卷扬机总成；2—钢丝绳；3—滑轮组；4—吊钩滑轮总成

（一）起升卷扬机总成

起升卷扬机总成，一般主要由动力装置（电力驱动为电机、液压驱动为马达）、减速器、卷筒、制动器、底座，另外还可能包括导绳器、维修副卷扬机、液压刹车泵站等特殊配置。目前大多数塔机尤其是中小型塔机均采用电力驱动，超大型塔机因功率过大，为解决现场供电困难，常采用柴油发动机带动液压泵站，以液压驱动方式提供驱动；起升卷扬机组成形式多样，有的差别甚至较大。

1. 常见起升卷扬机总成 A

如图 3-31 所示，电阻调速电动机的转动通过联轴器传递给专用减速器，专用减速器通过联轴器传递给卷筒，卷筒带动钢丝绳；制动器是设置于电动机后端轴上的电力片式制动器，制动力通过减速机传到卷筒，从而达到对卷筒的制动。电力片式制动器在塔机停机时处于常闭状态。

2. 常见起升卷扬机总成 B

如图 3-32 所示，变频调速电动机的转动通过联轴器传递给通用减速器，通用减速器通过联轴器传递给卷筒，卷筒带动钢丝绳；制动器为双套制动，一套是设置于电机与减速器传动连接处

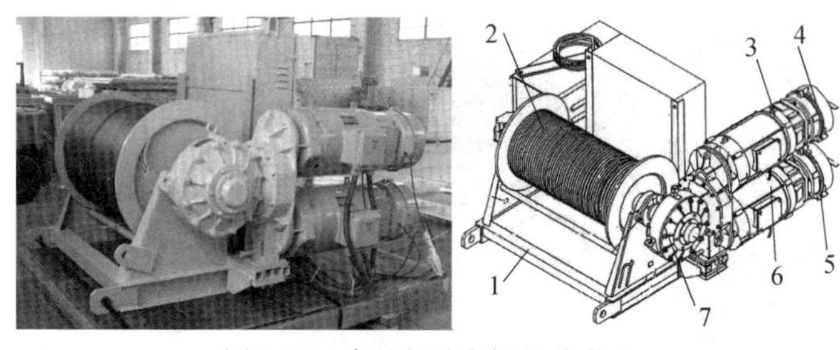

图 3-31 常见起升卷扬机总成 A

1—底座；2—卷筒；3—电动机（电阻调速）；4—电力片式制动器；
5—电力片式制动器；6—电动机（电阻调速）；7—减速器（专用蜗轮减速器）

的电力抱闸制动器，一套是设置于卷筒壁上的液压钳制动器，工作时先通过变频控制以电动机进行制动减速，再由电力抱闸制动器制动，待卷筒达到低速时，液压制动器的液压钳再进行闭合制动。两套制动器在塔机停机时保持常闭状态。

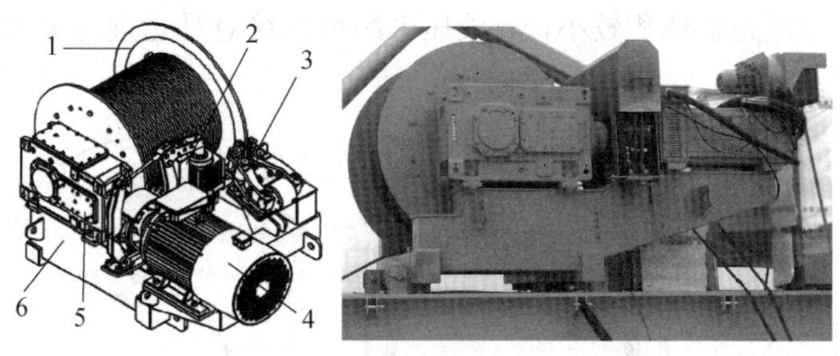

图 3-32 常见起升卷扬机总成 B

1—卷筒；2—电力抱闸制动器；3—液压钳制动器；
4—电动机（变频调速）；5—减速器（通用圆柱齿轮）；6—底座

3. 常见起升卷扬机总成 C

如图 3-33 所示，电阻调速电动机的转动通过联轴器传递给专用减速器，专用减速器通过联轴器传给卷筒，卷筒带动钢丝绳，制动器设置于卷筒壁，为液压钳制动器。液压钳制动器在塔机停机时处于常闭状态。

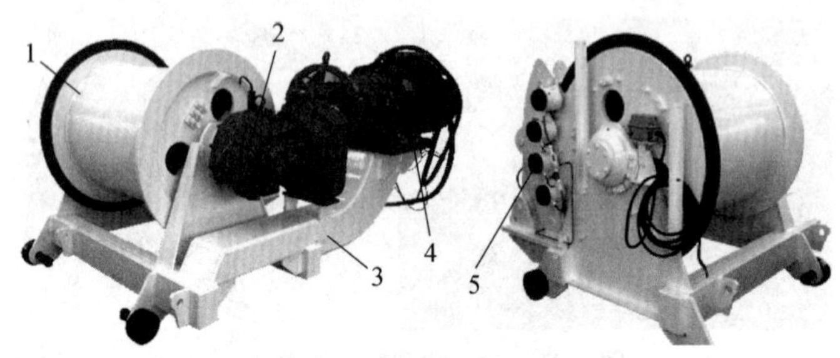

图 3-33　常见起升卷扬机总成 C

1—卷筒；2—减速器（专用蜗轮减速器）；3—底座；
4—电动机（电阻调速）；5—液压钳制动器

4. 常见起升卷扬机总成 D

如图 3-34 所示，为液压驱动塔机上的起升卷扬机，液压马达的转动通过减速器后传递给卷筒，卷筒带动钢丝绳。此类起升卷扬机，因液压马达的大范围调速特性，所需减速器的减速比较小，故减速器体积较小，且液压系统可直接对马达进行无级调速及刹车制动。

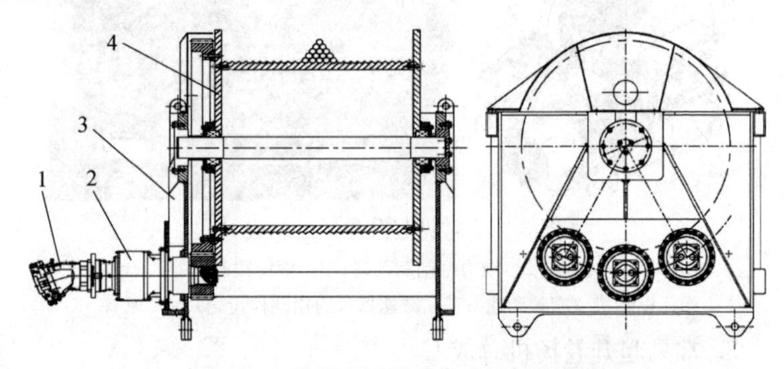

图 3-34　常见液压驱动起升卷扬机总成

1—液压马达；2—减速器（行星）；3—底座；4—卷筒

（二）起升卷扬机减速器分类及优缺点

减速器分为专用减速器和通用减速器。专用减速器是塔机制造厂或其他单位为特定卷扬机设计的专用减速器，其优点是专用性强，功能有针对性，性能较佳，结构相对简单，成本相对较低，且一般结构尺寸明显比通用减速器小。通用减速器与专用减速器相比有很多劣势，但唯一的优势是可以采购知名品牌，质量有保障，尤其对于整体设计加工能力不强的塔机制造厂是最佳选择。

常用减速器有圆柱齿轮减速器、蜗轮减速器、行星齿轮减速器。

（三）起升卷扬机制动器分类及优缺点

1. 设置于减速器输入端的制动器（图 3-35）

减速器的输入端的轴上，包括电机轴前端和后端，此处转速高、扭矩低，所需制动力小，故一般采用电磁制动器或电力抱闸制动器即可，其制造成本相对较低，结构相对简单；但是，该类制动器因设置在减速器输入端，制动器所制动的轴到钢丝绳之间隔有联轴器、减速器等传动机构，一旦传动机构任何部位因故障而失去传动连接时，制动将失效，导致塔机溜钩甚至事故。但因该类制动器制造成本相对较低且结构较为简单，大多塔机仍在使用该类制动器。

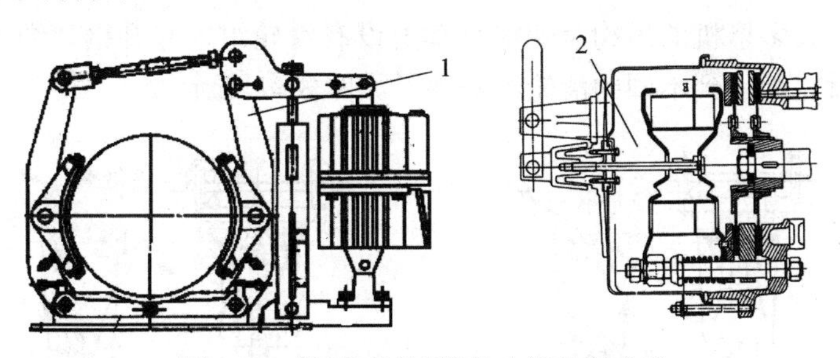

图 3-35 设置于减速器输入端的制动器

1—电机输出端的电力抱闸制动器；2—电机尾部的电力片式制动器

2. 设置于减速器输出端的制动器（图 3-36）

卷筒的转速相对较低、扭矩巨大，所需制动力大，故此类制动器一般采用液压驱动以及摩擦接触式直接对卷筒制动，以得到足够的制动力；作用于卷筒臂的液压驱动的液压钳制动器；液压驱动塔机的起升卷扬机总成，通过液压马达的性能特性，对卷筒直接提供制动以及停机时的常闭状态；由于该类制动器的制动力直接作用于卷筒臂上且停机时保持常闭状态，制动作用不受减速器、联轴器、电机等传动机构故障的影响，为起升机构提供了直接、可靠的制动；但该类制动器由于所需制动力大，需要单独液压泵站，制造成本及技术难度大，在国内塔机中应用量相对较小，一般仅在较高配置的塔机上使用。

图 3-36　设置于减速器输出端（即制动力作用于卷筒臂上）的制动器

（四）起升机构滑轮变倍率装置

大多塔机的吊钩及变幅小车上设有滑轮组，起升钢丝绳通过该滑轮组得到不同的滑轮组倍率，如图 3-37 所示。

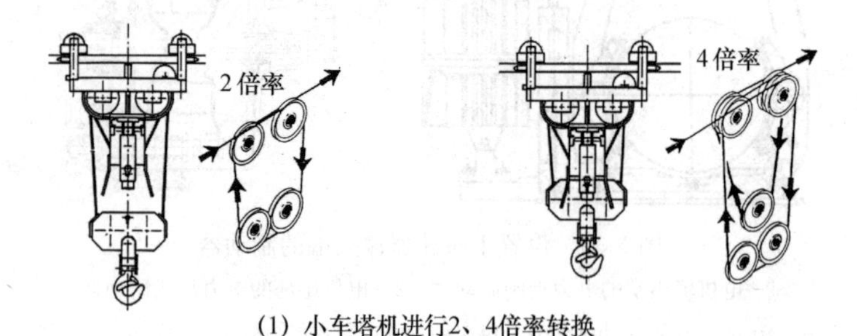

(1) 小车塔机进行2、4倍率转换

图 3-37　起升机构钢丝绳倍率转换

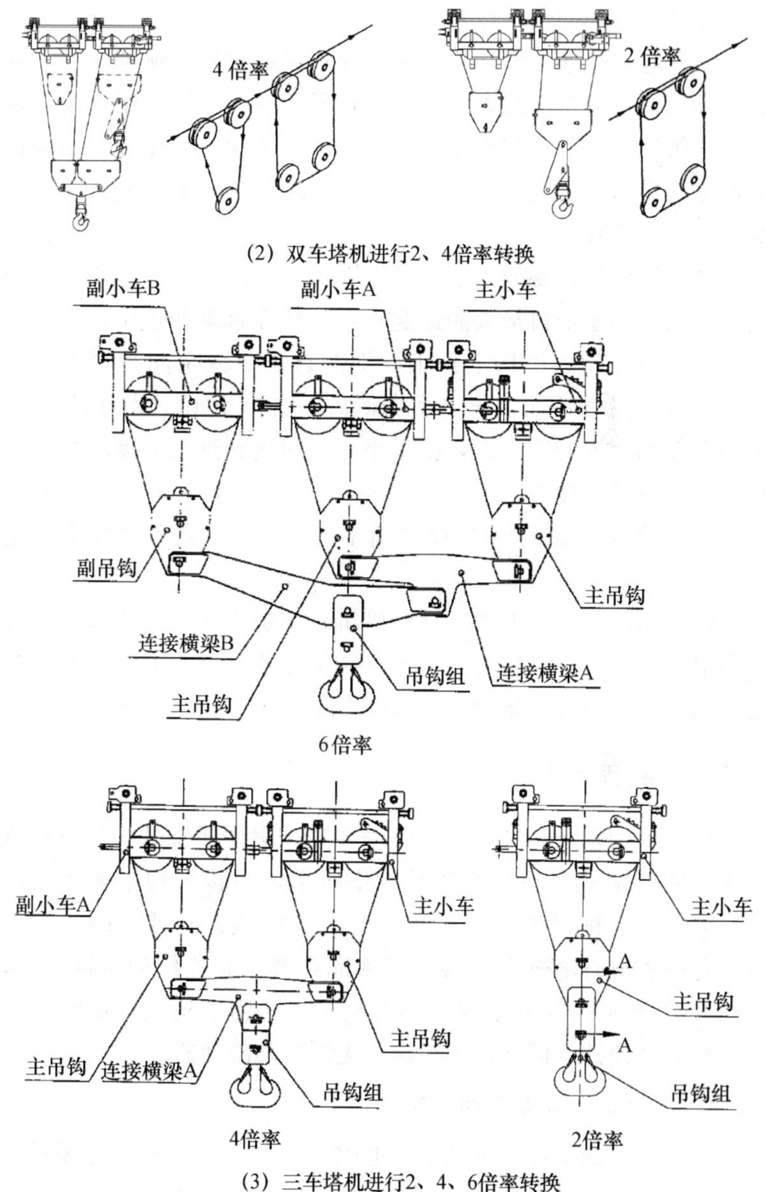

(3) 三车塔机进行2、4、6倍率转换

图 3-37　起升机构钢丝绳倍率转换（续）

起升钢丝绳的倍率设置，主要作用是：

（1）起到减速、增加最大额定起重量的作用。例如，起升卷扬机卷筒输出的单绳拉力为3t，经过吊钩及小车滑轮组变为2倍率后，吊钩最大额定起重量增加为6t，当采用4倍率时，吊钩最大额定起重量增加为12t，当采用更高倍率时，吊钩最大额定起重量＝3t×倍率。

（2）塔机的远端幅度上，额定起重量逐渐减小，远端幅度上的起重量远小于塔机最大额定起重量，故在远端幅度上，变幅小车、吊钩滑轮组、吊钩上部钢丝绳的自重对额定起重量影响较大，通过变倍率功能，将倍率变低后，变幅小车、吊钩滑轮组、吊钩上部钢丝绳的质量大幅度减小，从而达到远端幅度塔机额定起重量的目的。例如，ST7030塔机，采用4倍率时，70m幅度处额定起重量为2.25t，采用2倍率时，70m幅度处额定起重量为3t。

（3）在塔机设计上讲，针对塔机特定最大额定起重量，设计成多倍率后，起升机构卷扬机单绳拉力变小，对起升钢丝绳所过之处的塔机结构及滑轮组的力学要求降低。

二、回转机构

回转机构是回转结构上的驱动装置，驱动回转结构使塔机进行水平回转运动。在电力驱动的塔机上，回转机构主要由电动机、电磁（亦称涡流）制动器、行星减速器、回转齿圈轴承组成，有的还设有电磁离合器（亦称耦合器）装置作为缓冲装置，如图3-38所示；在液压驱动的塔机上，回转机构主要由液压马达、行星减速器、回转齿圈组成，无需单独制动器。

（一）轴向一体布置回转机构

电力片式制动器、电动机、电磁（涡流）制动器、行星减速器布置在一条主轴上，其片式制动器、电动机、电磁（涡流）制

图 3-38　回转机构的外形分布

1—回转齿圈；2—电磁耦合器；3—电磁（涡流）制动器；
4—电动机（专用）；5—减速器

动器在结构上设计为一体式，减速机输出端齿轮连接于回转齿圈上，其结构紧凑，占用塔机回转结构空间较小，如图 3-39 所示。此类回转机构总成在国内塔机上大量应用，并已有很多专业厂家量产。

电磁（涡流）制动器是利用涡流损耗的原理来吸收功率，对主轴进行减速并制动，当速度降低接近停滞时，电力片式制动器通过断电使刹车片闭合，电力片式制动器为常闭制动器。

另外，该类回转机构的尾端常设有一套电磁开关，用于在大风时通过电力对片式制动器进行打开，以便使塔机能够随风向自由回转，以塔机平衡臂方向的自重力矩抵抗风载力矩，维持塔机原有设计最大倾覆力矩数值，以免出现状态。但是需要注意的是，这种通过风力测试信号进行实时打开片式制动器的装置存在安全风险，因为当飓风来临时，往往随之而来的是整个供电电网断电，从而导致该装置完全失效，所以，不能完全依靠该装置，应在大风可能来临之前，通过手动开关将片式制动器打开。参见图 3-39。

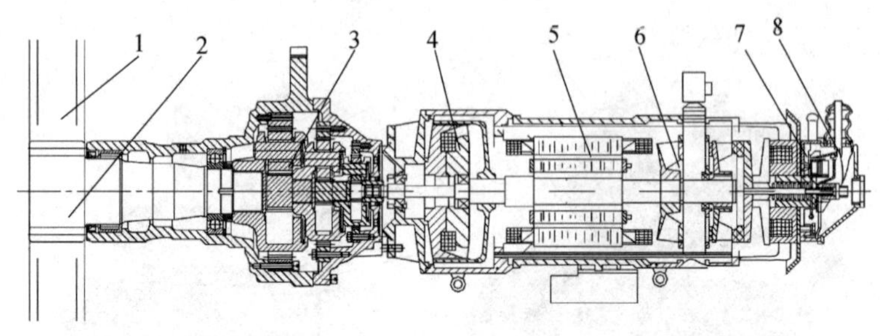

图 3-39 轴向一体分布回转机构

1—回转齿圈；2—输出端齿轮；3—行星减速器；4—电磁（涡流）制动器；5—电动机线圈；6—电力片式制动器；7—风信号电力线圈制动器开关；8—手动制动器开关

（二）分离式回转机构

采用通用电动机，并另行设置电磁（涡流）制动器、电力片式制动器装置，电动机的转动通过皮带或其他方式传动到制动器上，再由制动器传递给减速器并传递到回转齿圈，如图 3-40 所示。该电磁（涡流）制动器还具有电气启动时充当电磁离合器的作用，具有电磁耦合器功能，其他部件与轴向一体布置的回转机构基本相同。

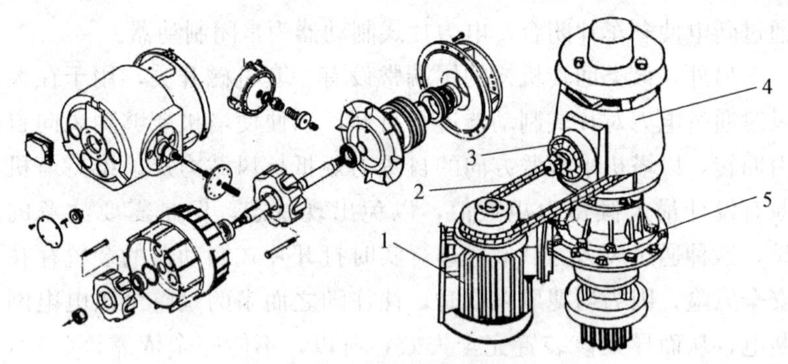

图 3-40 分离式回转机构

1—电动机（通用）；2—皮带；3—风信号电力线圈制动器开关及手动制动器开关；4—电磁（涡流）制动器及电磁耦合器（离合器）；5—行星减速器

（三）液压驱动回转机构

液压回转机构由液压马达提供转动动力，传递至行星减速器，由于液压马达调速范围较大，所需减速器的减速比较小，故减速器体积较小、较为简单，减速器输出端齿轮将转动动力传递至回转齿圈，如图 3-41 所示。

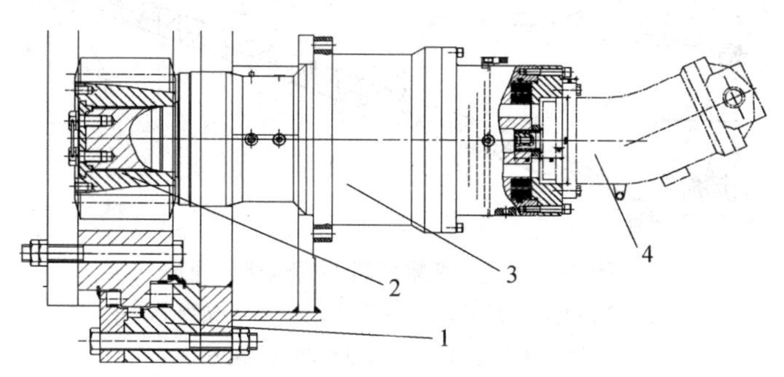

图 3-41　液压驱动回转机构

1—回转齿圈；2—减速器输出端齿轮；3—行星减速器；4—液压马达

三、变幅机构

对于小车变幅塔机，变幅机构主要由变幅卷扬机、变幅钢丝绳、滑轮组、变幅小车等组成，如图 3-42 所示。变幅卷扬机一般设置于起重臂后部或根部，钢丝绳贯穿起重臂全程，形成环形钢丝绳，通过变幅卷扬机卷筒的转动带动环形变幅钢丝绳运动，并拖动连接于变幅钢丝绳的变幅小车，使变幅小车在起重臂前后运动。

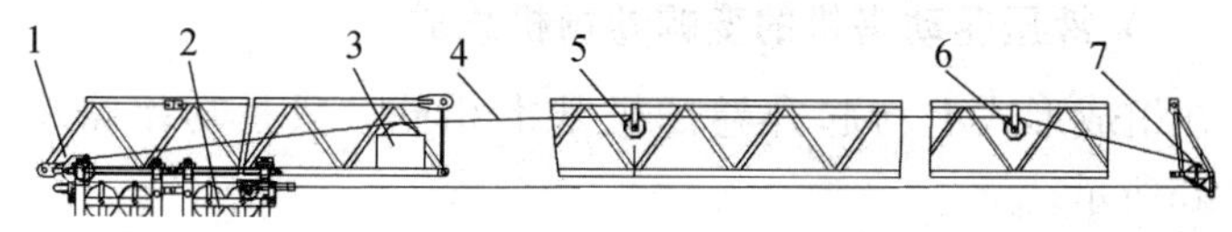

图 3-42　小车变幅塔机的变幅机构组成

1—臂根钢丝绳滑轮；2—变幅小车；3—变幅卷扬机总成；4—变幅钢丝绳；5—起重臂架上的钢丝绳滑轮；6—起重臂架上的钢丝绳滑轮；7—臂端钢丝绳滑轮

对于动臂变幅塔机，变幅机构主要由变幅卷扬机、A 字架、变幅钢丝绳、滑轮组等组成，如图 3-43 所示。变幅卷扬机一般设置于平衡臂上，变幅钢丝绳通过 A 字架顶滑轮后通向起重臂前段，牵引起重臂做俯仰运动。

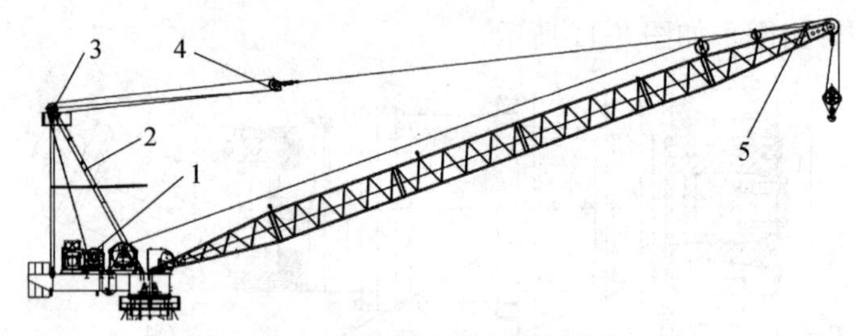

图 3-43　动臂变幅塔机的变幅机构组成

1—变幅卷扬机总成；2—A 字架；3—A 字架顶滑轮；4—钢丝绳滑轮组；5—起重臂端钢丝绳连接点

(一) 电力驱动塔机的变幅卷扬机总成

主要由卷筒、减速器、电动机、电磁（涡流）制动器、电力片式制动器等组成，如图 3-44 所示。其中，电动机一般采用专用的集成式电动机，集成了电动机、电磁（涡流）制动器、电力片式制动器以及风机等附属装置。因变幅卷扬机功率与回转机构功率相差不大，常采用与回转机构专用电动机相同或相近的专用电动机，具体结构及原理见回转机构专用集成电动机。减速器一般设置在卷筒内部，以充分利用卷筒内的空间，也有在卷筒外部设置小型减速器的。

(二) 液压驱动塔机的变幅卷扬机总成

在组成形式上与起升卷扬机基本相同，只是功率略小。如图 3-45所示。

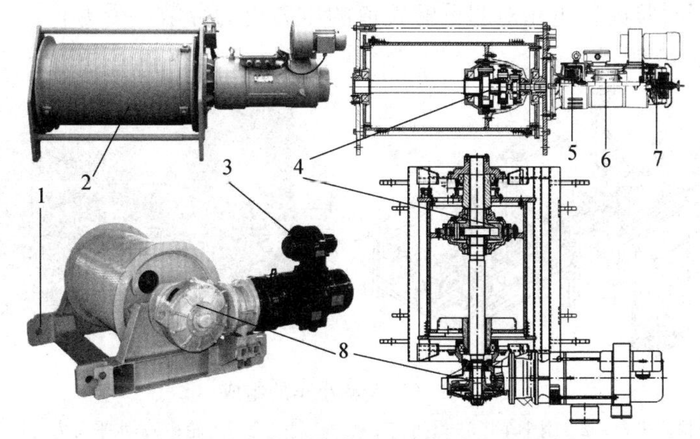

图 3-44　电力驱动塔机的变幅卷扬机总成

1—底座；2—卷筒；3—风机；4—卷筒内的行星减速器；5—电磁（涡流）制动器；6—专用电动机；7—电力片式制动器；8—卷筒外的减速器

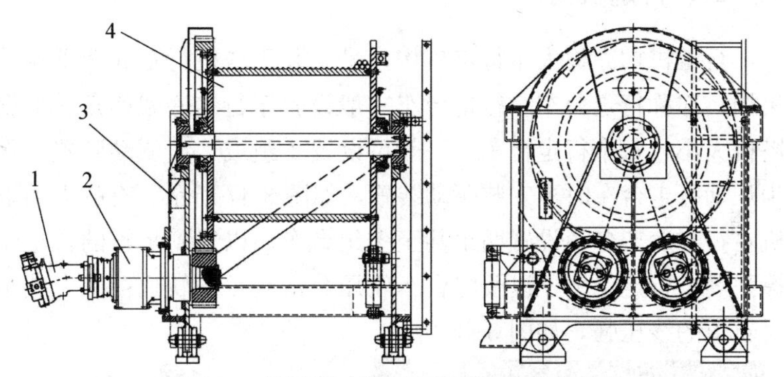

图 3-45　液压驱动塔机变幅机构卷扬机总成

1—液压马达；2—减速器（行星）；3—底座；4—卷筒

（三）变幅小车的组成

变幅小车主要由钢结构车架、竖向受力行走轮、横向受力行走轮、变幅钢丝绳连接装置以及供起升钢丝绳经过的滑轮组。不同塔机上可能设置 1 个小车或多个小车，多个小车可以在分离状态下，减轻远端幅度时小车自重对额定起重量的影响，小车合并使用时竖向行走轮对起重臂轨道的压力更为分散，受力较好，如图 3-46 所示。

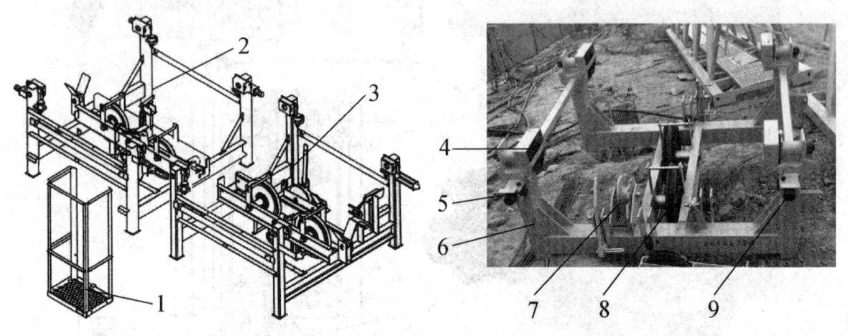

图 3-46　变幅小车的组成

1—检修平台；2—副小车；3—主小车；4—竖向受力行走轮；5—水平受力行走轮；6—小车主结构架；7—变幅钢丝绳张紧器；8—起升钢丝绳滑轮组；9—防撞缓冲橡胶块

四、行走机构

行走机构亦称大车行走机构，是安装于塔机行走底架下端的机构，亦称行走台车。行走台车一般设置于行走底架四角，根据塔机大小，每个行走台车上一般可设置 1 组或 2 组驱动装置，作为从动行走台车时不安装驱动装置，如图 3-47 所示。有的大型塔机在行走底架各角设置两组甚至多组台车，以得到足够的台车支撑强度、行走动力，以及将台车轮压分散到较长轨道范围，减小对轨道的线压强，如图 3-48 所示。

图 3-47　常见行走机构的布置

1—双驱动行走台车；2—单驱动行走台车

图 3-48 大型塔机的多组行走台车组合

行走台车主要由台车钢结构架、轨道行走轮、减速器、电动机（或液压马达）、制动器等组成。如图 3-49 所示

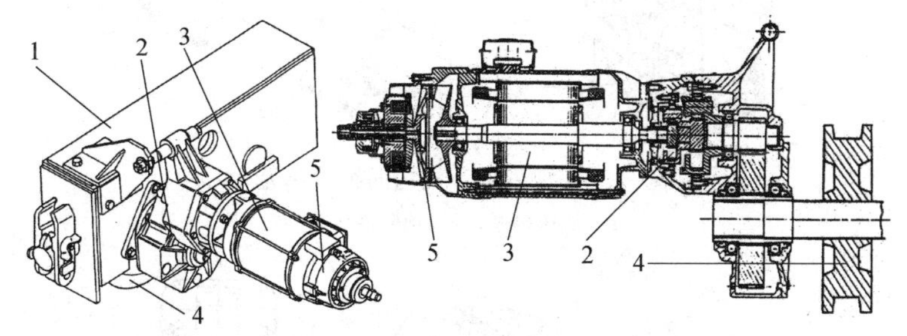

图 3-49 行走台车结构组成

1—行走台车钢结构架；2—减速器；3—电动机；
4—轨道行走轮；5—电力片式制动器

五、顶升机构

顶升机构是安装在顶升结构上的动力装置，对于电力驱动塔机，顶升机构主要由液压泵站及顶升液压缸组成，对于液压驱动塔机，顶升机构也可能仅有顶升液压缸，液压动力通过液压管路从塔机总液压泵站获取，参见图 3-50。

顶升机构工作时，利用液压泵站将机械能转换为液体的压力能，通过液体压力能的变化来传递能量，经过各控制阀和管路的传递，借助于液压缸把液体压力能转换为机械能，从而驱动活塞杆伸缩，实现直线往复运动。自升式塔机的加节和降节通过液压顶升机构来实现，参见图 3-51。

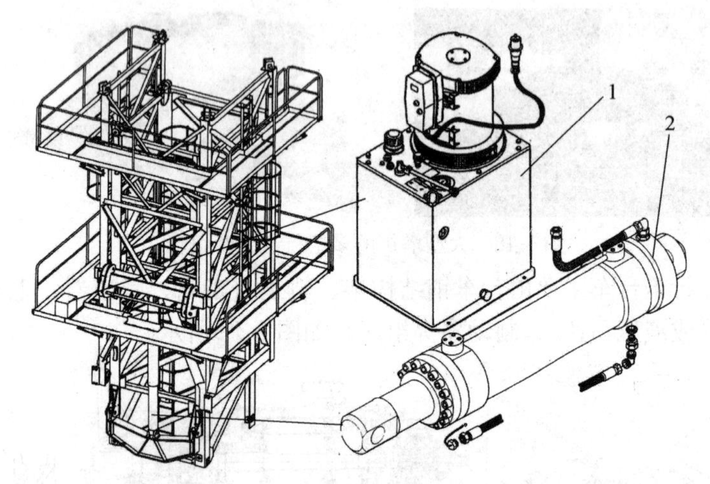

图 3-50　常见顶升机构的组成单元

1—液压泵站；2—顶升液压缸

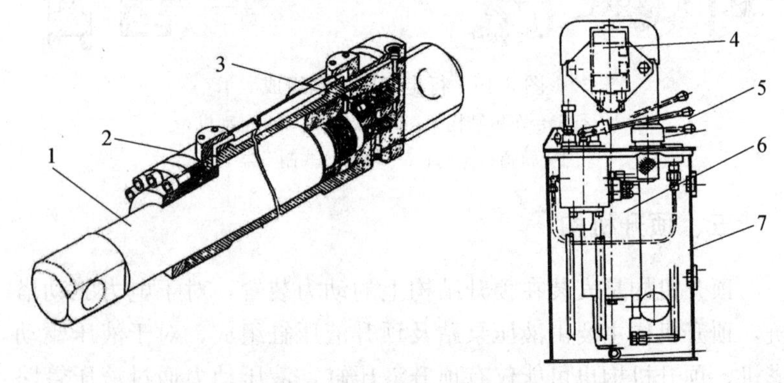

图 3-51　顶升液压缸结构

1—活塞杆；2—缸体；3—控制阀组；4—电动机；5—操作杆；6—液压泵；7—液压油箱

六、爬升机构

爬升机构与顶升机构的组成及元件结构基本相同，甚至大多塔机采用同样的液压泵站及液压缸，只是安装的位置不同。

第四节　塔机的动力系统

一、动力系统分类

对于大多数工作机构采用电力驱动的塔机，其动力源为外接工业电源，通过外接电源的供电为塔机的工作机构、电气控制系统、附属电器等进行供电；对于工作机构采用液压驱动的塔机，有的采用柴油发动机作为动力源带动液压泵转换成液压能，有的是通过外接工业电源及电动机带动液压泵转换成液压能；也有少数工作机构采用电力驱动的大型塔机，因其所需电力功率过大，担心施工现场无法满足供电要求，或因特殊现场无供电能力，在塔机设计上设置了专用发电机为塔机供电，一般均为通用柴油发电机。

所以，塔机的主要动力系统分为外接电源驱动及燃油发动机驱动，但是，无论哪种动力来源，塔机上的电力系统、电气系统是不可或缺的，即使是通过柴油发动机带动液压泵站，以液压能作为塔机运动机构的动力源的塔机，也必须通过柴油发动带动小型发电机转换出小额电力，供电瓶充电、电磁液压阀、传感器、控制电路、照明、空调等必需的用电设备使用。

二、电源

（一）塔机电源的基本组成

电源是塔机工作机构、控制系统、照明以及其他各类用电装置的电力来源，一般采用 380V、50Hz 的三相五线制作为动力主电源，应采用 TN-S 接零保护系统（俗称三相五线制）供电。供电线路的领先应与塔机的接地线严格分开。塔机的照明、空调、传感器、监控器等附属用电设备采用 220V、50Hz 的三相五线制，工作零线用作塔机的电气回路，塔机电源进线的保护导体（PE）应做重复接地，塔身应做防雷接地。电缆沿塔身垂直悬挂时，应采取绝缘保护电缆并将其与标准节固定牢固。塔机在强电磁场源附近工作时，操作人员应戴绝缘手套和穿绝缘鞋，并应在吊钩与吊物间采取绝缘隔离措施，或在吊钩吊装地面物体时，应在吊钩上挂临时接地线。电源组成参见图 3-52。

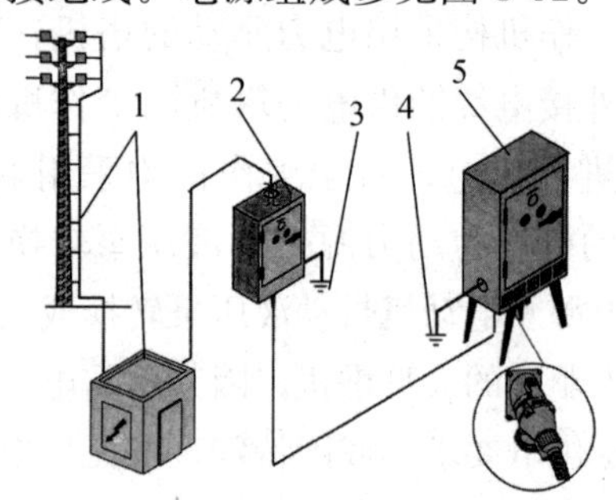

图 3-52　塔机外部电源的组成

1—外部电网；2—塔机作业现场的总配电箱（多级）；3—接地装置；4—接地装置；5—塔机专用电源配电箱

（二）塔机专用配电箱的总功率数值确定

大多数塔机说明书中均会给出塔机各工作机构的额定功率，但仅有少数高端塔机说明书会另行给出启动冲击时的功率。针对该现实情况，当说明书中没有具体启动功率的说明时，应自行估算启动功率，可用额定功率乘以 1.2～1.6 倍得到启动功率。因不同的塔机电动机调速方式，其启动功率与额定功率的倍数不尽相同，一般电阻调速的电动机启动冲击较大，应取较大值；变频调速启动冲击较小，应取较小值。

另外，有些塔机说明书虽给出了所需电源功率，但是该功率是特指塔机某种安装配置下的功率，例如塔机是否安装了行走机构，对实际总额定功率的影响是较大的，应根据实际安装的塔机工作机构另行累加计算实际配置下的总额定功率，再乘以启动功率倍数求得。

（三）塔机专用配电箱内的空气过载保护开关额定电流值的确定

塔机专用配电箱除了保证所输出的电力功率大于塔机启动功率，其空气过载保护开关额定电流值也应略大于塔机的启动冲击电流，过载限定电流过小会导致跳闸断电，过大将使保护效果降低，除非塔机说明书中给出了塔机各种机构配置下的过载保护开关额定电流值，否则应自行进行估算，估算方法如下：

$$I_d = \frac{W_n \times K}{1.732 \times U \times \cos\varphi \times \eta} \tag{3-1}$$

式中　I_d——塔机启动冲击电流，即所需空气过载保护开关最小额定电流值，单位为 A（安）；

W_n——特定塔机安装配置下实际运动机构的额定总功率，单位为 W（瓦）；

K——启动冲击系数，一般取 1.2～1.6，电阻调速电动机时取较大值，变频调速电动机时取较小值；

U——三相电源的线电压，单位为 V（伏），在国内一般特指 380V；

$\cos\varphi$——电动机功率因数，一般取 0.85；

η——电动机的机械效率，一般取 90%，即 0.9。

三、塔机配电系统

（一）塔机配电系统主要组成部分

是指从供电电源通向电路、电气控制柜的配电装置。配电系统主要由电源、电路、电气控制柜（配电箱）等组成。动力配电系统由主电缆、分配电箱、开关配电箱组成，塔机总电源回路应设置总断路器，总断路器应具有电磁脱扣功能，其额定电流应大于塔机额定工作电流，电磁脱扣电流额定值应大于塔机最大工作电流。照明等附属用电设备的配电系统采用 220V 电缆从分配电箱中引入开关箱。塔机高度超过 30m 时，其照明电源一直保持通电状态，以保持红色障碍指示灯供电不受停机的影响。配电系统动力电源与照明电源分别独立设置。轨道行走式塔机应采用电缆卷筒或类似装置供电，电控柜应有门锁，应在轨道两段头各设置一组接地装置，轨道的接头处做电气搭接，两头轨道端部应做环形电气连接，较长轨道每隔 20m 应加一组接地装置。配电系统主要组成参见图 3-53。

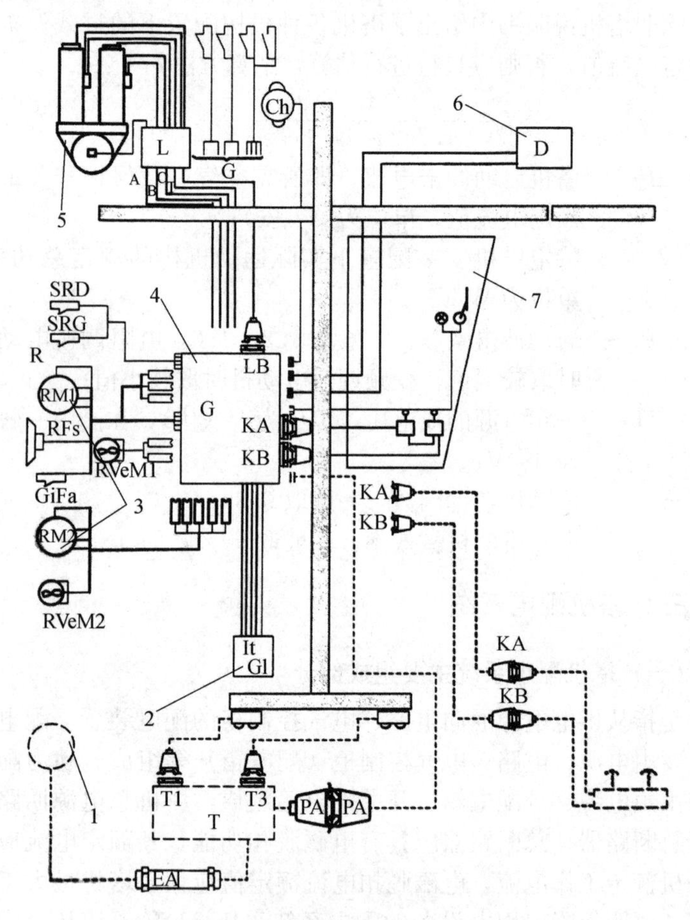

图 3-53　塔机配电系统主要组成

1—接地保护装置；2—外部电源；3—回转机构；4—塔机电气控制系统；5—起升机构（卷扬机）；6—变幅机构（卷扬机）；7—操作室

（二）塔机基础周边配电设施

参见图 3-54 理解。

（三）接地保护装置常用做法

方法 a：接地体采用正规的接地桩，或 ϕ33×4.5 长 1.5m 钢管，或∟70mm×70mm 长 1.5m 的角钢，如图 3-55（a）所示。

方法 b：接地板用钢板或其他可延金属板制作，面积为 $1m^2$，立埋距地表面 1.5m 深处，如图 3-55（b）所示。

方法 c：截面≥$28mm^2$ 的铜导体或截面≥$50mm^2$ 的铁导体埋于线槽内，其埋入长度由地电阻情况确定，如图 3-55（c）所示。

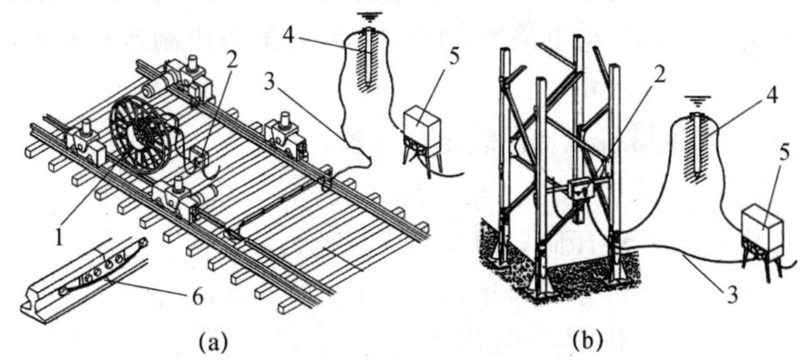

图 3-54　塔机基础周边配电设施

（a）行走式塔机；（b）固定式塔机；

1—电缆卷筒；2—塔机总电源开关；3—塔机电源线；4—接地保护装置；5—现场塔机专用配电箱；6—轨道接头搭接电缆

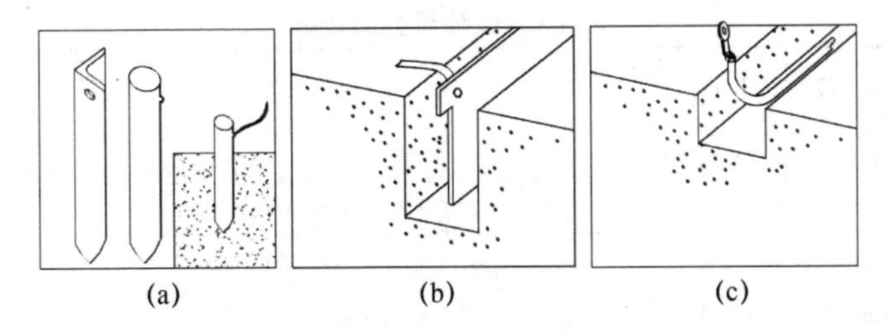

图 3-55　接地保护装置常用做法

（四）塔机主电源线相线截面积的选择

塔机主电源线相线截面积最理想的确定方法是按照塔机说明

书执行，但是国内很多质量不佳的塔机说明书中未给出或者给出的数据不切实际，此时需自行估算所需主电源线相线截面积，然后对照国标选择对应的三相五线制电缆。

$$S_A = \frac{I_d}{j_A} \tag{3-2}$$

式中 S_A——所需的塔机主电源线相线（单根）截面积；

I_d——塔机启动时出现的最不利电流峰值，单位为A（安）；

j_A——铜线适宜的电流密度。对于塔机电流，一般取4～5，对于启动电流在100A左右的，可取较大值；对于启动电流在200A左右的，应取较小值；当重型塔机启动电流更大时，应取咨询塔机制造厂，不能自行估算。

（五）常用塔机主电源线压降计算

$$\Delta U = K_L \times L_0 \tag{3-3}$$

式中 ΔU——所电压降，单位为V（伏）；

K_L——压降系数，单位为，V/（1000m×I_d）；

I_d——塔机启动时出现的最不利电流峰值，单位为A（安），数值见表3-1；

L_0——实际塔机主电源线长度，单位为m（米）。

所计算出的ΔU数值应小于塔机说明书中允许的最大压降限制。

表3-1 压降系数对照表

铜芯电缆截面（S_A）	压降系数（K_L）V/（1000m×I_d）	铜芯电缆截面（S_A）	压降系数（K_L）V/（1000m×I_d）
3×6mm^2+X+X	6	3×165mm^2+X+X	2.2
3×10mm^2+X+X	3.5	3×250mm^2+X+X	1.5
3×35mm^2+X+X	1.1	3×150mm^2+X+X	0.32
3×50mm^2+X+X	0.77	3×185mm^2+X+X	0.28
3×70mm^2+X+X	0.57	3×240mm^2+X+X	0.23
3×95mm^2+X+X	0.46	3×300mm^2+X+X	0.20
3×120mm^2+X+X	0.38		

四、液压动力系统

对于工作机构采用液压驱动的塔机，一般采用电动机带动液压泵的方式作为塔机的主液压动力源；另外，在工作机构采用电力直接驱动的塔机上，也会设有独立的小型液压动力系统。例如顶升、爬升机构采用小型电动机带动液压泵组成小型液压泵站，或者起升机构卷筒用液压制动器所需的小型液压动力系统。

（一）工作机构采用液压驱动的塔机主液压动力系统

一般采用柴油发动机或者电动机对液压泵进行驱动，从而输出液压动力，液压动力经过各控制阀、过滤元件到达塔机各工作机构，驱动工作机构上的液压执行元件（马达、液压缸等），如图 3-56 所示。

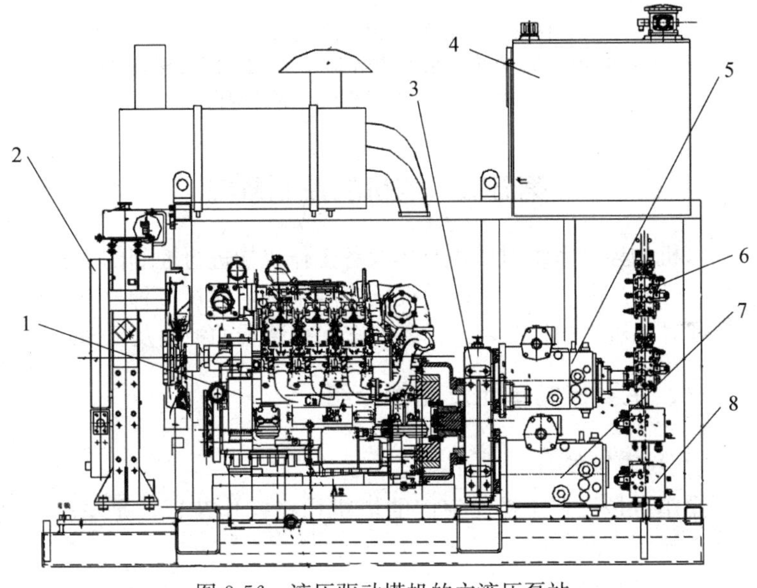

图 3-56　液压驱动塔机的主液压泵站

1—柴油发动机；2—散热器；3—分动齿轮箱；4—液压油箱；5—起升液压泵；6—先导制动阀组；7—变幅液压泵；8—防失速阀组

(二) 顶升、爬升液压动力系统

该液压系统因所需功率较小，所需控制系统简单，故一般液压泵站设计为一体式，即电动机、液压泵、油箱、控制元件、简单电路开关等，参见图 3-57。

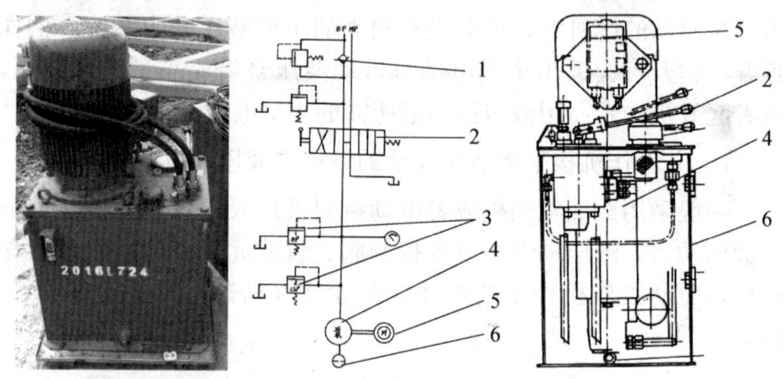

图 3-57　顶升、爬升液压动力系统

1—单项阀组；2—方向控制阀（操作杆）；3—溢流阀（压力控制）；4—液压泵；5—电动机；6—液压油箱

第五节　塔机的控制系统

塔机的控制系统对塔机整体及各工作机构进行控制的一套综合系统，可分为电气控制系统及液压控制系统，通过多种控制元件最终实现对各机构的控制，包括各安全保护装置的控制及反馈。

一、主要控制单元及元件介绍

(一) 操作台

操作台是设置于操作室内的塔机司机操作装置，是塔机控制的核心控制发起点。

(二) 继电器

继电器是一种电控制器件，是当输入量（激励量）的变化达到规定要求时，在电气输出电路中使被控量发生预定的阶跃变化的一种电器。它具有控制系统（又称输入回路）和被控制系统（又称输出回路）之间的互动关系。通常应用于自动化的控制电路中，它实际上是用小电流去控制大电流运作的一种“自动开关”。故在电路中起着自动调节、安全保护、转换电路等作用。分为中间继电器、固态继电器、时间继电器、电磁继电器、热继电器、安全继电器等。

1. 中间继电器

基本原理：线圈通电，动铁芯在电磁力作用下动作吸合，带动动触点动作，使常闭触点分开，常开触点闭合；线圈断电，动铁芯在弹簧的作用下带动动触点复位。继电器的工作原理是当某一输入量（如电压、电流、温度、速度、压力等）达到预定数值时，使它动作，以改变控制电路的工作状态，从而实现既定的控制或保护的目的。在此过程中，继电器主要起了传递信号的作用，参见图 3-58、图 3-59。

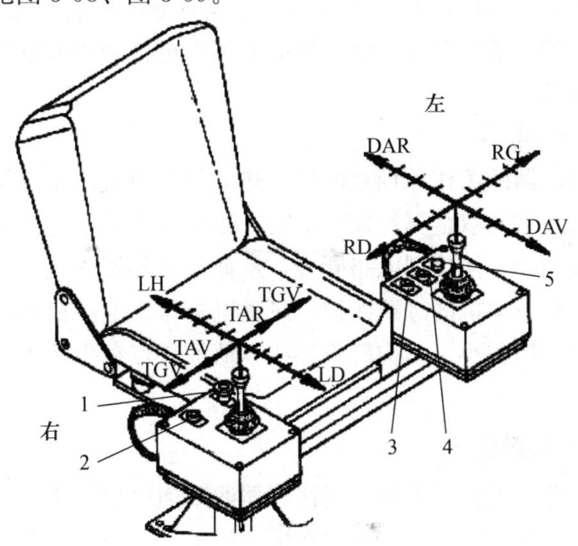

图 3-58 操作台示意图

1—断电、急停按钮；2—电源、电笛按钮；3—回转制动按钮；4—并联按钮；5—电源指示灯；RG—向左回转；RD—向右回转；DAV—小车前进；DAR—小车后退；TAV—大车前进（带行走）；TAR—大车后退（带行走）；LH—起升；LD—降落

作用：一般的电路常分成主电路和控制电路两部分，继电器主要用于控制电路，接触器主要用于主电路；通过继电器可实现用一路控制信号控制另一路或几路信号的功能，完成启动、停止、联动等控制，主要控制对象是接触器；接触器的触头比较大，承载能力强，通过它来实现弱电到强电的控制，控制对象是电器。

2. 时间继电器

时间继电器的主要功能是作为简单程序控制中的一种执行器件，当它接受了启动信号后开始计时，计时结束后它的工作触头进行开或合的动作，从而推动后续的电路工作。一般来说，时间继电器的延时性能在设计的范围内是可以调节的，从而方便调整它的延时时间长短。单凭一只时间继电器恐怕不能做到开始延时闭合，闭合一段时间后，再断开，先实现延时闭合后延时断开，但总体上说，通过配置一定数量的时间继电器和中间继电器都是可以做到的。

3. 热继电器

热继电器的工作原理是电流入热元件的电流产生热量，使有不同膨胀系数的双金属片发生形变，当形变达到一定距离时，就推动连杆动作，使控制电路断开，从而使接触器失电，主电路断开，实现对电动机的过载保护。热继电器作为电动机的过载保护元件，以其体积小、结构简单、成本低等优点在生产中得到了广泛应用。

（三）接触器

接触器的工作原理是：当接触器线圈通电后，线圈电流会产生磁场，产生的磁场使静铁芯产生电磁吸力吸引动铁芯，并带动交流接触器点动作，常闭触点断开，常开触点闭合，两者是联动的。当线圈断电时，电磁吸力消失，衔铁在释放弹簧的作用下释放，使触点复原，常开触点断开，常闭触点闭合。直流接触器的工作原理跟温度开关的原理有点相似。

（四）断路器

是用手动（或电动）合闸，用锁扣保持合闸位置，由脱扣机构作用于跳闸并具有灭弧装置的低压开关，在电路中作接通、分断和承载额定工作电流和短路、过载等故障电流，并能在线路和负载发生过载、短路、欠压等情况下，迅速分断电路，进行可靠的保护。

（五）变频器

变频器主要由整流（交流变直流）、滤波、逆变（直流变交流）、制动单元、驱动单元、检测单元、微处理单元等组成。变频器靠内部IGBT的开断来调整输出电源的电压和频率，根据电机的实际需要来提供其所需要的电源电压，进而达到节能、调速的目的。另外，变频器还有很多的保护功能，如过流、过压、过载保护等。

目前我国大多塔机已采用变频器对电动机调速和控制，对于塔机来说，所需变频器具有功率大、四象限控制、安全控制逻辑复杂、使用环境恶劣的特点，属于较为大型的变频器。较其他调速方式，变频调速具有绝对的性能优势。如：启动缓冲小、电能损耗小、变速冲击小、稳定性高、体积小、安全控制系统强、具有对电动机进行点动和微动控制功能，参见图3-59。

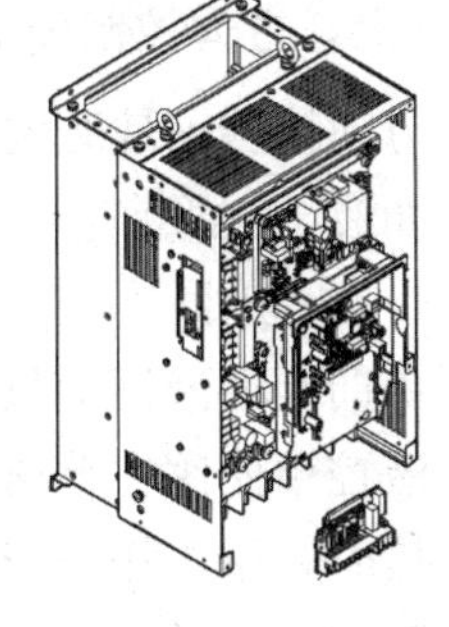

图3-59　变频器外观

（六）可编程控制器（PLC）

可编程控制器（ProgrammbleController）简称 PC 或 PLC，是一种数字运算操作的电子系统，专门在工业环境下应用而设计。它采用可以编制程序的存储器，用来在执行存储逻辑运算和顺序控制、定时、计数和算术运算等操作的指令，并通过数字或模拟的输入（I）和输出（O）接口，控制各种类型的机械设备或生产过程。可编程控制器是在电器控制技术和计算机技术的基础上开发出来的，并逐渐发展成为以微处理器为核心，把自动化技术、计算机技术、通讯技术融为一体的新型工业控制装置。

可编程控制器配合变频器在塔机上的应用，代替了原有由大量继电器、接触器等组成的庞大控制组件，提高了控制系统的稳定性、降低了制造成本、节省了控制元件的占用空间，参见图 3-60。

图 3-60　可编程控制外观

（七）方向控制阀（液压）

方向控制阀是通过控制液体流动的方向来操纵执行元件的运动，如液压缸的前进、后退与停止，液压马达的正反转与停止等。

1. 单向阀

单向阀使液压油只能在一个方向流动，反方向则堵塞。

液控单向阀在普通单向阀的基础上多了一个控制口，当控制口空接时，该阀相当于一个普通单向阀；若控制口接压力油，则油液可双向流动。

为减少压力损失，单向阀的弹簧刚度很小，但若置于回油路作背压阀使用时，则应换成较大刚度的弹簧。

2. 换向阀

换向阀是利用阀芯对阀体的相对位置改变来控制油路接通、关断或改变油液流动方向。

换向阀按接口数及切换位置数分类：接口是指阀上各种接油管的进、出口，进油口通常标为P，回油口则标为R或T，出油口则以A、B来表示。阀内阀芯可移动的位置数称为切换位置数，通常我们将接口称为“通”，将阀芯的位置称为“位”。

按操作方式分类：推动阀内阀芯移动的动力有手、脚、机械、液压、电磁等方法。阀上如装弹簧，则当外加压力消失时，阀芯会回到原位。

（1）手动换向阀：手动换向阀是利用手动杠杆来改变阀芯位置实现换向。

（2）机动换向阀：又称行程阀，它主要用来控制液压机械运动部件的行程，它是借助于安装在工作台上的挡铁或凸轮来迫使阀芯移动，从而控制油液的流动方向。机动换向阀通常是二位的，有二通、三通、四通和五通几种，其中二位二通、三通机动阀又分常闭和常开两种。

（3）电磁换向阀：利用电磁铁的通、断电而直接推动阀芯来控制油口的连通状态。

（4）液压换向阀由外控导压来推动阀芯，从而改变液压系统的油流方向。

（5）电液换向阀（先导换向阀）：由电磁换向阀和液动换向阀组合而成。电磁换向阀起先导作用，它可以改变控制液流的方向，从而改变液动换向阀的位置。由于操纵液动换向阀的液压推力可以很大，所以主阀可以做得很大，允许有较大的流量通过。这样用较小的电磁铁就能控制较大的液流。

（6）比例方向阀：是以在阀芯外装置的电磁线圈所产生的电磁力来控制阀芯的移动，依靠控制线圈电流来控制方向阀内阀芯的位移量，故可同时控制油流动的方向和流量。

（八）压力控制阀（液压）

在液压传动系统中，控制液压油压力高低的液压阀称之为压力控制阀，这类阀的共同点主要是利用在阀芯上的液压力和弹簧力相平衡的原理来工作的。

1. 溢流阀

当液压执行元件不动时，由于泵排出的油无处可去而成一密闭系统，理论上压力将一直增至无限大，实际上压力将增至液压元件破裂为止，此时电机为维持定转速运转，输出电流将无限增大至电机烧掉为止；前者使液压系统破坏，液压油四溅；后者会引起火灾；因此要绝对避免。方法就是在执行元件不动时，提供一条旁路使液压油能经此路回到油箱，它就是“溢流阀”，其主要用途有两个。

作溢流阀用：在定量泵的液压系统中常利用流量控制阀调节进入液压缸的流量，多余的压力油可经溢流阀流回油箱，这样可使泵的工作压力保持定值。作安全阀用：液压系统在正常工作状态下，溢流阀是关闭的，只有在系统压力大于其调整压力时，溢流阀才被打开溢流，对系统起过载保护作用。

（1）直通式溢流阀

直通式溢流阀压力由弹簧设定，当油的压力超过设定值时，阀芯上移，油液就从溢流口流回油箱，并使进油压力等于设定压力。由于压力为弹簧直接设定，一般当安全阀使用。

（2）先导式溢流阀

先导式溢流阀由主阀和先导阀两部分组成，主要特点是利用主阀平衡活塞上下两腔油液压力差和弹簧力相平衡工作。

工作时，液压力同时作用于主阀芯及先导阀芯的测压面上。

当先导阀未打开时，阀腔中油液没有流动，作用在主阀芯上下两个方向的压力相等，但因上端面的有效受压面积大于下端面的有效受压面积，主阀芯在合力的作用下处于最下端位置，阀口关闭。当进油压力增大到使先导阀打开时，液流通过主阀芯上的阻尼孔、先导阀流回油箱。由于阻尼孔的阻尼作用，使主阀芯所受到的上下两个方向的液压力不相等，主阀芯在压差的作用下上移，打开阀口，实现溢流，并维持压力基本稳定。调节先导阀的调压弹簧，便可调整溢流压力。

先导型溢流阀的导阀部分结构尺寸较小，调压弹簧不必很强，因此压力调整比较轻便。但因先导型溢流阀要在先导阀和主阀都动作后才能起控制作用，因此反应不如直动型溢流阀灵敏

先导式溢流阀的特点：①主阀芯仅与阀套和主阀座有同心度要求，免去了与阀盖的配合，故结构简单，加工和装配方便。②过流面积大，在相同流量的情况下，主阀开启高度小；或者在相同开启高度的情况下，其通流能力大，因此，可做得体积小、质量轻。③主阀芯与阀套可以通用化，便于组织批量生产。

2. 减压阀

减压阀是通过调节，将进口压力减至某一需要的出口压力，并依靠液压油本身的能量，使出口压力自动保持稳定的阀门。从流体力学的观点看，减压阀是一个局部阻力可以变化的节流元件，即通过改变节流面积，使流速及流体的动能改变，造成不同的压力损失，从而达到减压的目的。然后依靠控制与调节系统的调节，使阀后压力的波动与弹簧力平衡，使阀后压力在一定的误差范围内保持恒定。

实际中常采用的是先导式减压阀，先导式减压阀主要由阀体、主弹簧、主阀芯、主阀座、活塞、先导弹簧、先导阀芯、先导阀座、先导活塞和调整弹簧等组成。拧动调节螺钉，压缩调整弹簧，顶开先导阀芯，介质从进口侧进入活塞上方，由于活塞面

积大于主阀阀芯面积，推动活塞向下移动，使主阀打开，由阀后压力平衡调节弹簧的压力改变导阀的开度，从而改变活塞上方的压力，控制主阀芯的开度使阀后压力保持恒定。

相比直动式减压阀，先导式减压阀的远程控制口有个重要功能，即通过油管接到另一个远程调压阀（远程调压阀的结构和减压阀的先导控制部分一样），调节远程调压阀的弹簧力，即可调节减压阀主阀芯上端的液压力，从而对减压阀的出口压力实行远程调压，但远程调压阀所能调节的最高压力不得超过减压阀本身导阀的调整压力。

3. 顺序阀

按工作原理和结构，顺序阀分直动式和先导式两类；按压力控制方式，顺序阀有内控和外控之分。在顺序阀中装有单向阀，能通过反向液流的复合阀称为单向顺序阀。一般说来，这种阀使用较多。顺序阀的构造及其动作原理类似溢流阀，目前较常用直动式。顺序阀与溢流不同的是：出口直接接执行元件，另外有专门的泄油口。

顺序阀的基本功能是控制多个执行元件的顺序动作，根据其功能的不同，分别称为顺序阀、背压阀、卸荷阀和平衡阀。顺序阀的性能与溢流阀基本相同，但由于功能的不同，对顺序阀还有其特殊的要求：

（1）为了使执行元件准确实现顺序动作，要求顺序阀的调压精度高、偏差小；

（2）为了顺序动作的准确性，要求阀关闭时内泄漏量小；

（3）对于单向顺序阀，要求反向压力损失及正向压力损失值均应较小。顺序阀的主要作用有：

①控制多个元件的顺序动作；

②用于保压回路；

③防止因自重引起油缸活塞自由下落而做平衡阀用；

④用外控顺序阀做卸荷阀，使泵卸荷；

⑤用内控顺序阀做背压阀。

（九）流量控制阀（液压）

流量控制阀是通过改变阀口流通面积来调节阀口流量，从而控制执行元件的运动速度的控制阀。流量控制阀主要有节流阀、调速阀、温度补偿调速阀、溢流节流阀等多种，其中应用最多的是节流阀和调速阀。节流阀只适用于负载和温度变化不大和速度稳定性要求不高的液压系统，而调速阀可适用于负载变化较大和速度平稳性要求高的液压系统。

1. 节流阀

节流阀是通过改变节流截面或节流长度以控制流体流量的阀门。节流阀没有流量负反馈功能，不能补偿由负载变化所造成的速度不稳定，一般仅用于负载变化不大或对速度稳定性要求不高的场合。

液压油从进油口流入经节流口后从阀的出油口流出。本阀的阀芯的锥台上开有三角形槽。转动调节手轮，阀芯产生轴向位移，节流口的开口量即发生变化。阀芯越上移，开口量就越大。

当节流阀的进出口压力差为定值时，改变节流口的开口量，即可改变流过节流阀的流量。节流阀和其他阀，例如单向阀、定差减压阀、溢流阀，可构成组合节流阀。

2. 调速阀

调速阀是由定差减压阀与节流阀串联而成的组合阀。节流阀用来调节通过的流量，定差减压阀则自动补偿负载变化的影响，使节流阀前后的压差为定值，消除了负载变化对流量的影响。

节流阀前、后的压力分别引到减压阀阀芯右、左两端，当负载压力增大时，作用在减压阀芯左端的液压力增大，阀芯右移，减压口加大，压降减小，从而使节流阀的压差保持不变；反之亦然。这样就使调速阀的流量恒定不变（不受负载影响）。调速阀也可以设计成先节流后减压的结构。

调速阀是由定差减压阀和节流阀串联而成的组合阀。

二、塔机常用电气图形符号（表 3-2）

表 3-2　塔机常用电气图形符号

类别	名称	图形符号	文字符号
开关	单极控制开关	或	SA
	手动开关一般符号		SA
	三极控制开关		QS
	三极隔离开关		QS
	三极负荷开关		QS
	组合旋钮开关		QS
	低压断路器		QF
	控制器或操作开关	后 前 2 1 0 1 2	SA
接触器	线圈操作器件		KM
	常开主触头		KM
	常开辅助触头		KM
	常闭辅助触头		KM
时间继电器	通电延时（缓吸）线圈		KT
	断电延时（缓放）线圈		KT

类别	名称	图形符号	文字符号
时间继电器	瞬时闭合的常开触头		KT
	瞬时断开的常闭触头		KT
	延时闭合的常开触头	或	KT
	延时断开的常闭触头	或	KT
	延时闭合的常闭触头	或	KT
	延时断开的常开触头	或	KT
电磁操作器	电磁铁的一般符号	或	YA
	电磁吸盘		YH
	电磁离合器		YC
	电磁制动器		YB
	电磁阀		YV
非电量控制的继电器	电磁阀		YV
	速度继电器常开触头	n	KS
发电机	发电机	G	G
	直流测速发电机	TG	TG

续表

类别	名称	图形符号	文字符号
灯	信号灯（指示灯）		HL
	照明灯		EL
接插器	插头和插座	或	X 插头 XP 插座 XS
位置开关	常开触头		SQ
	常闭触头		SQ
	复合触头		SQ
按钮	常开按钮		SB
	常闭按钮		SB
	复合按钮		SB
	急停按钮		SB
	钥匙操作式按钮		SB
热继电器	热元件		FR
	常闭触头		FR
中间继电器	线圈		KA
	常开触头		KA
	常闭触头		KA
电流继电器	过电流线圈	I>	KA
	欠电流线圈	I<	KA
	常开触头		KA
	常闭触头		KA
电压继电器	过电压线圈	U>	KV
	欠电压线圈	U<	KV
	常开触头		KV
	常闭触头		KV
电动机	三相笼型异步电动机	M 3~	M
	三相绕线转子异步电动机	M 3~	M
	他励直流电动机	M	M
	并励直流电动机	M	M
	串励直流电动机	M	M

续表

类别	名称	图形符号	文字符号	类别	名称	图形符号	文字符号
熔断器	熔断器		FU	互感器	电压互感器		TV
变压器	单相变压器		TC		电流互感器		TA
	三相变压器		TM		电抗器		L

三、塔机常用液压图形符号（表 3-3）

表 3-3　塔机常用液压图形符号

（1）液压泵、液压马达和液压缸

名称		符号	说明	名称		符号	说明
液压泵	液压泵		一般符号	液压马达	单向定量液压马达		单向流动，单向旋转
	单向定量液压泵		单向旋转、单向流动、定排量		双向定量液压马达		双向流动，双向旋转，定排量
	双向定量液压泵		双向旋转，双向流动，定排量		单向变量液压马达		单向流动，单向旋转，变排量
	单向变量液压泵		单向旋转，单向流动，变排量		双向变量液压马达		双向流动，双向旋转，变排量
	双向变量液压泵		双向旋转，双向流动，变排量		摆动马达		双向摆动，定角度
液压马达	液压马达		一般符号	泵-马达	定量液压泵-马达		单向流动，单向旋转，定排量

续表

名称		符号	说明
泵-马达	变量液压泵-马达		双向流动，双向旋转，变排量，外部泄油
	液压整体式传动装置		单向旋转，变排量泵，定排量马达
双作用缸	单活塞杆缸		详细符号
			简化符号
	双活塞杆缸		详细符号
			简化符号
	不可调单向缓冲缸		详细符号
			简化符号
	可调单向缓冲缸		详细符号
			简化符号
	不可调双向缓冲缸		详细符号
			简化符号
	可调双向缓冲缸		详细符号
			简化符号
	伸缩缸		
能量源	液压源 气压源		一般符号
			一般符号
	电动机		
	原动机		电动机除外
单作用缸	单活塞杆缸		详细符号
			简化符号
	单活塞杆缸（带弹簧复位）		详细符号
			简化符号
	柱塞缸		
	伸缩缸		

续表

(2) 机械控制装置和控制方法

名称		符号	说明
机械控制件	直线运动的杆		箭头可省略
	旋转运动的轴		箭头可省略
	定位装置		
	锁定装置		
	弹跳机构		
机械控制方法	顶杆式		
	可变行程控制式		
	弹簧控制式		
	滚轮式		两个方向操作
	单向滚轮式		仅在一个方向上操作，箭头可省略

名称		符号	说明
人力控制方法	人力控制		一般符号
	按钮式		
	拉钮式		
	按-拉式		
	手柄式		
	单向踏板式		
	双向踏板式		
直接压力控制方法	内部压力控制		控制通路在元件内部

续表

名称		符号	说明
先导压力控制方法	液压先导加压控制		内部压力控制
	液压先导加压控制		外部压力控制
	液压二级先导加压控制		内部压力控制，内部泄油
	气-液先导加压控制		气压外部控制，液压内部控制，外部泄油
	电-液先导加压控制		液压外部控制，内部泄油
	液压先导卸压控制		内部压力控制，内部泄油
			外部压力控制（带遥控泄放口）
	电一液先导控制		电磁铁控制、外部压力控制，外部泄油
	先导型压力控制阀		带压力调节弹簧，外部泄油，带遥控泄放口
	先导型比例电磁式压力控制阀		先导级由比例电磁铁控制，内部泄油

名称		符号	说明
电气控制方法	单作用电磁铁		电气引线可省略，斜线也可向右下方
	双作用电磁铁		
	单作用可调电磁操作（比例电磁铁，力马达等）		
	双作用可调电磁操作（力矩马达等）		
	旋转运动电气控制装置		
反馈控制方法	反馈控制		一般符号
	电反馈		由电位器、差动变压器等检测位置
外部压力控制			控制通路在元件外部

续表

(3) 压力控制阀

名称		符号	说明	名称		符号	说明
溢流阀	溢流阀		一般符号或直动型溢流阀	减压阀	先导型比例电磁式溢流减压阀		
	先导型溢流阀	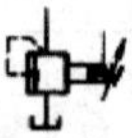			定比减压阀	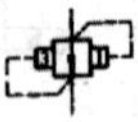	减压比1/3
	先导型电磁溢流阀	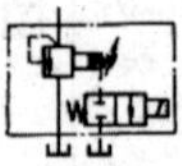	(常闭)		定差减压阀		
	直动式比例溢流阀	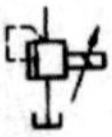		顺序阀	顺序阀	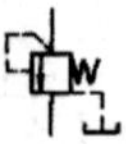	一般符号或直动型顺序阀
	先导比例溢流阀	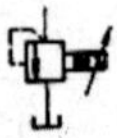			先导型顺序阀	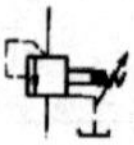	
	卸荷溢流阀	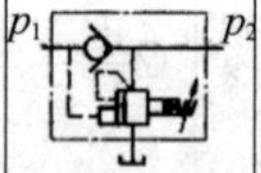	$P_2 > P_1$时卸荷		单向顺序阀(平衡阀)	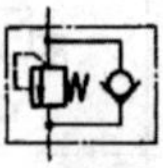	
	双向溢流阀	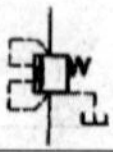	直动式,外部泄油	卸荷阀	卸荷阀		一般符号或直动型卸荷阀
减压阀	减压阀	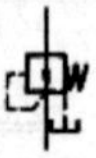	一般符号或直动型减压阀		先导型电磁卸荷阀	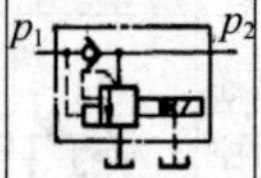	$P_1 > P_2$
	先导型减压阀			制动阀	双溢流制动阀	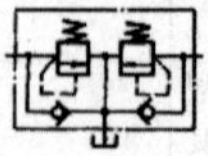	
	溢流减压阀				溢流油桥制动阀	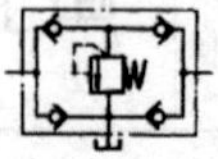	

续表

（4）方向控制阀

名称		符号	说明
单向阀	单向阀	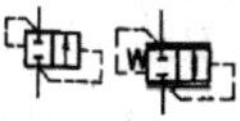	详细符号
		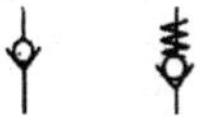	简化符号（弹簧可省略）
液压单向阀	液控单向阀	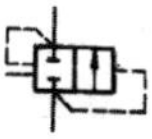	详细符号（控制压力关闭阀）
		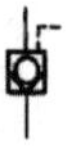	简化符号
		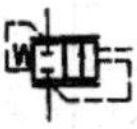	详细符号（控制压力打开阀）
		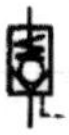	简化符号（弹簧可省略）
	双液控单向阀	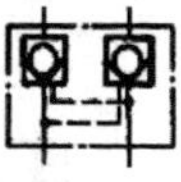	
梭阀	或门型	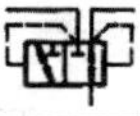	详细符号
		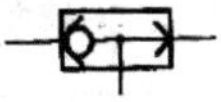	简化符号
换向阀	二位二通电磁阀	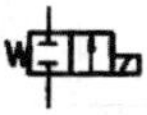	常断
		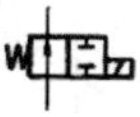	常通

名称		符号	说明
换向阀	二位三通电磁阀	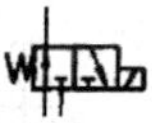	
	二位三通电磁球阀	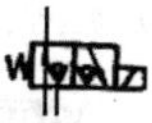	
	二位四通电磁阀	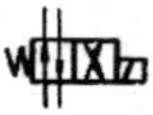	
	二位五通液动阀	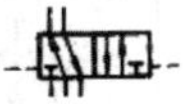	
	二位四通机动阀	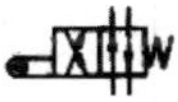	
	三位四通电磁阀	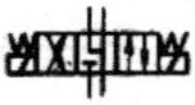	
	三位四通电液阀	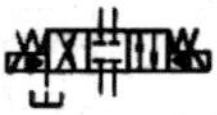	简化符号（内控外泄）
	三位六通手动阀	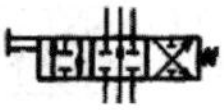	
	三位五通电磁阀	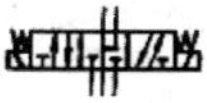	
	三位四通电液阀	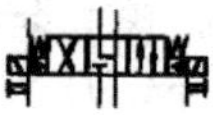	外控内泄（带手动应急控制装置）
	三位四通比例阀	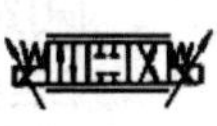	节流型，中位正遮盖

续表

名称		符号	说明	名称		符号	说明
换向阀	三位四通比例阀		中位负遮盖	换向阀	四通电液伺服阀		二级
	二位四通比例阀						带电反馈三级
	四通伺服阀						

（5）流量控制阀

名称		符号	说明	名称		符号	说明
节流阀	可调节流阀		详细符号	调速阀	调速阀		简化符号
			简化符号		旁通型调速阀		简化符号
	不可调节流阀		一般符号		温度补偿型调速阀		简化符号
	单向节流阀				单向调速阀		简化符号
	双单向节流阀			同步阀	分流阀		
	截止阀				单向分流阀		
	滚轮控制节流阀（减速阀）				集流阀		
调速阀	调速阀		详细符号		分流集流阀		

续表

（6）油箱

名称		符号	说明	名称		符号	说明
通大气式	管端在液面上			油箱	管端在油箱底部		
	管端在液面下		带空气过滤器		局部泄油或回油		

（7）流体调节器

名称		符号	说明	名称	符号	说明
过滤器	过滤器		一般符号	空气过滤器		
	带污染指示器的过滤器			温度调节器		

（8）检测器、指示器

名称		符号	说明	名称		符号	说明
压力检测器	压力指示器			流量检测器	检流计（液流指示器）		
	压力表（计）				流量计		
	电接点压力表（压力显控器）				累计流量计		
	压差控制表			温度计			
液位计				转速仪			

四、常见起升机构控制原理

（一）RCS 系列起升机构

该电机为绕线转子三相异步电动机，尾部装有断电制动电磁制动器。上面电机称为低速电机（LPV），下面的为高速电机（LGV）（图 3-61），当两个电机单独以额定转速运行时，通过减速器传动，在卷筒上形成两种不同的速度。电气控制上升、下降各 5 个挡位。其速度从 1 挡至 5 挡逐渐递增。上升前 3 挡低速电机转子启动电阻运行，高速电机定子在初始激磁的情况下其转子发电反馈给定子的自励发电能耗制动运行。通过改变低速电机转子串接电阻值和高速反馈回路电阻 F 值，便组成上升 1、2、3 挡的不同速度。第 4 挡低速电机单独做电动运行，低速电机转子在刚进入 4 挡时串接有两段电阻（起换挡缓冲作用），然后通过 L2、L3 分别以 1s 的间隔将电阻逐段切除，这样在 2s 后低速电机进入了稳定的电动运行，卷筒及吊钩达到了低速速度。增至第 5 挡，先是由低速电机的 LPV1，L2，L3（控制电路开关）断电使低速电机脱离电路，然后由高速电机的 LGV1（控制电路开关）吸合使高速电机进入电动运行状态。高速电机其转子也是串接有两段电阻（仍起换挡缓冲作用），然后 L2、L3（控制电路开关）也分别以 1s 的间隔将电阻逐段切除，这样在 2s 后高速电机进入了稳定的电动运行，卷筒及吊钩达到了高速速度。需要特别明确指出的是，能否进入第 5 挡速度取决于起重载荷的大小；例如：起升绳 2 倍率时大于 2.5t（2.5t＋2.5×10％）和 4 倍率大于 5t（5t＋5×10％）均不允许 5 挡速度发生，否则不仅会造成高速电机超载损坏电机，还会产生其他事故。因此，对于起重量限制器（测力环）中的高速限制开关一定要校核调试准确。

下降的前 3 挡由低速电机组成自励发电能耗制动工况，而高速电机在 2、3 挡转子串全电阻的电动运行。下降 1 挡由低速电机独立发电运行获得最慢的重物就位速度。高速电机电动运行，低速发电反馈回路依次串进 F 电阻的一段和两段，故 1、2、3 挡的速度依次提高。下降 4 挡又由低速电机单独电动运行，下降 5 挡高速电机单独电动运行。

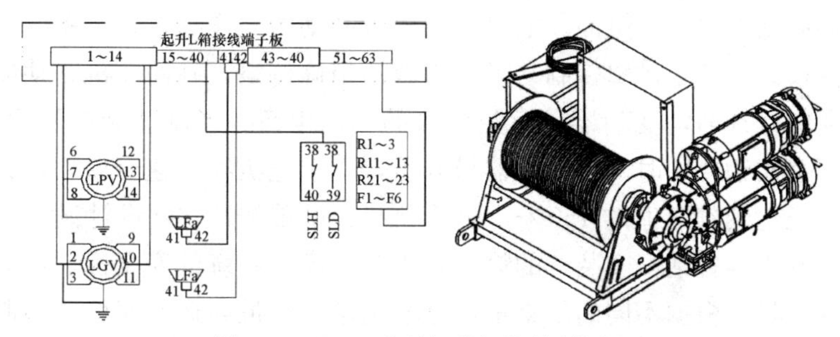

图 3-61　RCS 系列起升机构控制原理

（二）LFV 系列起升机构

LFV 系统由一台交流变频器将三相动力电源的频率和电压转变成可调节的电源，送入变频电机驱动减速器及卷筒运转，实现重物的垂直运输。其电气控制系统框图如图 3-62 所示。

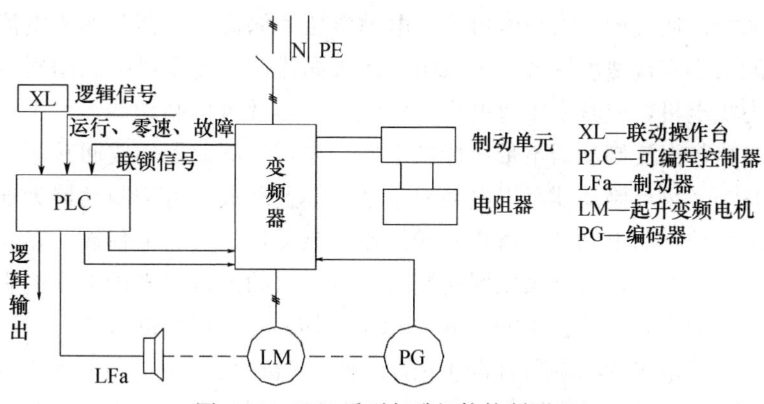

图 3-62　LFV 系列起升机构控制原理

电控系统采用可编程控制器（PLC）与矢量控制变频器组成。通过软件编程设计，实现逻辑控制；交流变频器带有速度反馈卡，与安装有速度编码器的变频电动机组成 PWM——矢量控制的交流变频调速系统，调速比达到 1∶100；零速时启动转矩可达 150%，调速精度很高，达到±0.02%以内。电动机运行于一、二、三、四四个象限内，电机运行于减速状态时，通过制动单元向制动电阻释放电能。电机工况要求制动器工作频繁，本系统软件设计保证了逻辑控制与时间参数的精确调整，确保电机制动器通电松开前，变频器还有足够大的输出电流，当制动器松开后，不会溜钩；同时确保制动器松开后，要求电机在零速时启动，其转矩达到额定值的 150%，使其顺利起吊重物；软件设计满足了起升机构各项安全装置的设计要求，提高了系统的安全性、可靠性；具有根据不同的吊重量，分段满足电机最高运行速度的控制功能，极大地提高了工作效率。

五、常见回转机构控制原理

（一）RTC 系列回转机构

回转机构由力矩电机、行星减速器组成。采用电子调压控制系统。通过调节力矩电机定子电源电压和涡流制动器及涡流电流的大小实现速度调节。可采用 1 台带涡流制动器及风标制动器的力矩电机，或其中 1 台电机带涡流制动器及风标制动器，另 1 台电机带涡流制动器不带风标制动器，与行星减速器构成回转驱动系统。风标制动器可以电动或手动制动及释放。电磁制动器为通电释放，断电制动。塔机回转操作后制动器始终通电释放。在操作中可按具体情况采用回转制动以克服风的因素对塔机工作的影响，但是，一定在 13m/s 风速以下回转停止稳定后再制动。

该电机的涡流制动器电枢随转轴一起转动，当励磁线圈通入直流电后，涡流制动器的爪极与电枢间气隙中产生磁场，电枢切割磁力线感生电动势，形成电流（即涡流）。由涡流产生的磁场与爪极磁场相互作用，产生制动转矩，在一定转速范围内，制动转矩与励磁电流及电枢转速近似呈正比例线性关系。调节励磁电流和电机电压可实现电动机的无级调速。其控制原理框图参见图 3-63。

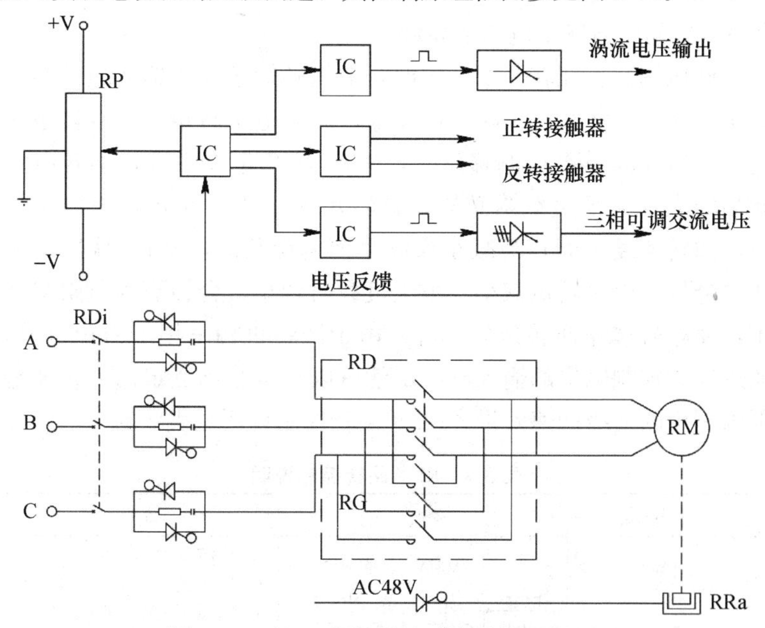

图 3-63　RTC 系列回转机构控制原理框图

（二）RCV 系列回转机构

当操纵回转运动时，与控制台操纵手柄联动的电位器适时地向 RCV 组块给出一个带极性的电压信号，该电压极性控制着 RCV 组块接通 RD 或者 RG 接触器 AC48V 控制电源，即控制了回转运动方向。

同时该电压又是 RCV 组块移相控制电压。RCV 作为 MTC 调压器的触发器为调压器晶闸管提供触发脉冲。触发脉冲移相角受控于移相控制电压绝对值，绝对值大，RCV 触发脉冲移相角小，MTC 晶闸管导通角大，调压器输出电压高；绝对值小，RCV 触发脉冲移相角大，MTC 晶闸管导通角小，调压器输出电压低。移相控制电压绝对值的大小，是由控制台操纵手柄偏移零位的角度控制，偏移角大，移相控制电压绝对值大，偏移角小，移相控制电压绝对值小。控制操纵手柄偏移零位的角度，即可控制 MTC 调压器输出电压的高低。

调压调速：在转差率一定时，电机转矩正比于输入电压 $U2$。假定回转运行在某一个稳定速度上，此时电机转矩与负载转矩平衡。当增大操纵手柄偏移角时，MTC 输出电压升高，回转电机转矩增大，大于负载阻转矩，合转矩为正驱动转矩，使电机加速，回转速度上升；当减小操纵手柄偏移角时，MTC 输出电压随之降低，电机转矩减小，小于负载阻转矩，合转矩为负阻尼转矩，使电机减速回转速度下降。由于回转机构采用了力矩电机，通过连续控制电机的输入电压，就可以获得零到额定回转转速范围内理想的无级调速效果。RCV 回转控制说明见表 3-4。

表 3-4　RCV 回转控制说明

控制	顺序	说明
（启动） 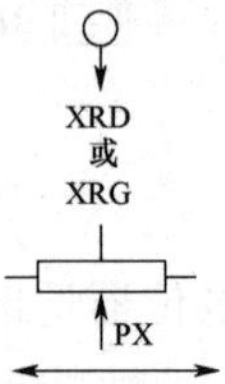 XRD 或 XRG PX	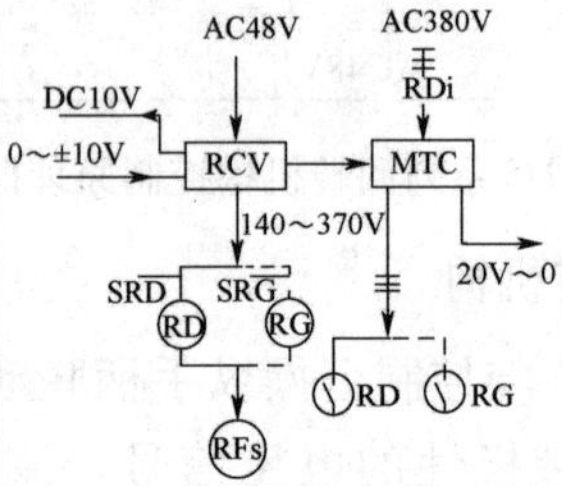 AC48V　AC380V RDi DC10V 0～±10V　RCV　MTC 140～370V 20V～0 SRD　SRG RD　RG RD　RG RFs	手柄向左或向右运动，RCV 接通 RD 或 RGAC48V 电源。RFS 的点解除回转制动。RCV 控制 MTC 输出交流 140～370V 连续可调电压，和输出逐渐减小的涡流直流励磁电压 20～0V。回转获得 0～0.75r/min 的无级调速范围
（停止） 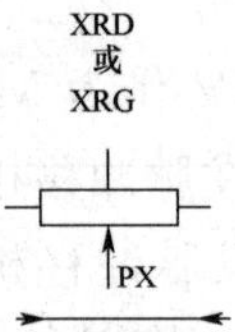 XRD 或 XRG PX	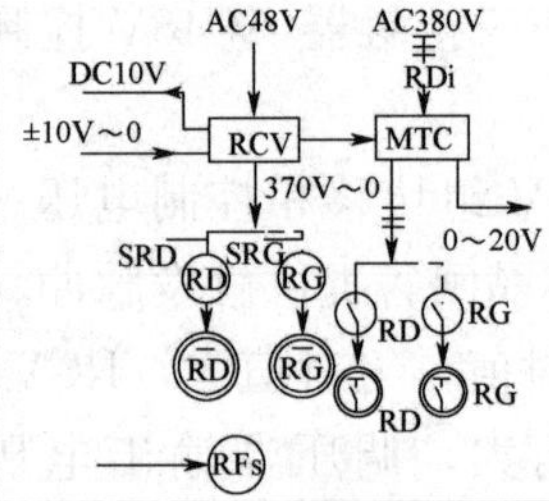 AC48V　AC380V RDi DC10V ±10V～0　RCV　MTC 370V～0 0～20V SRD　SRG RD　RG RD　RG RD　RG RG RD RFs	手柄向左或右向零位运动，RCV 控制 MTC 输出交流电压逐渐减小至 0V。涡流励磁电压逐渐增高至 20V，回转速度减速至零。手柄回零，MTC 变比。RCV 断开 AC48V 电源，RFS 自锁得电，保持制动接触
（制动）	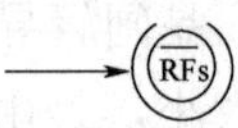 RFs	按下 XRFS 回转制动按钮，回转制动

六、常见变幅机构控制原理

（一）DTC 系列变幅机构

DTC 变幅机构由一台力矩电机、卷筒、行星减速器组成。该力矩电机的轴伸端带有涡流制动器，其尾端装有直流盘式电磁制动器，由该力矩电机驱动的变幅机构之所以也有 3 个速度是利用了电机的力矩特性与涡流制动器相组合，一挡 MV 由涡流制动器励磁与电动机降压（230～260V）运行相组合：二挡 PV 由涡流制动器励磁与电机额定电压（380V）运行相组合：三挡 GV 则由电机以额定电压 380V 运行，涡流无励磁。机构运行时电磁制动器线圈始终通电使衔铁吸合，停车时其断电将电机制动。制动器衔铁的运动间隙为 0.8～1.2mm，调整的方法与回转电机制动器间隙调整相同，制动器制动转矩的整定通过调整弹簧筒来实现，适当的制动间隙能同时保证重载荷不溜车和吸合不困难。

（二）DVF（变频）系列变幅机构

在塔机主电源接通后，如变频器无故障，则通过揿动复位按钮，使接触器闭合，从而向变频器输入三相工频电源。由于出厂前变频器均进行过程序调试，那么此时只需在联动台上进行操作，变频器便可运行，实现对变幅电机的驱动。详细地说，变频器的运行取决于两个控制信号：①AI 脚上连续可调的电位信号（即频率指令信号）。电位信号来源于变幅的主令开关上的电位器上的信号，但又受到“变幅减速限位”以及“变幅减速力矩限制器”的控制。②S1 或 S2 脚上的方向信号（向前或向后）。方向信号来源于变幅的主令开关上的微动开关上的信号，但又受到“变幅终端限位”以及“变幅力矩限制器”的控制。

“向外变幅的终端限位”和“向外力矩限制器”正常闭合时，DAB 使变频器的 S1 号端子与电源端子 SC 接通。与此同时，频率给定电位器的电位信号也给到电路调节板上，如果“向外变幅减速限位”、“向外力矩减速限制器”均正常闭合，则变频器得到相同电位信号，变频器按电位大小输出等于或低于额定频率的电压。如果RDAv或RDMo或信号被中断，那么通过DAB板内部的调节，向变频器提供小于或等于4V的电位，从而变频器输出小于或等于20Hz的电压。一旦变频器有了输出，变频器内部的继电器（M1，M2）闭合，制动器松闸解除制动，变幅电机即可按变频器的电压进行工作

向前变幅的终端限位或“向外力矩限制器”被切断时（小车位于大臂的最大或最小位置时），如果变幅机构之前一直处于工作状态，那么此时则会减速，安全减速停车，制动器抱闸制动。反之，小车向后变幅时，工作情况也是相同的。

七、常见顶升及爬升机构控制原理

（一）控制系统原理介绍（图3-64）

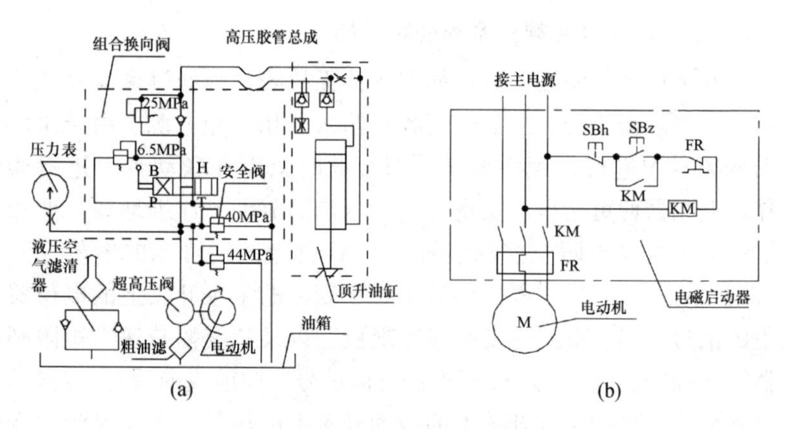

图3-64 常见顶升液压泵站控制系统原理图

（a）液压控制系统；（b）电气控制系统

电动机启动后，通过联轴器驱动油泵，油泵使油液从油箱经过粗油滤、组合换向阀、高压胶管总成到顶升油缸。油泵与组合

换向阀之间调定压力为 44MPa，组合换向阀内的顶升溢流阀出厂前调定 40MPa（用户可根据需要调定），下降溢流阀调定为 6.5MPa，平衡阀调定为 2.5MPa。

（二）一种双液压缸驱动顶升及爬升机构

双液压缸驱动顶升及爬升机构液压控制原理参见图 3-65。

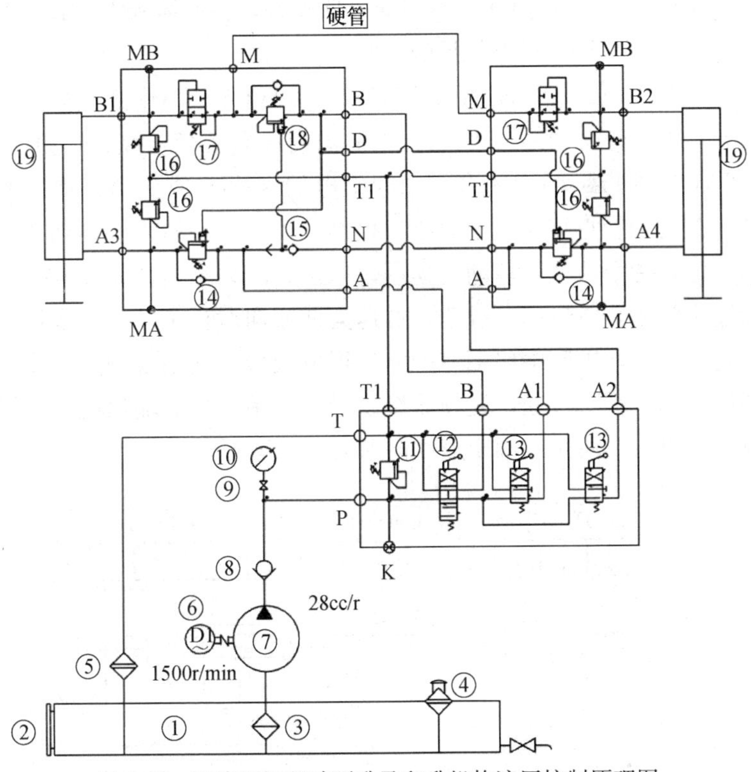

图 3-65　双液压缸驱动顶升及爬升机构液压控制原理图

八、常见行走机构控制原理

行走电机输出轴与减速器输入轴通过花键套连接，减速器输出小齿轮直接与台车主动轮啮合。电机将转矩传递给减速器驱动主动轮，实现塔机的行走运动。

通过变频器段速的设置，实现行走低速和额定速度运动的两种速度控制过程：

按下复位按钮（IR），接触器（QTM，主电路元件）得电吸合，并将变频器接于工频电网中通过变频器内部接点接通（20、19）KTA，变频器内部）中间继电器吸合，并使接触器（KTM，主电路元件）继续得电保持吸合状态。

行程限位装置（STAv、STAr、STAv1、STArl 开关处于常态）（图 3-66），当按下联动台上的向前或向后行走控制按钮时，XTAv 或 XTAr 触点闭合，中间继电器（XTv 或 XTr）得电吸合，其动合触点接通变频器相应控制端子。变频器得到向前或向后的运行指令，经软启动过程后，按设定的频率指令 1 控制变频器输出频率，塔机以（段速）低速向前或向后行走。当一步按下行走按钮时，中间继电器（TGv）得电吸合，其动合触点将变频器控制相应端子接通，变频器按设定的频率指令 2 输出频率，塔机行走以（二段速）额定速度向前或向后运行。

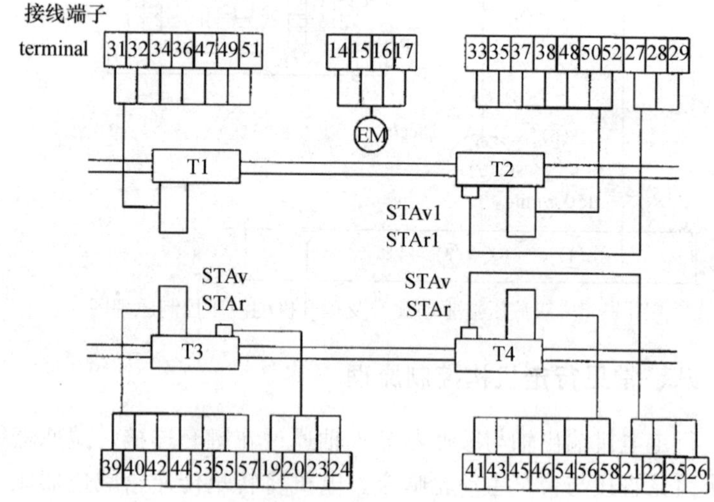

图 3-66　常见行走机构外部电路原理图

变频器具有软启动、软停止功能，因此行走运动的起、停过程平稳而不会有冲击的现象。

当 STAv1 或 STArl 超程限位装置（用户选项）开关断开时，塔机向前或向后的运动停止，变频器因外部故障的输入而停止工作，因内部接点断丌（19、20）KTΛ）中间继电器失电释放，KTM 接触器因 KTA 失电而释放，变频器脱离电网。重新操纵行走运动必须先检查行程限位装置 STAv 或 STAr 失控的原因并拆下超行程限位装置，使 STAv1 或 STAr1 开关复位。按下复位按钮（IR），使控制程序回到初始状态，向相反方向进行塔机行走操作，在脱离超程限位区后，将超行程装置恢复原位。

九、常见全液压塔机集中液压控制系统

全液压塔机的主要运动机构，均有集中液压泵站提供液压动力，塔机起升、回转、变幅、顶升等各机构仅作为执行原件，与液压控制系统、电气控制系统、液压泵站形成一套整体的电气、液压控制系统，不再进行明显的分机构系统控制。电气系统对运动机构来讲，仅通过对各液压阀进行电力开关控制，从而进行液压系统控制，除此之外，电气系统还有对塔机上的监控器、限位器、照明、空调、传感器等小型用电附属部件进行控制的任务。液压控制系统原理图参见图 3-67。

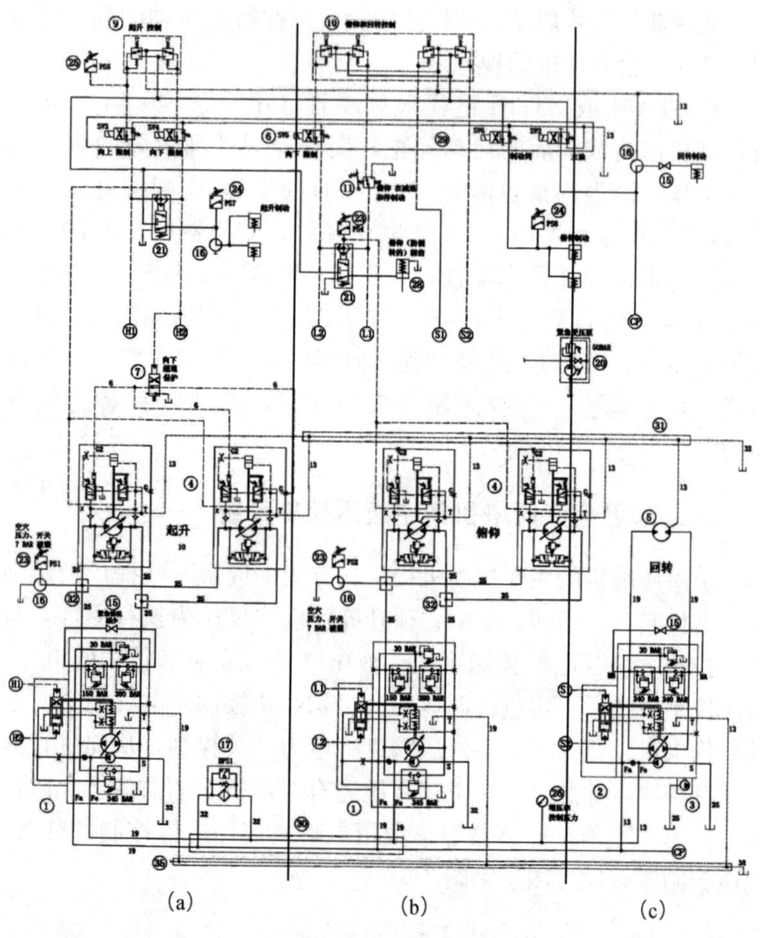

图 3-67 全液压塔机三大机构液压控制系统原理图

(a) 起升液压控制系统；(b) 变幅（俯仰）液压控制系统；(b) 回转液压控制系统

第四章　塔式起重机安全防护装置的构造和工作原理

塔机的安全装置主要由限位类装置、限制类装置、保险类装置、报警类装置四个部分组成。

第一节　限位类装置

一、起升高度限位器

起升高度限位器亦称起升限位器或起升限位，起升高度限位器安装在起升机构卷扬机卷筒旁，通过记录卷筒旋转量来限制起升钢丝绳的收放范围，从而限制吊钩的上、下极限位置，参见图4-1。

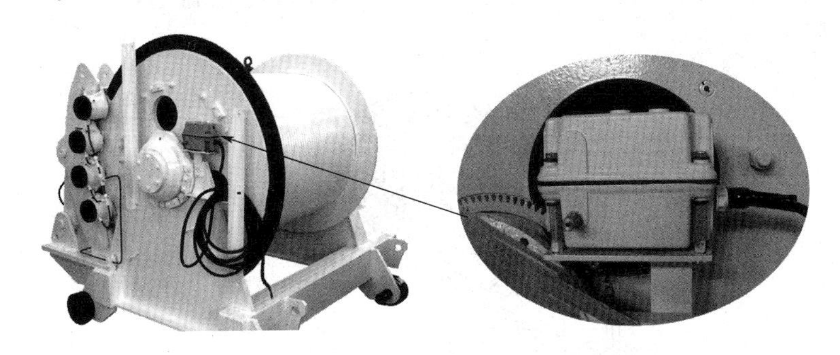

图 4-1　起升高度限位器安装位置及外观

（一）限位目的

（1）起升高度限位器的用途在于防止可能出现的操作失误。

（2）对动臂变幅的塔机，当吊钩装置顶部升至起重臂下端的最小距离为 800mm 处时，应能立即停止起升运动，对没有变幅重物平移功能的动臂变幅的塔机，还应同时切断向外变幅控制回路的电源，但应有下降和向内变幅运动。

（3）对小车变幅的塔机，吊钩装置顶部升至小车架下端的最小距离为 800mm 处时，应能立即停止起升运动，但应有下降运动。

（4）所有类型塔机，当钢丝绳松弛可能造成卷筒乱绳或反卷时应设置下限限位器，在吊钩不能再下降或卷筒上钢丝绳只剩 3 圈时应能立即停止下降运动。

（二）工作原理

固定于卷筒支架上的限位开关减速装置，或者由卷筒轴直接带动，或者由啮合在卷筒齿轮上的一只小齿轮来带动，它记录卷筒转数以及钢丝绳缠绕的长度。该限位器带动凸轮 1 作用于开关 2，开关使相关运动停止。

在变换工地和开始工作以前，必须取下位于限位器最低部位的塞子以消除凝聚水。在运输时，该塞子应重新盖上，如图 4-2 所示。

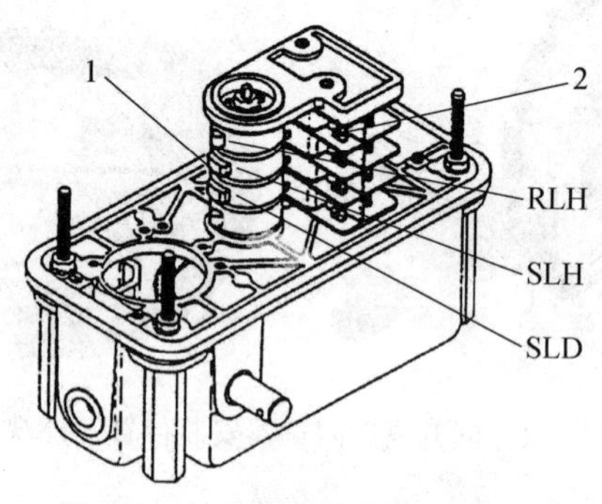

图 4-2 起升高度限位器内部结构

（三）调整方法

调节应在空载情况下进行。

1. 上升缓冲安全装置的调节（RLH）

以 2 绳工作状态进行“上升”（对于 SM-DM 类型小车），使得小车和滑轮组之间留有 4m 的距离，将控制上升缓冲的凸轮转动直至碰到相关触点。

2. 上限制器安全调节（SLH）

以 2 绳工作状态实施“上升”（对于 SM-DM 型类小车），使得小车和滑轮组之间只留下 1m 的距离［如图 4-3（a）所示］，使凸轮转动直至碰到相关触点，但不因此而变动其他凸轮的调节。

注意：在同时使用 SLH 和 RLH 时，要进行调节使得两只凸轮交迭，以避免上升运动终止前缓冲上升运动状态就中断。

3. 下限制器安全调节（SLD）

以 4 绳工作状态（对于 SMDM 塔机），以最高速度实施“下降”动作。调节限制器使得吊钩在到达地面前［如图 4-3（b）所示］，或卷筒上只剩有 3 圈钢丝绳时，吊钩就停止。使凸轮转动直至碰到相关触点，但不要变动前面所述的各种调节。

每一次转运新场地时，塔机投入使用之前，应拔下位于限位开关下部的塞子，放掉积水。运输过程中应塞上塞子。

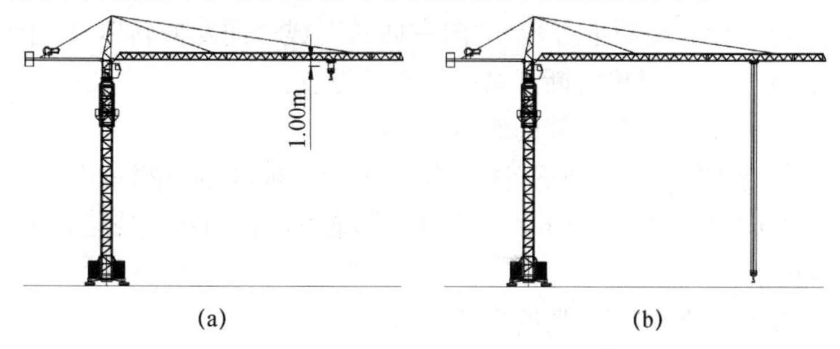

图 4-3　起升高度限位器控制吊钩运动范围

二、回转限位器

（一）限位目的

对回转处不设集电器供电的塔机，应设置正反两个方向回转限位开关，开关动作时臂架旋转角度应不大于±540°，防止电缆扭绞或损坏。

（二）原理

限位器由齿轮1带动，齿轮直接啮合在回转齿圈上，记录塔机回转的圈数。限制器中的减速器带动凸轮2，作用于开关3将相应的动作断开，参见图4-4。

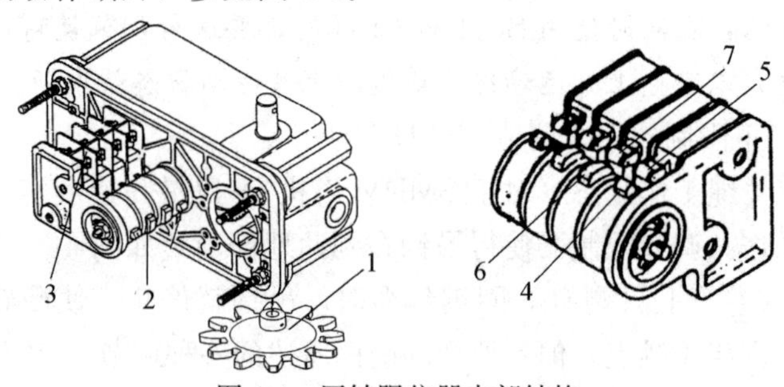

图4-4　回转限位器内部结构

（三）调节

调节应在空载下进行，“向右回转”或“向左回转”，用于调节触点（A），以确定断开某一动作的触点。

1. 向右回转限位器的调节

将起重臂转至电缆不扭绞的位置（塔机加高后起重臂的位置）。

“向右回转”一圈半，然后调节凸轮4，直到使该凸轮按下相应的触点5。

2. 向左回转限位器的调节

朝相反方向回转三圈，调节凸轮6，直到使该凸轮按下相应的触点7。

注：每日工作前应检查上述调节。每次转移工地重新投入工作前，应拔下位于限位器底部的螺塞，放出冷凝水，运输时重新拧上此塞。

三、塔机的变幅限位器

（一）限位目的

对动臂变幅塔机，应设置幅度限位开关，在臂架到达相应的极限位置前开关动作，停止臂架再往极限方向变幅。对小车变幅的塔机，应设置小车行程限位开关和终端缓冲装置。限位开关动作后应保证小车停车时其端部距缓冲装置最小距离为200mm，参见图4-5。

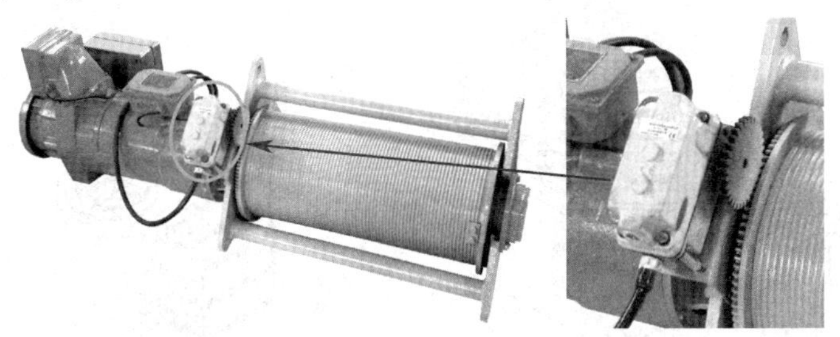

图4-5　变幅限位器安装位置及外观

（二）动作原理及结构

限位开关包括微动开关组1、凸轮组2和传动装置。当机构工作时，卷筒驱动限位开关的传动装置，带动凸轮组的转动。这样凸轮组的转动即可反映出小车的移动。通过现场调节使小车到达臂根和臂端的限位位置时，凸轮撞击相应的微动开关，达到减速停车限位的目的。

目前，动臂式塔机除了采用上述限位器安装在变幅机构卷筒上通过控制变幅钢丝绳达到限位外，也有很多动臂式塔机直接采用角度限制器或传感器，安装在起重臂根部，直接对起重臂角度进行限制。

(三) 调整方法 (图 4-6)

1) 调节在空载下进行，调节时操作“向内变幅”和“向外变幅”，以便确定各微动开关对应的限位功能；

2) 调节向外变幅减速安全装置 (RXDAV) 将小车开至距臂端橡胶撞块 1.5m 处，转动凸轮 1 直至其压下相应触点 2；

3) 调节向外变幅限位开关 (SDAV) 将小车开至距臂端橡胶撞块 20cm 处，转动凸轮 3 直至其压下相应触点 4；

4) 调节向内变幅减速安全装置 (RXDAr) 和向内变幅限位开关 (SDAr)，如上述调节，将小车开至臂根相应位置，转动凸轮 5 和 7 直至其压下相应触点 6 和 8。

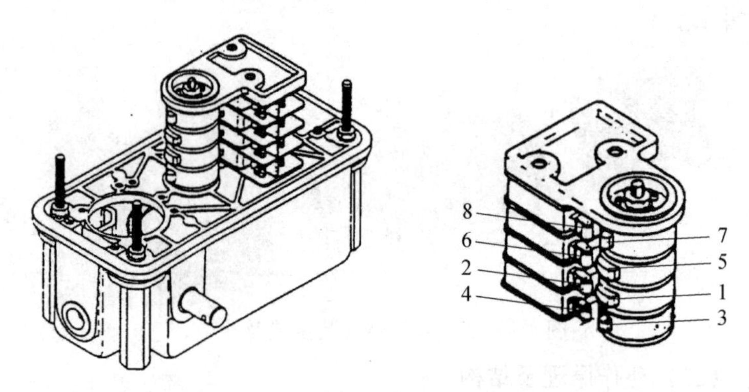

图 4-6　变幅限位器内部结构

(四) 注意事项

1) 调整时应确保先减速，后制动；

2) 在塔机投入使用时，每天都应检查并进行调节；

3) 每次转运新场地后，均应拔下位于限位器下部的塞子，排除积水，塔机方可投入使用，塔机运输过程中应塞上塞子。

四、运行限位器

运行限位器亦称行走限位器或行走限位，用于行走式塔机，限制大车行走范围，防止出轨。

（一）限位目的

运行限位器的作用在于纠正可能的操作失误，它使机器的行走运动在轨道的挡块前停止。另外，为防止因运行限位器失灵导致事故，有时设第二套运行限位器，亦称运行加强限位器，其作用在于当运行限位器失灵时，使塔吊停止。对于轨道运行的塔机，每个运行方向应设置运行限位装置，其中包括限位开关、缓冲器和终端止挡。应保证开关动作后塔机停车时其端部距缓冲器最小距离为 1000mm，缓冲器距终端止挡最小距离为 1000mm，参见图 4-7、图 4-8。

图 4-7　变幅限位器（限位开关）安装位置及外观

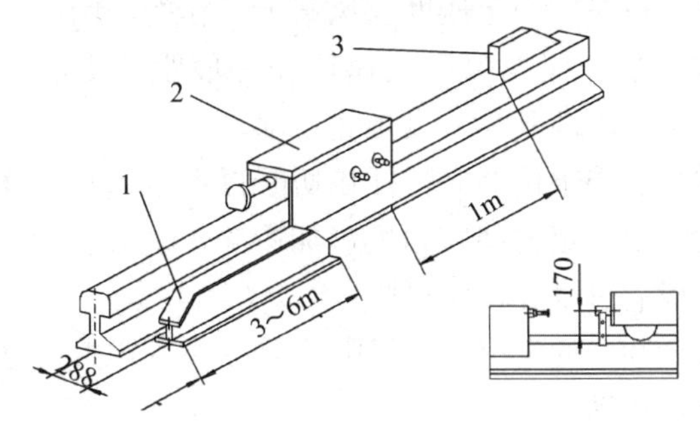

图 4-8　轨道上的停止装置

行限位器开关滑板；2—弹性缓冲器；3—焊固在轨道上的挡块

（二）动作原理及结构

运行限位器和运行加强限位器分别由以下零部件构成：

只安装在塔吊底座或台车上的含有一只臂杆 4 的盒 3，臂杆上装有一只滚轮 5；

两片限位板 6 和 7，当塔机到达轨道的端点，限位板就使运行限位器 1 的臂杆起作用；

两片限位板 8 和 9，当运行限位器发生故障时，它们就使运行加强限位器 2 的臂杆起作用；

当运行限位器启动时，它只使行走运动断路，而运行加强限位器启动时，整个塔机的电源断路；

限位器断路后，使塔机向相反方向运动以摆脱危险区域；

运行加强限位器断路后，应该把它拆卸下来，以便重新启动塔机工作。加强限位器重新装配之前，驾驶员应切实保证限位器的调整的运转，参见图 4-9。

注：只是在运行限位器发生故障的情况下，运行加强限位器应使行走断路。

（三）调整方法

限位板 6 和 7 的定位应符合以下要求：

考虑到塔机是在额定速度及风载下工作的，因此，塔机在碰撞行程限位器后，应能保证减速行驶一段距离 L，在离缓冲器 1.00m（图 4-9 中 11 所示）处停止不动。

限位器和加强限位器的臂杆在切断行走运动时，臂杆应与臂杆极限角度预留一定的间隙角度（如图 4-9 中 12 所示），避免臂杆碰撞限位板后过度旋转而损坏。

限位板 8 和 9 的定位使加强限位器在限位器失灵时可以立即切断塔机行走运动。

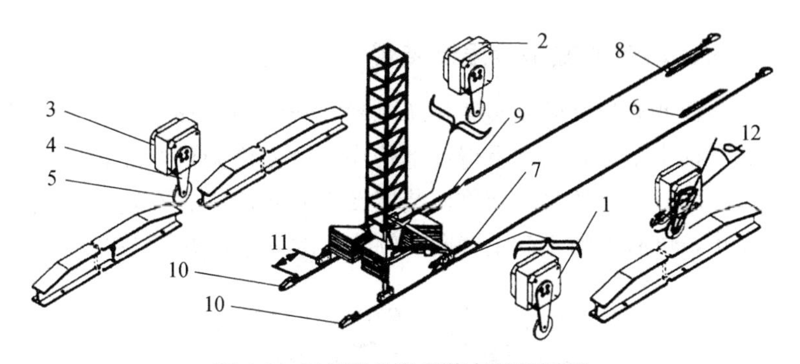

图 4-9　运行限位器安装布置及原理

1—运行限位器；2—运行加强限位器；3—限位器盒；4—限位器开关（臂杆）；5—限位器滚轮；6、7、8、9—运行限位器开关滑板；10—缓冲器；11—停滞后与缓冲器距离；12—臂杆与限位器间隙角

五、抗风防滑装置

对轨道运行的塔机，应设置非工作状态抗风防滑装置。抗风防滑装置（一般以轨钳亦称夹轨器为主）作用是塔机在非工作状态时，轨钳夹紧在轨道两侧，防止塔机因大风而滑行。

塔机使用的轨钳一般为手动机械式，如图 4-10 所示。轨钳安装在每个行走台车的车架两段，非工作状态时，把轨钳放下来，转动螺栓，使夹钳夹紧在起重机的轨道上，工作状态时，把轨钳上翻固定。

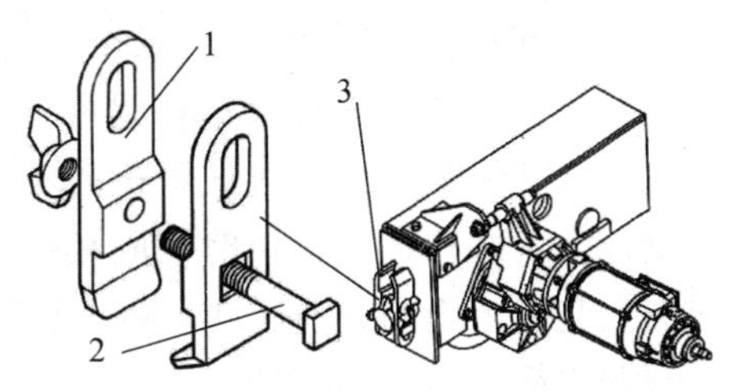

图 4-10　行走台车轨钳结构

1—轨钳的夹钳；2—轨钳的螺栓；3—工作状态时轨钳上翻固定

六、动臂变幅幅度限制装置

动臂变幅幅度限制装置用于动臂变幅塔机，该装置设置在动臂的变幅支架上，当起重臂在上仰中，因幅度限位器或角度限位器等电子装置失效时，依靠该装置硬性阻止起重臂在规定的幅度内停止，可有效防止起重臂向后倾覆事故发生，如图 4-11 所示。

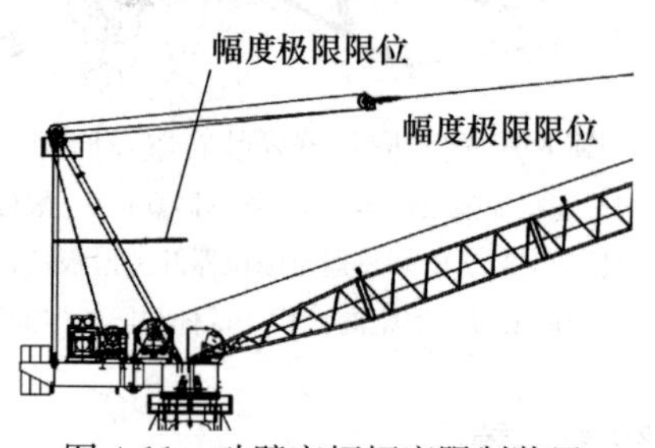

图 4-11　动臂变幅幅度限制装置

第二节　限制类装置

一、起重力矩限制器

（一）用途

当塔机在各幅度达到最大额定起重量时，吊载物、吊索具、起升钢丝绳、动臂塔机起重臂不同的重心位置、变幅小车自重等共同形成的力矩，对塔机回转造成总力矩，起重力矩限制器通过测试塔机关键位置结构变形等方式，测试塔机的实际总起重力矩是否达到塔机原设计值，并在达到该值时切断相应电源，令塔机机构不得继续向加大起重力矩的方向运动，防止起重力矩超载。

起重力矩限制器亦简称力矩限制器，力矩限制器仅对在塔式起重机垂直平面内起重力矩超载时起限制作用。而对由于吊钩侧向斜拉重物、水平面内的风载、轨道的倾斜和塌陷引起的水平面内的倾翻力矩限制器不起作用。因此操作人员必须严格遵守安全操作规程，不能违章作业。其安装位置及外观参见图 4-12。

图 4-12　起重力矩限制器安装位置及外观

（二）工作性能要求

1）当起重力矩大于相应幅度额定值并小于额定值 110%时，应停止上升和向外变幅动作。

2）力矩限制器控制定码变幅的触点和控制定幅变码的触点应分别设置。且能分别调整。

3）对小车变幅的塔机，其最大变幅速度超过 40m/min，在小车向外运行、且起重力矩达到额定值的 80%时，变幅速度应自动转换为不大于 40m/min 的速度运行。

（三）工作原理及构造

起重力矩限制器一般安装在塔尖结构、桁架式平衡臂结构或平头塔机的起重臂与平衡臂连接处结构等能够对起重力矩发生比例变形的位置。

它由一对弹性钢板、三个微动限位开关及安装底座、调节螺钉、外罩等组成。当有载荷时，在载荷力矩的作用下，弹性板弯曲变形（两弹性板距离变小），当载荷超过规定值时，其中一弹性板上的调整螺栓压下固定在另一弹性板上的开关触头，使开关动作切断其控制电路，机构停止运行，达到保护目的。其内部结构参见图 4-13。

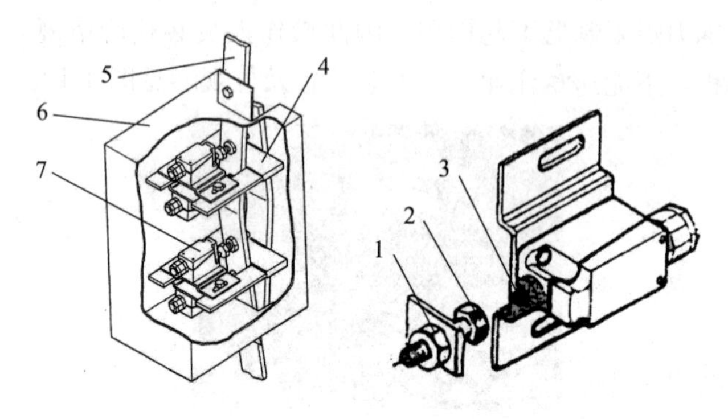

图 4-13　常见起重力矩限制器内部结构

1—调节螺母；2—调节螺栓；3—调节螺钉；4—安装底座；
5—弹性钢板；6—外罩；7—微动限位开关

基本调节方法：松开螺母 1，旋动螺栓 2 使其触到调节螺钉 3，并压合开关触点调整准确后，锁紧调节螺母 1。

（四）力矩限制器的调整方法

力矩限制器的调整方法参见图 4-14、表 4-1。

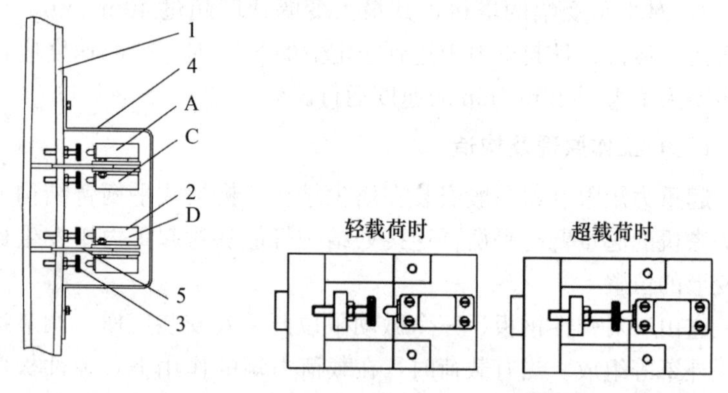

图 4-14　常见起重力矩限制器调节图示

1—弹性钢板；2—限位开关；3—调整螺栓；4—力矩外罩；5—安装支架；
A—定幅变码（SLMO）；*C*—定码变幅（SDMO）；*D*—变幅减速（RDMO）

表 4-1　起重力矩限制器调节方法

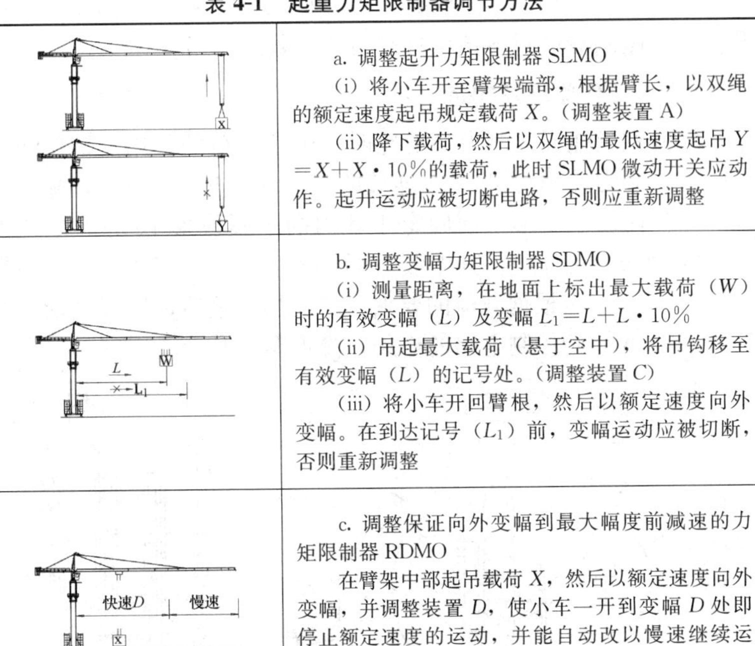

	a. 调整起升力矩限制器 SLMO (i) 将小车开至臂架端部，根据臂长，以双绳的额定速度起吊规定载荷 X。(调整装置 A) (ii) 降下载荷，然后以双绳的最低速度起吊 $Y=X+X\cdot10\%$的载荷，此时 SLMO 微动开关应动作。起升运动应被切断电路，否则应重新调整
	b. 调整变幅力矩限制器 SDMO (i) 测量距离，在地面上标出最大载荷（W）时的有效变幅（L）及变幅 $L_1=L+L\cdot10\%$ (ii) 吊起最大载荷（悬于空中），将吊钩移至有效变幅（L）的记号处。(调整装置 C) (iii) 将小车开回臂根，然后以额定速度向外变幅。在到达记号（L_1）前，变幅运动应被切断，否则重新调整
	c. 调整保证向外变幅到最大幅度前减速的力矩限制器 RDMO 在臂架中部起吊载荷 X，然后以额定速度向外变幅，并调整装置 D，使小车一开到变幅 D 处即停止额定速度的运动，并能自动改以慢速继续运动。$D=0.8D_{max}$。

注：a. 载荷 X、W 及幅度 L 按不同臂长倍率选取。
b. 装置 A、C、D 的调整：旋动螺母及螺栓，使螺栓触到力矩开关触头上，但不能造成断路。

二、起重量限制器

（一）用途

塔机结构及起升卷扬钢丝绳是按最大载荷设计计算的。工作载荷不能超过最大载荷。起重量限制器就是用于防止超载现象发生而设定的一种安全装置，亦简称质量限制器。

（二）工作性能要求

当起重量大于最大额定起重量并小于110％额定起重量时，

应停止上升方向动作，但应有下降方向动作。具有多挡变速的起升机构，限制器应对各挡位具有防止超载的作用。

（三）工作原理及构造

起升钢丝绳经过测力环滑轮时，由于载荷的作用，钢丝绳产生张力，张力传到与滑轮11连接的测力环9上，该测力环随着负载的变化而发生变形，使固定于环内的金属板条10亦产生变形（原理同力矩限制器），其上装有微动开关5、6、7、8及可调螺栓1、2、3、4，根据载荷的要求，经适当调整后，压开微动开关5、6、7、8起到控制电路的作用，参见图4-15。

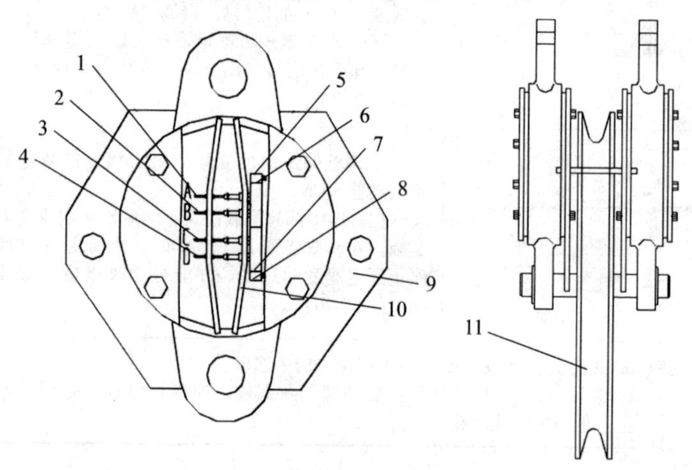

图4-15　常见质量限制器调节图示

1、2、3、4—可调螺栓；5、6、7、8—微动开关；9—测力环体；10—金属板条；11—滑轮

（四）起重量限制器的调整方法

1. 调整速度限制器（SLCHGV）

1）先以低速（PV）起吊载荷V，然后再以高速起升。

2）调速螺栓1直至其头部接触到微动开关5。

3）降下载荷，增重10%，以低速起吊新增重载荷，然后试换高速起升，此时，不应用高速（5挡），如果得到了高速应重新调整。

2. 调整最大起重量限制器（SLCHPV）

1）以低速起吊载荷 X。

2）调整螺栓 2 直至其头部接触到微动 6 为止。

3）降下载荷，增重 10%，试以低速起吊开关载荷，如果载荷被吊起，则应重新调整。

4）注：对于不同的载荷值 V、W、X、Y，参见相应塔机说明书的数据。

提示：除正常按期检查保养限制器之外；在每次立塔和变倍率之后，必须对质量限制器按性能参数重新调试。

第三节　保险类装置

保险类装置是为了在塔机原有的结构、机构、安装装置发生故障或失效时，起到应急保护作用，该保护作用有时是采取最直接甚至带有一定破坏性的方式，以便保证塔机不发生重大安全事故。

一、小车断绳保护装置

对于小车变幅式塔式起重机，如果变幅钢丝绳（小车牵引绳）断裂，因塔机轨道绝大多数时间内均非水平，小车将顺轨道向前或向后自行滑动并加速。若向后滑动，将撞击起重臂根结构造成一定事故，若在吊载时断绳将向前滑行，造成塔机起重力矩严重超载以及塔机倾覆事故，为了防止变幅钢丝绳断裂导致的重大安全隐患，变幅小车的双向均设置小车断绳保护装置，亦简称断绳器，参见图 4-16。

目前应用较多的并且简单实用的断绳保护装置为重锤式偏心挡杆，如图 4-16 所示。塔机小车正常运行时挡杆 1 平卧，张紧的变幅钢丝绳从导向环 2 穿过。当变幅钢丝绳断裂时，挡杆 1 在偏心重锤的作用下，翻转直立，遇到臂架的水平腹杆时，就会挡住小车的滑行了。每个小车均备有两个小车断绳保护装置，分别设于小车的两头牵引绳端固定处。当采用双小车系统时，设于外小车或主小车。

图 4-16　小车断绳保护装置安装位置及外观

因为该保险装置在作用时是依靠挡杆与臂架水平腹杆的撞击来阻止小车滑行，会对臂架水平腹杆造成一定的破坏，但实际上小车刚发生断绳后的初始阶段，其运行速度还未得到大幅加速，冲击力有限，不足以冲断臂架的水平腹杆，此外，起重臂水平腹杆主要起到臂架稳定性及抵抗水平力的作用，在大多时间内起重臂不发生极限水平力，及时被挡杆撞击后发生一定变形也不会造成事故，参见图 4-17。

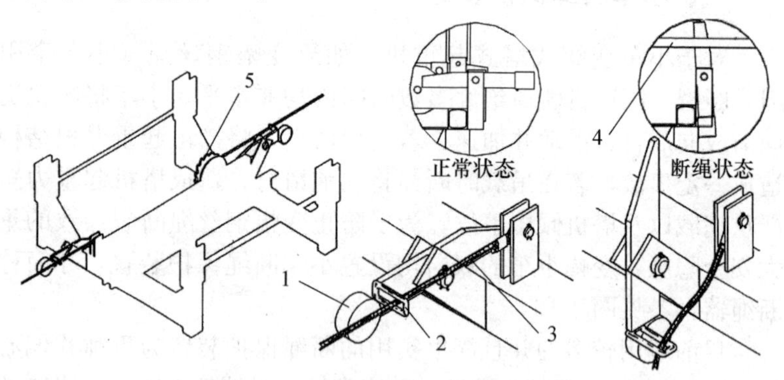

图 4-17　小车断绳保护器动作原理

1—重锤式偏心挡杆；2—挡圈；3—变幅钢丝绳；4—起重臂臂架；5—变幅钢丝绳在张紧装置

二、小车防坠落装置

对小车变幅塔机应设置小车防坠落装置，即使车轮失效小车也不得脱离臂架坠落。小车防坠落装置亦称小车防断轴装置，或简称断轴器。

小车防坠落装置是设置于小车竖向行走轮附近的结构部件，具体形状无特殊限制，只需具备一定结构强度，当小车行走轮轴断裂时，该装置将落在吊臂轨道上，挂住小车，使小车不脱落，从而避免造成重大安全事故。需要注意的是，当小车断轴后应及时发现并停机，尽量减小小车防坠落装置在臂架轨道上的过度滑行，对塔机结构造成严重磨损，参见图 4-18。

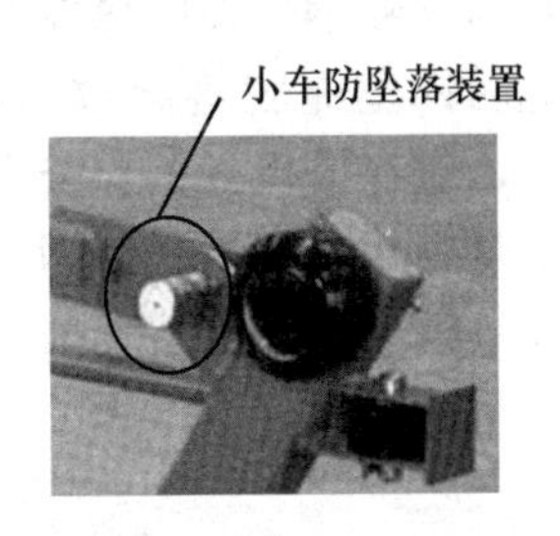

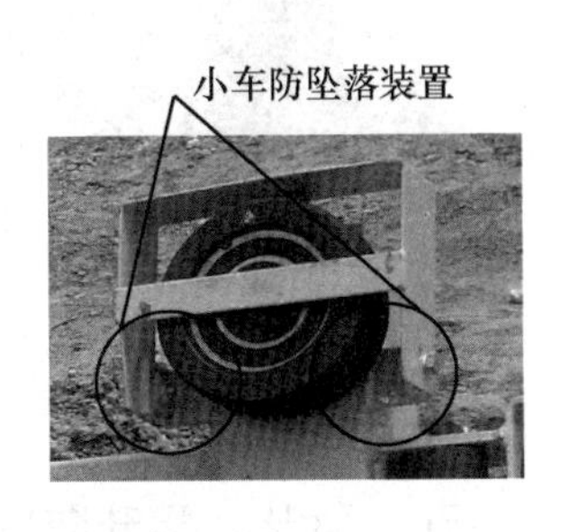

图 4-18　常见小车防坠落装置（小车防断轴装置、亦称断轴器）

三、吊钩防脱绳装置

吊钩防脱绳装置（亦称闭锁装置），是通过装置中弹簧的张力或偏心原理促使防脱钩挡板与吊钩保持封闭锁合状况，以防止钢丝绳从吊钩中脱出而发生事故。

四、钢丝绳防脱落装置

塔机的各滑轮、各机构卷扬机卷筒均应设有钢丝绳防脱装置，该装置表面与滑轮或卷筒侧板外缘间的间隙不应超过钢丝绳直径的 20%，装置可能与钢丝绳接触的表面不应有棱角。钢丝绳防脱装置是类似于钢丝绳“护栏”的装置，是为了应对某些特殊原因导致钢丝绳脱离卷筒或滑轮时，对钢丝绳提供硬性阻拦，避免因钢丝绳脱落导致吊载冲击等，造成重大安全事故。需要注意，应在塔机日常检查中查看钢丝绳防脱落装置，如有划痕，应及时查找原因，避免钢丝绳长期与钢丝绳防脱落装置摩擦而最终导致钢丝绳或该装置损坏，参见图 4-19。

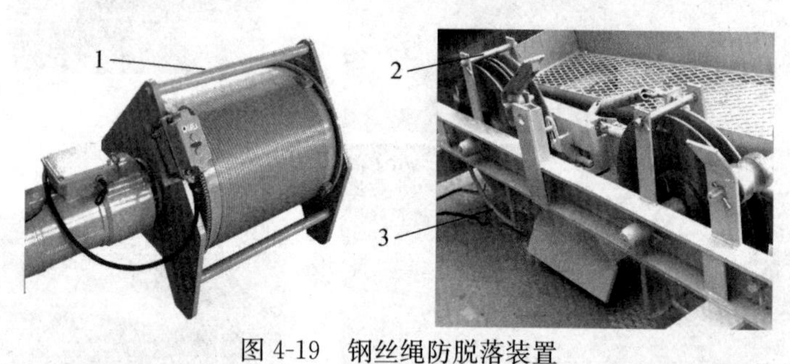

图 4-19　钢丝绳防脱落装置

1—卷筒上的防脱落杆；2—滑轮上的防脱落杆；3—滑轮上的防脱落护栏

五、顶升、爬升防脱装置

自升式塔机应具有可靠的防止在正常加节、降节作业时，爬升装置从塔身支承中或油缸端头从其连接结构中自行（非人为操作）脱出的功能。

（一）常见的采用在标准节上设置爬抓支点的塔机，一般采用设置安全销的方式作为防脱装置，如图 4-20 所示。

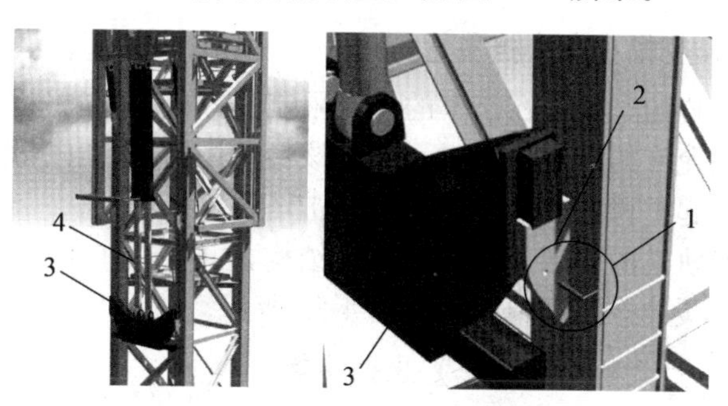

图 4-20　顶升、爬升防脱装置

1—防脱安全销；2—标准节上的爬抓支点；
3—顶升爬抓（俗称扁担梁）；4—顶升液压缸

（二）常见的采用爬梯作为爬升方式的塔机，因爬梯上的支点为封闭空间，需要的防脱装置是防止挂销滑出，具体方式如图 4-21 所示，采用弹簧顶住挂销，当挂销需要拔出时，通过连杆机构的杠杆原理输出较大推力，抵抗弹簧推力，将挂销推出。

图 4-21　顶升、爬升防脱装置

1—防脱弹簧；2—顶升挂销；3—挂销推拔连杆；4—顶升爬梯

六、小车、大车止挡装置

（一）变幅小车止挡装置

该装置的目的是在小车的位置限制失效或其他特殊原因导致小车超过允许的行走位置时，通过该最后一道强行止挡装置阻拦小车滑出起重臂或者小车及吊钩撞击塔机中心结构。一般是在塔机起重臂轨道的终端设置刚性阻拦结构，并在小车上或者阻拦结构上设置缓冲橡胶或弹簧，如图 4-22 所示。

（二）行走机构（大车）止挡装置

该装置的目的是当行走机构原有的位置限制器、缓冲器发生失效或者其他特殊原因造成行走机构超越原有限制区域时，通过最后一道强行止挡装置阻拦行走机构走出轨道，一般为在轨道末端焊接刚性阻挡结构。

图 4-22　变幅小车止挡装置

1—小车上的缓冲橡胶；2—起重臂端头的止挡结构

第四节　报警类装置

一、风速报警装置

对臂根铰点高度超过 50m 的塔机，应配备风速仪，当风速大于工作允许风速时，应能发出停止作业的警报。

风速仪是一种塔机常用的风力预警基本装置，当风速大于工作极限风速时，风速仪发出电信号，使仪表及警示灯等发出声光信号，并控制各塔机控制系统停止运行。风速仪一般安装在塔机顶部结构上。

二、报警及显示装置

塔机操作室内应设有报警显示装置，对各类超限行为通过声、光、显示等装置，并设有急停按钮以及重启按钮等，如图 4-23图 4-24 所示。

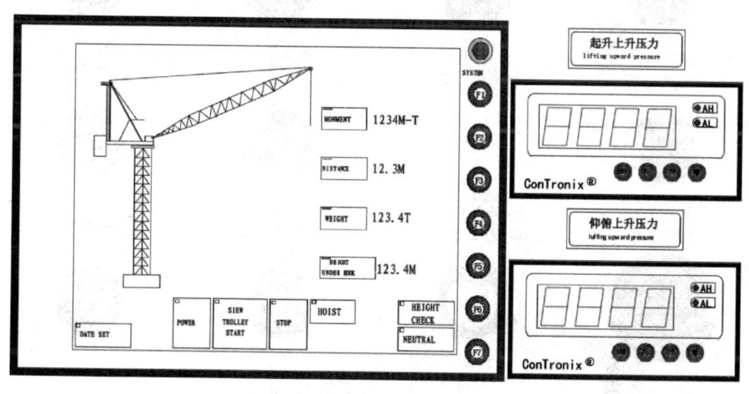

图 4-23　塔机状态显示装置

在塔机达到额定起重力矩和/或额定起重量的 90%以上时，装置应能向司机发出断续的声光报警，在塔机达到额定起重力矩和/或额定起重量的 100%以上时，装置应能发出连续清晰的声光报警，且只有在降低到额定工作能力 100%以内时报警才能停止。

显示装置应以图形和/或字符方式向司机显示塔机当前主要工作参数和额定能力参数。主要工作参数至少包含当前工作幅度、起重量和起重力矩；额定能力参数至少包含幅度及对应的额定起重量和额定起重力矩。对根据工作需要可改变安装配置（如改变臂长、起升倍率）的塔机；显示装置显示的额定能力参数应与实际配置相符。显示精度误差不大于实际值的 5%；记录至少应存储最近 1.6×10^{4} 个工作循环及对应的时间点。

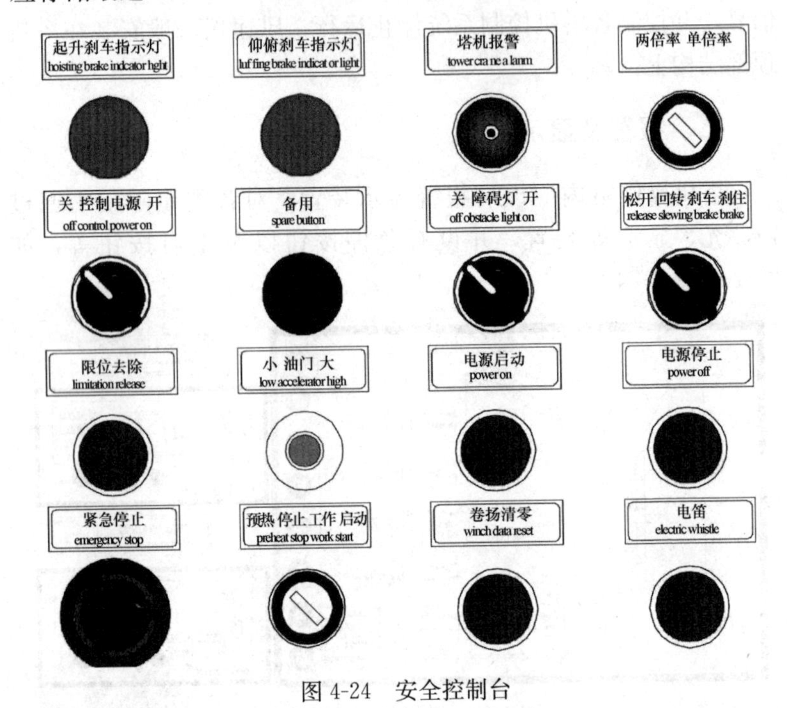

图 4-24　安全控制台

三、障碍灯

塔顶高于 30m 的塔机，其最高点及臂端安装红色障碍指示灯，指示灯的供电应不受停机影响。

第五章　塔式起重机基础、附着及稳定性

第一节　塔机基础及附着的特点及难点

一、特点

塔机的基础和附着作为塔机的“根基”，是对塔机整机提供承载支撑的基本结构，除了具有受力大、涉及安全问题大以外，还具有以下特点：

（1）基础及附着结构是塔机本体与建筑体之间的连接装置，从专业知识上讲涉及了“机械学科”与“建筑学科”，并且因结构形式多样，空间上的学科分界线难以界定。

（2）因塔机的应用领域广，现场情况多样，塔机基础及附着需要适应现场情况，造成塔机基础及附着结构形式及具体图纸呈现出多样性、非标准性的特点。

二、难点

因为塔机基础及附着的特点，造成在实际的设计、加工、施工、安装过程中，存在以下困难，需要安装者重视此项困难，加大安全风险防控：

（1）至今为止，在我国的法规范畴下，塔机混凝土基础的设计权、轨道钢枕组的设计和加工权、附着结构的设计和加工权均

仅归塔机原设计和制造单位，然而，即使是国际和国内最为正规和有实力的塔机设计制造单位，也仅能给出针对不同地基承载力的多款矩形混凝土墩形基础、几款常规轨道式基础、一款仅可略微变化附着杆角度和长度的附着结构，并在说明书中说明："当超出该范围时请与本公司联系"，这几款标准产品明显无法满足多种多样的塔机使用现场条件，更为严重的是，国内大多塔机设计制造单位，仅给出一种基础图和附着结构，可执行性严重欠缺。

（2）面对大量无法执行说明书要求的塔机基础和附着结构，事实上，原塔机设计制造厂完全没有足够人力为塔机使用单位提供根据现场实际条件进行设计的能力，主要因为所需设计量过大、现场分布的距离过远造成实际勘察成本过大。此外，塔机制造厂作为专业的机械制造单位，其技术人员对建筑学科并非精通，甚至很多塔机制造厂明确表示"不懂得"；因此，多年来事实上，我国塔机基础及附着的设计甚至附着加工，主要是由建筑设计单位、土建施工单位、塔机安拆单位或者塔机出租单位在共同协商运作，其实际设计结果和实施效果并不理想。

（3）塔机基础及附着往往既不是像塔机主体结构那样由塔机制造厂的专业人员设计和加工，也不是像建筑结构那样由专业的设计院和土建施工单位施工，业内完全同时精通"塔机设计专业"和"建筑设计专业"的单位和技术人员并不多。综上所述，塔机基础及附着应该引起特殊重视。

第二节　常见塔机基础分类

由于塔机基础为适应千变万化的施工现场条件所呈现的多样性、非标准性的特点，塔机基础的分类已越来越难统计和界定，而且随着工程建设的发展，新型的塔机基础结构实时出现，现仅按常见、常用的塔机基础形式进行分类，如图 5-1 所示。

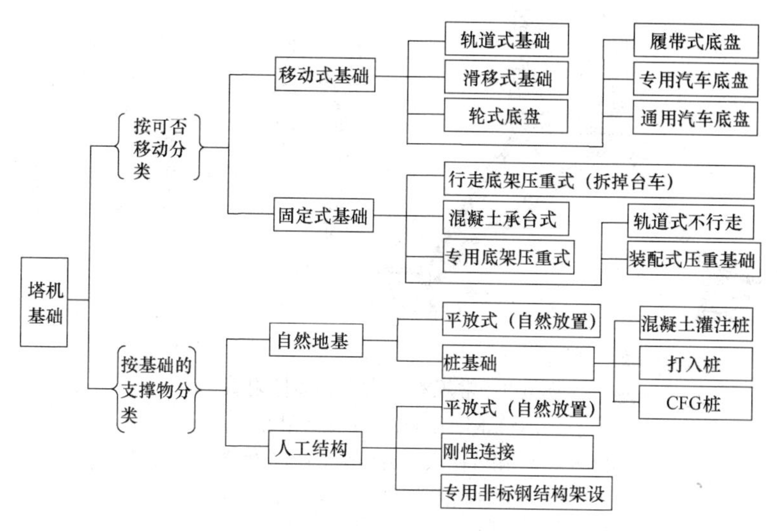

图 5-1　常见塔机基础类型

第三节　常见塔机附着分类

（1）塔机附着的分类较为简单，大体上仅分为刚性附着及柔性附着，刚性附着是常用的形式，均以附着杆件的形式组成多个近似三角形的形式进行刚性固定，柔性附着是用在特殊环境，如环形结构内的塔机进行远距离附着时，一般必须采用多向钢丝绳拉纤的方式进行附着，如图 5-2 所示。

（2）对于常见的刚性附着，其具体形式随实际施工现场条件，其细节形式、尺寸千变万化。常见的常规附着、异型附着见前述。

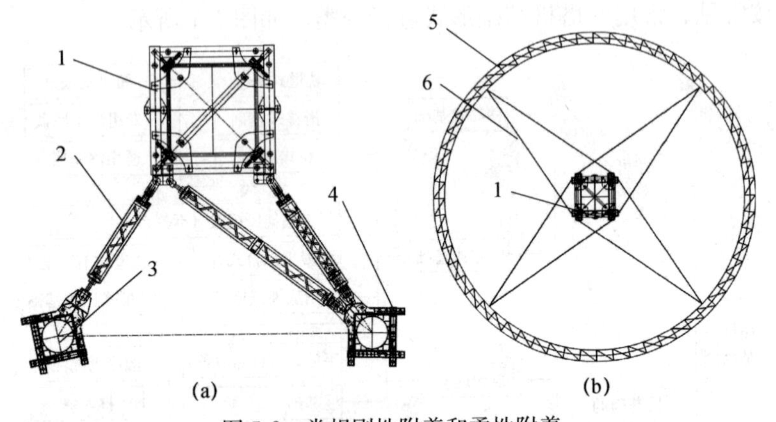

图 5-2　常规刚性附着和柔性附着

(a) 刚性附着；(b) 柔性附着

1—塔身附着框；2—附着杆；3—建筑主体；4—建筑主体连接装置；

5—建筑钢结构桁架；6—柔性钢丝绳

第四节　塔机整机作用力

一、塔机的风力设防设计值（表 5-1）

表 5-1　塔机的风力设防设计值

塔机使用过程中风力条件：			
主机安装作业状态	顶升/降节/爬升状态	行走过程状态	吊装工作状态
⩽12（约 6 级）	⩽7（约 4 级）	⩽12（约 6 级）	⩽12（约 6 级）
塔机抗风能力设计值：			
塔机状态	离地面高度/m	计算风压/Pa	空旷区离地面 10m 处的折算风速/（m/s）
正常工作状态	设计高度范围/m	150	⩽15（约 7 级）

续表

塔机抗风能力设计值：			
工作状态	设计高度范围	250	⩽20（约 8 级）
非工作状态	0～20/m	800	⩽36（约 12 级）
	>20～100/m	1100	⩽42（约 14 级）
	>100/m	1300	⩽46（约 14 级）

二、塔机整机作用力常用参数

M_k——倾翻力矩。塔机整机作用于基础顶面（如混凝土基础顶面、轨道顶面等）的竖向力矩最大值，并非特指导致塔机倾翻的力矩数值，是指造成塔机倾翻趋势的力矩数值；

F_k——竖向力。塔机整机作用于基础顶面（如混凝土基础顶面、轨道顶面等）的竖向荷载最大值；

F_{vk}——水平力。塔机整机作用于基础顶面的水平荷载最大值；

M_{Vk}——水平力矩。塔机整机作用于基础顶面（如混凝土基础顶面、轨道顶面等）的水平力矩最大值。

三、塔机无风静止状态（状态 A）

塔机无风静止状态整机作用力如图 5-3 所示。

（一）倾翻力矩（M_k）

对于一台静止的塔机，一般均为非平衡状态，塔机头部重心偏向平衡臂方向，该重心的偏心造成的力矩称为塔机的自重力矩，自重力矩造成塔机静止时的倾翻力矩。其作用是：①提高塔机的起重力矩，例如自重力矩设计为 150t・m，当塔机起吊到满载 300t・m 时，起重力矩与自重力矩互相抵消后，实际塔机整机倾翻力矩为 150t・m，也就是说一台最大起重力矩 300t・m 的塔机无论是停机还是满载时，对塔机回转部分的力矩均为150t·m左右；②对于自升式塔机，大多数外套加的顶升液压缸设置在塔机后向（平衡臂方向），液压油缸作为顶升时的支点，该支点距塔机竖向轴心一般有1～2m的距离，故塔机自重重心必须大于等于该距离，才可在顶升时通过适当吊载将塔机头部调节至平衡，否则，顶升时塔机将永远向前倾斜，无法调平衡。

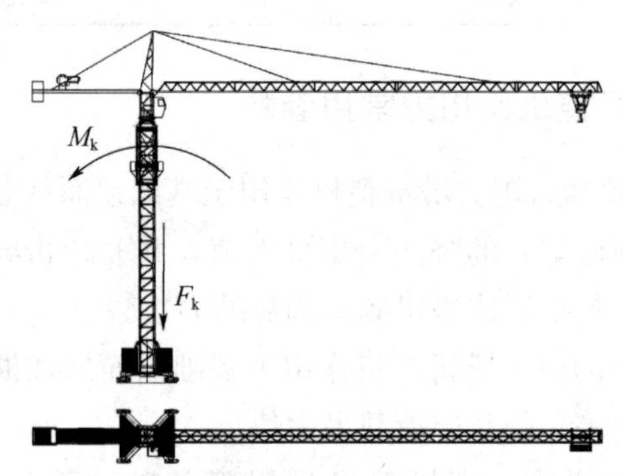

图5-3　塔机无风静止状态整机作用力

（二）竖向力（F_k）

塔机无风静止状态时的竖向力仅由塔机自重造成，等于塔机自重。

四、塔机工作状态（状态B）

塔机工作状态整机作用力如图5-4所示。

（一）倾翻力矩（M_k）

该倾翻力矩主要由自重力矩、起重力矩、风载力矩、各机械运动动载荷力矩组合而成，其最大值一般出现在8级阵风时，最大力矩的方向可为任一向，但一般为起重臂朝向，也有部分独立自由高度较大的塔机因风载荷力矩影响较大，使得最大力矩出现在垂直于起重臂的方向。倾翻力矩的方向会随组成因素的方向而出现在水平面内的任意方向。

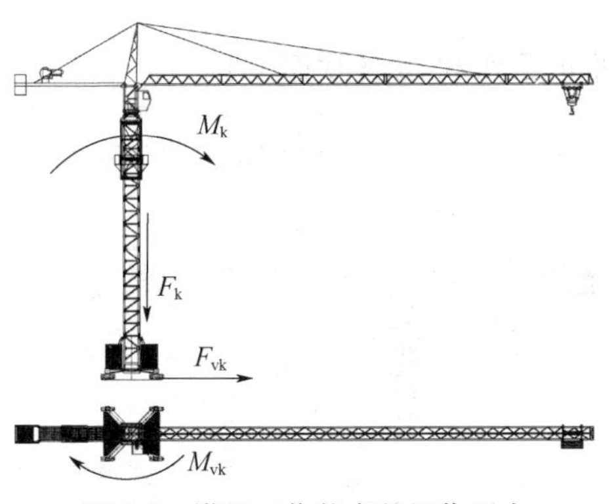

图 5-4　塔机工作状态整机作用力

（二）竖向力（F_k）

塔机工作状态时的竖向力主要由塔机自重、吊载自重、塔机机械运动竖动载冲击、竖向阵风等造成，但塔机自重是主要因素，此时的竖向力比塔机自重一般略大 10%～20%。竖向力的方向只有一个，向下。

（三）水平力（F_{vk}）

水平力主要由风载荷、机械动载冲击造成，该力一般不会太大，常用的 100～500t·m 的塔机，数值为 3～6t。水平力的方向会随组成因素的方向而出现在水平面内的任意方向。

（四）水平力矩（M_{vk}）

该水平力矩主要由塔机回转动载荷冲击、回转刹车惯性力、风向垂直于起重臂时的不均匀力矩所造成，其数值一般远小于倾翻力矩。例如一台最大起重力矩为 300t·m 的塔机，根据不同的独立设计高度，其工作状态的倾翻力矩一般可为 300～1000t·m，但其水平力矩一般为 40～60t·m。水平力矩的方向仅为两个，顺时针或逆时针。

五、塔机非工作状态（状态C）

塔机非工作状态整机作用力如图5-5所示。

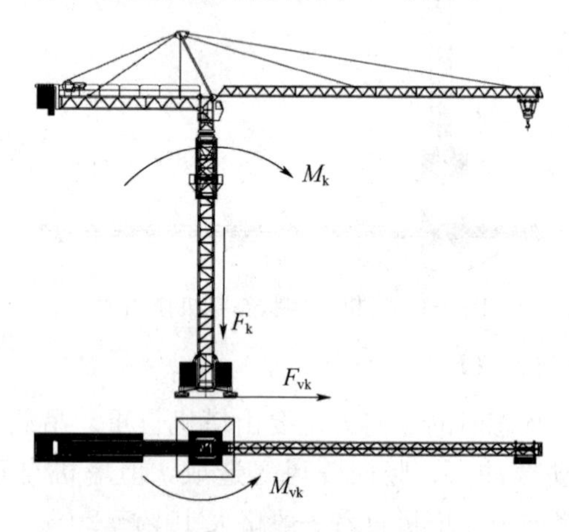

图5-5 塔机非工作状态整机作用力

（一）倾翻力矩（M_k）

塔机不工作时，尤其是因遇大风而停机后，塔机会遭受大风造成的风载荷，按照规范，塔机设防风力为14级阵风。该级别阵风出现时，会对塔机造成较大倾翻力矩，尤其是独立自由高度较大的塔机，其倾翻力矩会超出塔机额定最大起重力矩的2～3倍。大多数塔机在设计上，要求塔机在遭受大风袭击时，打开刹车，通过起重臂迎风面积远大于平衡臂或通过较短起重臂加装挡风板的方式，使得塔机的起重臂能够随风向自由回转，此时，风力所造成的力矩（朝起重臂方向）与塔机自重力矩（朝平衡臂方向）互相抵消，使得最终的倾翻力矩最大程度减小。倾翻力矩的方向随可能出现的风向，可能出现在任意方向。

非工作状态下倾翻力矩的分布趋势：

以C7030塔机为例，塔机说明书中查得各塔机独立高度时的倾翻力矩如表 5-2 所示：

表 5-2　C7030 塔机非工作状态倾翻力矩分布

塔高/m	8.38	24.61	30.39	36.17	41.95	47.73	53.51	59.29	65.07	70.85	76.63	82.41
M_k/tm	138.6	138.6	138.6	147.3	213.3	285.0	362.2	445.1	533.5	627.6	727.2	832.6

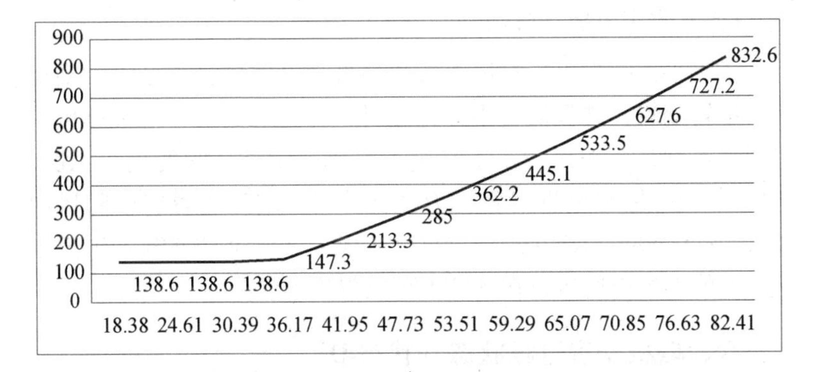

（1）当塔机高度低于 30.39m 高时，倾覆力矩均为 138.6t·m，该倾覆力矩的实际工况是：起重臂随风向转动，因塔机高度低，14 级阵风对塔机基础造成的力矩较小，风载力矩与塔机自重力矩抵消后的数值未大于塔机自重力矩数值，故塔机的倾翻力矩最大值仍出现在无风时塔机自重造成的力矩。

（2）随着塔机高度的增加，14 级阵风造成的力矩逐步加大，并与起重力矩抵消后数值大于塔机的自重力矩，故倾覆力矩逐步增高，直到增加到 832.6t·m，该力矩数值已远大于塔机的额定最大起重力矩 300t·m，也远大于塔机工作状态下的倾翻力矩 424.5t·m。

（二）竖向力（F_k）

塔机非工作状态时的竖向力主要由塔机自重、塔机因风摇摆造成的竖向冲击、竖向阵风等造成，塔机自重是主要因素，竖向阵风造成的竖向力数值可以忽略不计。竖向力的方向只有一个，向下。

（三）水平力（F_{vk}）

水平力主要由风载荷、塔机因风摇摆造成的水平冲击所造成，该力一般不会太大，但远高于塔机工作状态时的水平力，常用的100～500t·m的塔机，数值为10～30t。水平力的方向会随组成因素的方向而出现在水平面内的任意方向。

（四）水平力矩（M_{vk}）

该水平力矩仅出现在风力未达到最大设防风且不足以吹动塔机水平转动时，其数值较小，且此时风力为最大值，塔机整机未出现最不利综合作用力，不是进行整机力学计算时的危险工况。当按14级阵风工况进行整机力学计算时，塔机起重臂已随风向调整，此时水平力矩在理论上已经为零，实际上的略微水平力矩因风向的微动而产生，在计算上可以忽略不计。

六、塔机安拆过程状态（状态D）

塔机安拆过程状态整机作用力如图5-6所示。

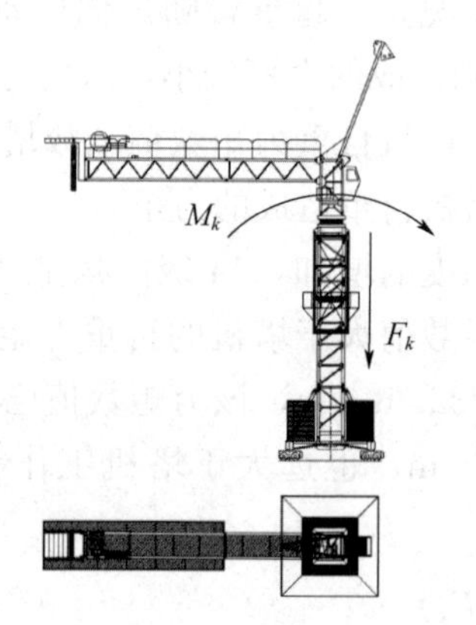

图5-6　塔机安拆过程状态整机作用力

（一）倾翻力矩（M_k）

在塔机的安拆全过程中，一般会在起重臂及平衡臂分别安装的状态出现最大值。例如常见的国产大量仿波坦 H3/36B 改型产品（ST7030、C7030、HK7027、C7022 等），该塔机无论工作还是静止，塔机头部对回转结构的倾翻力矩不超过 190t · m，但在安拆过程，当仅有平衡臂及一块平衡配重块的工况下，塔机重心向平衡臂方向大幅偏移，其塔机头部对回转结构及对塔机基础的倾翻力矩达到 250t · m。

（二）竖向力（F_k）

塔机安拆过程状态整机的竖向力仅为安装状态下的塔机自重，其最大值不会超过塔机整机自重，参见图 5-7。

七、塔机基础及附着计算时塔机作用力的选取

1. 塔机作用力数值的来源，主要是塔机说明书，这些数据是由塔机设计制造厂在设计和试验过程得出的计算值及实验值。

2. 必须依赖塔机制造厂给出的数据，不得自行推算，原因如下：

（1）塔机机械运动时的动载冲击在塔机复杂结构情况下，非塔机设计单位人员，在不清楚具体机构动力学数据的情况下，无法推算机械运动冲击载荷，即使有具体数据，所推算出的运动冲击也无法有效计算，因为塔机结构是弹性体，不同部位的运动冲击最终只能以塔机设计制造厂的实验值为准。

（2）风载荷是塔机整机作用力的一项重要因素，非塔机原设计制造厂人员，手中没有整套详细的塔机钢结构图纸，无法计算塔机结构实际迎风面面积，故无法从理论上推算风载荷，况且，自行测绘塔机所有钢结构尺寸也是不太现实的。

3. 根据 4 种关键塔机状态下的额作用力特征，在实际计算时，首先应分析实际面对的塔机状态下，其最不利作用力出现在

何种工况，再查询或计算该工况下的作用力数值。

4. 一般情况下，对于独立自由高度较低（一般在 50m 以下）的塔机，其最大倾翻力矩很可能出现在塔机工作状态下的整机作用力数据组；当塔机独立自由高度较高（一般在 50m 以上）时，其最大倾翻力矩很可能出现在塔机非工作状态下的整机作用力数据组；当塔机独立自由高度极低（例如塔机仅安装为最低基本高度就可满足使用要求）时，其最大倾翻力矩很可能出现在塔机安拆过程中的平衡臂单臂状态。

5. 在塔机整机作用力种类中，竖向力、水平力、水平力矩受工况变化不大，唯有倾翻力矩受到塔机工况及不同独立自由高度影响极大，故在选取塔机整机作用力时，应充分重视塔机的倾覆力矩数值的选取。

第五节 轨道式基础

一、标准轨道式基础

1. 标准轨道式基础是行走式塔机可选的基础，一般由塔机自带的钢轨、钢梁（钢枕）、枕木，以及土建施工负责的碎石路基、混凝土路基、钢结构路基组成。轨道式基础占地面积相对较大，对地基承载力要求较高，现今国内施工现场能够满足轨道式基础所需场地条件的相对很好，故轨道式基础主要用在较少的、较佳场地或者有特殊行走需求的应用场所。

2. 标准轨道式基础一般在塔机说明书中已给出图纸，照图施工即可，如图 5-7、图 5-8 所示。

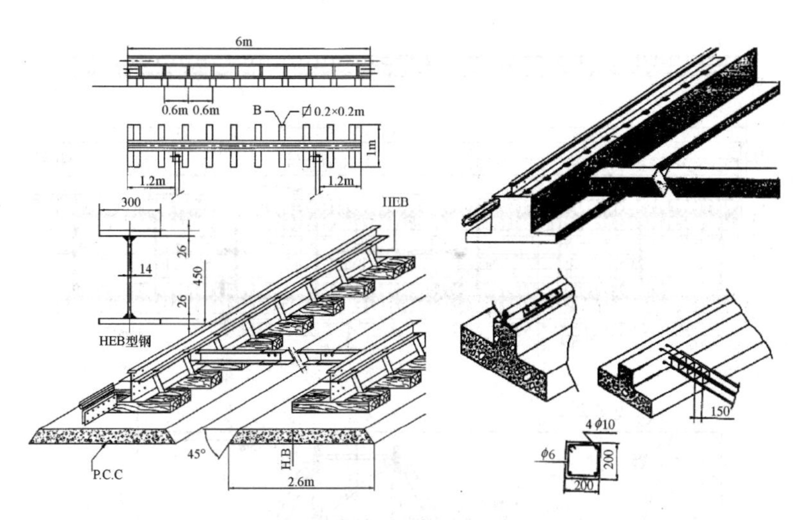

图 5-7　常见标准轨道式基础图纸

图 5-8　常见标准轨道式基础实景

3. 标准轨道基础在具体使用时，还需根据塔机说明书要求，并根据实际轨道铺设长度，绘制具体图纸，如图 5-9 所示。

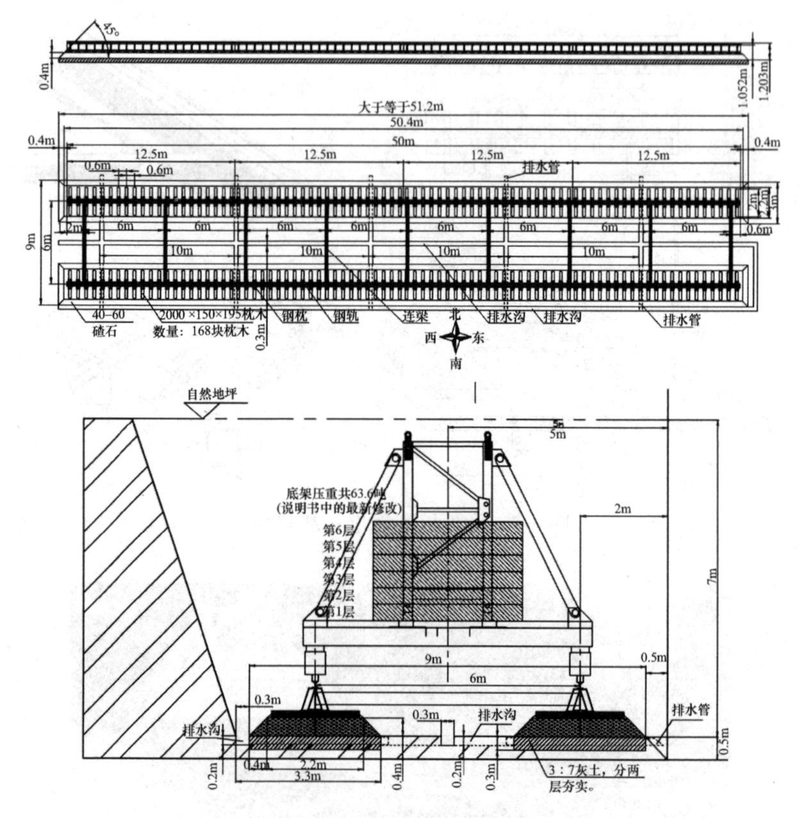

图 5-9　常见标准轨道式基础实施详图

4. 标准轨道式路基施工程序及分工

（1）地基处理、混凝土条带施工、碎石路基的铺设应由土建单位负责，塔机安拆单位无从事该施工的资质及能力。

（2）塔机安拆单位负责在土建单位提供的路基上，安装枕木、钢枕及轨道。

（3）钢枕、枕木、轨道的安装，重点在于各尺寸公差，应符合说明书及相关规范中的具体精度要求。

二、非标准轨道式基础

非标准轨道式基础亦称为异型轨道式基础，一般可能因为以下现场原因所造成：

（1）因地基承载力不足，需要在标准塔机基础的路基基础上加大面积。例如对碎石路基进行加厚加宽，或者采用大面积钢筋混凝土条带或钢结构条带作为路基。

（2）因轨道式基础需要架设在建筑结构上，需要在建筑主体节点上架设专用的混凝土或钢结构支承结构作为路基，再铺设轨道钢枕及轨道。

（3）因地基承载力不足且现场没有做路基放大的空间，采用混凝土条带路基并进行打桩处理，如图 5-10 所示。

图 5-10　架设在建筑楼顶的大型钢结构支撑轨道路基

三、非标准轨道式基础的设计

1. 非标轨道式基础的设计责任

（1）首先应由塔机专业人员，查询并计算，给出特定塔机工况下的最不利塔机整机作用力组合数据，尤其是塔机行走台车的最大作用力组合数值，并提供给其他专业人员。

（2）针对非标轨道式基础可能涉及的建筑结构专业、混凝土结构设计专业、钢结构设计及加工专业、桩基础设计及施工专业等，需要各自专业的单位和技术人员负责。

（3）作为塔机安拆人员，不负有本基础的设计计算责任，但出于个人安全考虑，有意者可自愿询问或查看塔机安拆方案中是否有相关计算。

2. 行走台车压力计算方法（图 5-11）

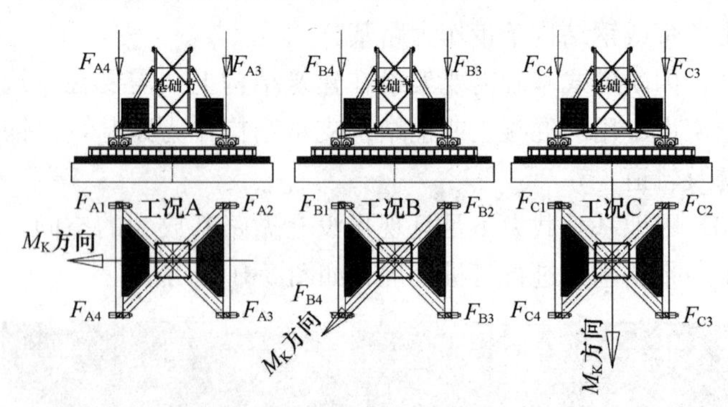

图 5-11　按力矩方向时的台车压力组合

工况 A：

$$F_{A1} = F_{A4} = \frac{F_k + G_1 + G_2}{4} + \frac{M_k}{L \times 2(\text{条})} \tag{5-1}$$

$$F_{A2} = F_{A3} = \frac{F_k + G_1 + G_2}{4} - \frac{M_k}{L \times 2(\text{条})} \tag{5-2}$$

工况 B：

$$F_{B1} = F_{B3} = \frac{F_k + G_1 + G_2}{4} \tag{5-3}$$

$$F_{B4} = \frac{F_k + G_1 + G_2}{4} + \frac{M_k}{L \times 1.414}\text{（单角台车最大压力）} \tag{5-4}$$

$$F_{B2} = \frac{F_k + G_1 + G_2}{4} - \frac{M_k}{L \times 1.414} \tag{5-5}$$

工况 C：

$$F_{C3} = F_{C4} = \frac{F_k + G_1 + G_2}{4} + \frac{M_k}{L \times 2(条)} \tag{5-6}$$

$$F_{C1} = F_{C2} = \frac{F_k + G_1 + G_2}{4} - \frac{M_k}{L \times 2(条)} \tag{5-7}$$

式中：F_{A1}、F_{A2}、F_{A3}、F_{A4}、F_{B1}、F_{B2}、F_{B3}、F_{B4}、F_{C1}、F_{C2}、F_{C3}、F_{C4}为各工况时各角行走台车的压力；F_k为塔机主机自重；G_1为行走底架结构部分自重；G_2为底架配重块自重；L为行走底架的轨距。

四、轨道式基础的一般性规定

（1）塔机轨道应通过垫块与轨枕可靠连接，每间隔若干米（具体按说明书要求）应设轨距拉杆一个，使用过程中轨道不得移动。

（2）钢轨接头处应有轨枕支撑，不得悬空，使用过程中轨道不得移动。

（3）轨距允许偏差为公称值的 1/1000，其绝对值不大于 6mm。

（4）钢轨接头处间隙不大于 4mm，与另一侧钢轨接头的错开距离不小于 1.5m，接头处两轨顶高度差不大于 2mm。

（5）塔机轨道安装后，应对轨道间隙地基承载能力进行检验，符合使用说明书规定的技术条件后，方可进行塔机安装。

（6）塔机安装后，轨道顶纵、横方向上的倾斜度对于上回转塔机应不得大于 3/1000；对于下回转塔机应不得大于 5/1000；在轨道的全程中，轨道顶面任意两点的高差应小于 100mm。

（7）塔机轨道基础两旁、混凝土基础周围应修筑边坡和排水设施，并应与基坑保持一定的安全距离。

（8）塔机金属结构、轨道应有可靠的接地装置，接地电阻不大于 4Ω。若多处重复接地，其接地电阻不大于 10Ω。

（9）距轨道终端处必须设置刚性焊接的轨道挡板，距轨道挡板 1m 处必须设置缓冲止挡器，在距缓冲止挡器 1m 处必须设置限位开关滑道或其他形式的限位装置。

注意！

1. 轨距偏差不大于公称值的 1/1000，绝对值不大于 6mm。

2. 轨道顶纵、横方向上的倾斜度不大于 3/1000（上回转塔机）、不大于 5/1000（下回转塔机），全程轨道顶面任意两点的高度差小于 100mm。

3. 接地电阻不大于 4Ω。若重复接地不大于 10Ω。

第六节　混凝土、预埋式、固定基础

一、标准混凝土、预埋式、固定基础

该类基础是指塔机说明书给出的标准基础图纸，一般为正方形或十字形的混凝土承台，如图 5-12 所示，其特点是结构较为简单，预埋腿（节、螺栓）连接可靠，较轨道式基础占地面积小，可以永久埋于建筑底板以下，为一次性基础，对材料上有所浪费，但迫于现今施工现场场地越来越有限，该类基础已成为国内塔机基础的主流。

（一）基础的组成

该类基础一般由混凝土、上下成交叉钢筋、立钢、斜拉筋、垫层组成。

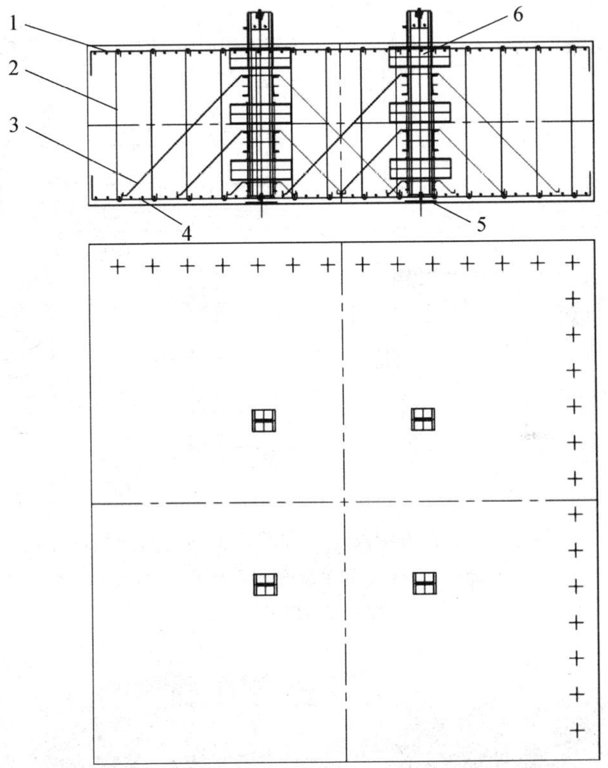

图 5-12　常见标准混凝土、预埋式、固定基础

1—上层交叉钢筋；2—立筋；3—预埋腿锚固筋；
4—下层交叉钢筋；5—预埋腿垫板；6—预埋腿

(二）常见的塔机预埋件放置方式

常见方式有：（1）预埋螺栓；（2）中间单盘预埋腿；（3）双盘式预埋腿；（4）多翅型预埋腿；（5）预埋节。实际使用中，常因塔机需穿过建筑底板或为凑塔机高度，而在预埋腿基础上增设成预埋节形式，主要是增加预埋腿高度并加设斜腹杆，如图 5-13、图 5-14 所示。

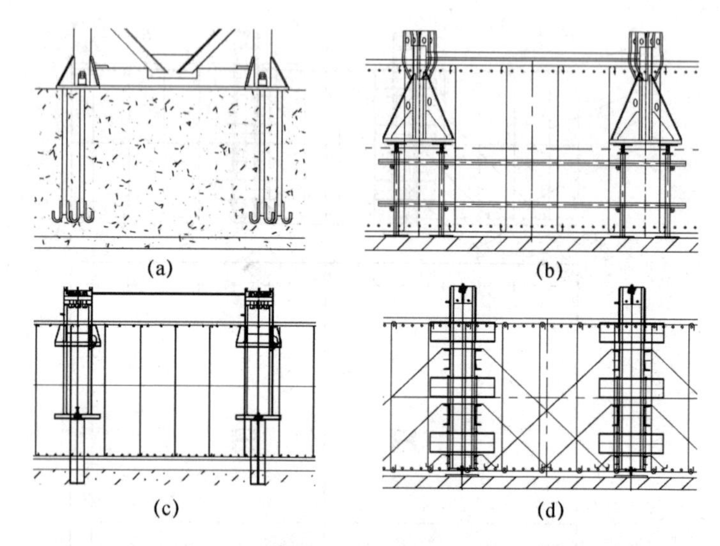

图 5-13　常见标准混凝土、预埋式、固定基础用预埋腿

（a）预埋螺栓；（b）中间单盘预埋腿；（c）双盘式预埋腿；

（d）多翅型预埋腿

图 5-14　常见预埋腿设计改造为预埋节

（三）标准混凝土、预埋式、固定基础的型号选择

此类标准基础因是塔制造厂给出的基础，已经过塔机制造厂的严格设计计算，在使用时无需自行计算；但必须根据说明书给出的各型号基础、各塔机高度所对应的所需地基承载力进行查表，根据实际地基承载进行选择，如表5-3所示。

表5-3　常见塔机标准混凝土、预埋式、固定基础型号选择表

塔身节组合	M160N	M205N	M278N
	地面承压力 kg/cm^2	地面承压力 kg/cm^2	地面承压力 kg/cm^2
0+1+1	1.64	1.33	1.16
0+2+1	1.71	1.37	1.19
0+3+1	1.78	1.42	1.22
0+4+1	1.86	1.47	1.27
0+5+1	1.95	1.53	1.31
0+6+1	2.05	1.59	1.35
0+7+1	2.16	1.66	1.40
0+8+1	2.28	1.73	1.44
0+9+1	2.40	1.81	1.48
0+10+1	2.55	1.90	1.55
0+11+1	2.84	2.05	1.62
0+12+1		2.48	1.86

（四）标准混凝土、预埋式、固定基础的施工及安装流程

（1）土建单位：基坑开挖，打混凝土垫层，砌筑或架设其他围护结构。

（2）底层钢筋的安装时间节点，需要根据具体塔机预埋腿（节）结构形式确定，例如预埋节为中间盘式（如图5-13（b）所示），需要底盘下放设置钢架、脚手架或钢筋架，此类支架均可直接插入到底层钢筋缝隙中并垫钢片，此时可以选择先铺设底层钢筋后再安装预埋腿；如果是预埋腿直接放置于基础垫层上的情

况［如图 5-13（d）所示］，应先安装预埋腿（节）后再铺设底层钢筋，否则当底层钢筋铺设完毕后，预埋腿将难以安装，或者造成局部拆钢筋返工。

（3）预埋腿（节）的安装。对于预埋螺栓的安装，通过与基础钢筋进行连接；对于预埋腿（节）的安装，需要根据说明书及现场材料制作各类支架、垫板。

（4）预埋螺栓及预埋腿的安装，需要通过专用连接框（如图 5-15（b）所示）进行固定，以控制 4 个预埋件的整体形位公差，预埋节一般无需安装专用连接框，因为预埋节本身已为空间整体结构。使用连接框是为了减小预埋腿组合质量，降低安装预埋腿用的吊车吨位。如果现场条件较佳且有较大吊车，直接将预埋腿安装于塔身节后整体吊装更为稳妥，如图 5-15（c）所示。

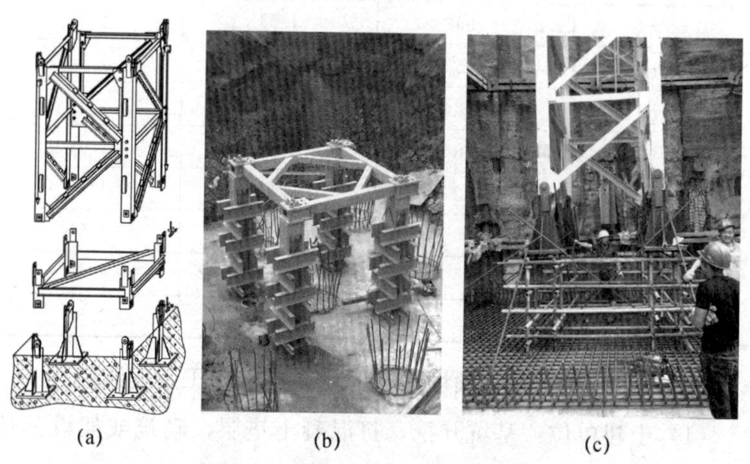

图 5-15　常见预埋腿固定连接方式

（a）采用柔性转接框连接于标准节形成空间刚体；（b）采用大刚性专用连接形成整体刚体；（c）采用直接连接于塔身基础加强节

（5）预埋件的水平位置公差，没有绝对规定，应根据实际确定。例如，在场地空间优良的情况，预埋件位置偏差 10cm 以内，对塔机基础重心及塔机稳定性不会造成明显影响，但是，有些场地，因塔身与建筑墙或梁的距离很近，此时必须根据实际距离控制水平位置公差，保证塔机安装后与建筑体或其他障碍物保持法定安全距离。

(6) 预埋件的高度偏差应控制在1‰以内，所谓1‰，是指4个预埋件的上口连接点之间的高度偏差数值与4个预埋件组成的正方形边长之比。例如，一组间距为2m×2m的预埋件，所允许的上口连接点高差＝2000mm（2m）×1‰＝2mm。值得注意的是，所谓“预埋件的上口连接点”并非固定位置，对于用销轴连接的预埋件，其准确高度控制点是销轴孔，故测量高差时应以同层销轴孔的下边为测量位置，不能轻易以主肢接口为测量点，因为有时候加工厂加工的精度不高，接口并不代表真正的连接点位置；对于用螺栓连接的预埋件，其与塔身节的连接点即为螺栓接口水平端面，此时可以端面作为测量点。

(7) 预埋件安装后，土建单位安装立筋和上层钢筋。

(8) 混凝土浇筑：浇筑时应控制浇筑节奏，不得对预埋件造成过度冲击和碰撞。

(9) 浇筑后，复测预埋件上端连接点高差；有时候因地基不均匀沉降等原因会造成预埋件上端连接点高差超标，对于螺栓连接的预埋件，可以使用专用垫片来调整塔机安装时第一节的垂直度，而对于水平销轴连接的塔机，处理较为麻烦，只能定做专用修正节来修正。

(10) 混凝土强度达到设计强度的80%时可以开始立塔，但塔高一般不得超过30m。

注意!

1. 预埋腿（节）上端连接点之间的高差不得大于1‰。

2. 混凝土强度达到设计强度的80%时可以开始立塔，但塔高一般不得超过30m。

二、非标混凝土、预埋式、固定基础

该类基础是指因现场空间尺寸受限、现场地基承载力略低、不符合说明书最低要求但又没有到必须打桩的程度时，所另行设计的非标准基础。较为简单的非标基础是在标准基础的基础上进行双向宽度或单项宽度放大、厚度增加，条件受限严重的现场条件可能需要塔机基础设计成各种异型形状，如图 5-16 所示：

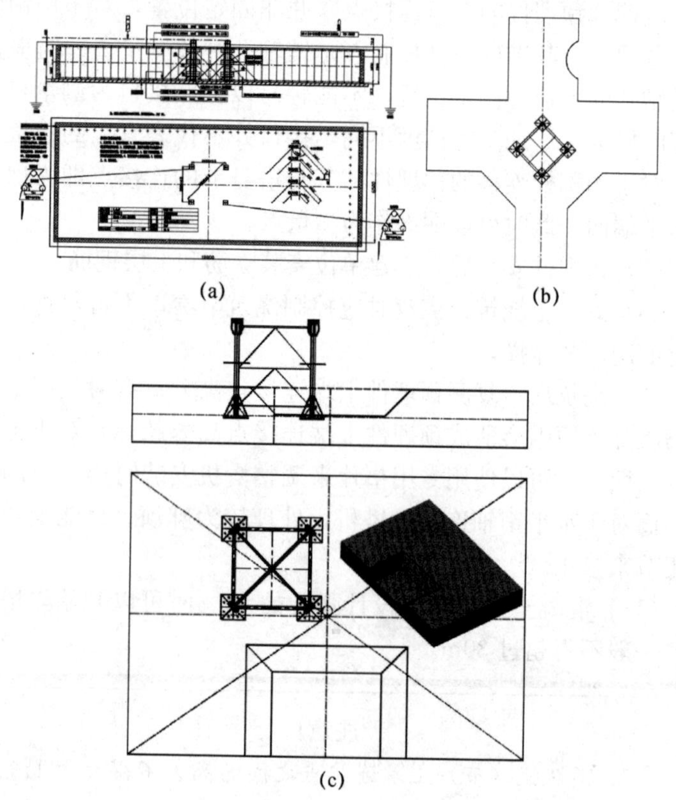

图 5-16　非标混凝土、预埋式、固定基础示例

(a) 因现场尺寸受限及地基承载力不足而做的单项边长加大设计；(b) 为躲避现场障碍进行的异型非标基础设计；(c) 为躲避现场障碍所进行的异型大偏心基础设计

三、对标准基础进行单项或双向放大的非标基础校核要点

对于此类非标基础的设计和计算，是由相关技术人员负责，作为塔机安装拆卸工，并无对基础设计进行审查的责任，但出于安拆人员自身安全考虑，若有意考证基础安全性者，可以自愿查看安拆方案中是否有相关计算，并着重查看以下结论：

（一）偏心距校核

$$偏心距\ e \leqslant b/4 \tag{5-8}$$

式中　b——矩形基础底面短边长度。

（二）地基承载力校核

$$地基承载力\ P_{max} = \leqslant 1.2 f_a \tag{5-9}$$

式中　f_a——修正后的地基承载力特征值。甲方提供修正前的地基承载力特征值。

第七节　桩基础

桩基础是利用建筑桩体对塔机提供支撑的基础，建筑桩形式有多种，包括灌注桩、打入桩、CFG桩、预埋格构柱桩、钢管桩等，均可用来支撑塔机；塔机可以通过标准或非标的混凝土承台与桩进行连接，也可通过钢结构进行连接；建筑桩有时也用来支撑行走式塔机基础。

桩基础的主要目的一般有：（1）地基承载力过低；（2）现场尺寸过小、通过打桩减小基础承台尺寸；（3）塔机基础临近建筑基坑边缘时提供独立支撑力；（4）深基坑建筑需要先装塔后开挖时采用预埋格构柱桩等。常见桩剖面图如图5-17所示。

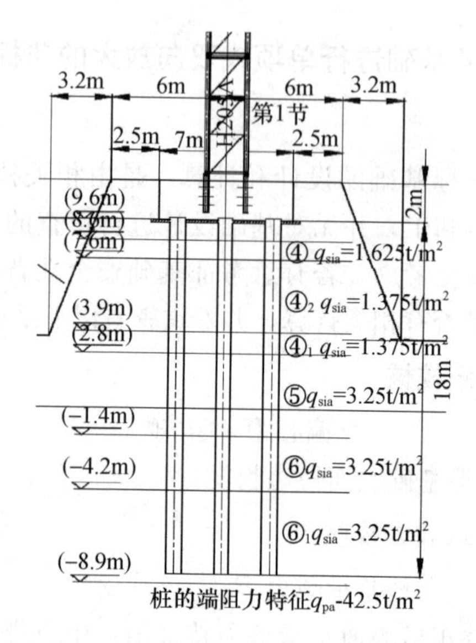

图 5-17　常规桩基础剖面图（一般全预埋桩体形式）

一、全预埋桩基础的基本施工步骤

全预埋桩是最为常见的建筑桩形式，包括灌注桩、CFG 桩、打入桩等。桩的施工由土建单位负责，按照正常建筑施工方法施工，待桩施工完毕后，桩承台的施工方案按实际承台形式照常施工。

桩顶与承台的连接方式应按实际情况考虑。例如，需承受压力和拉力的灌注桩，桩顶应按规范预留足够长度的锚筋长度；对于不承受拉力支撑压力的 CFG 桩，则无专门连接装置，为自然接触；对于钢管桩与钢结构承台的连接可采用焊接连接。

二、混凝土灌注桩基础的设计方法

对于此类桩基础的设计和计算，是由相关技术人员负责，作为塔机安拆工，并无对基础设计进行审查的责任，但出于安拆人员自身安全考虑，若有意考证基础安全性者，可以自愿查看安拆方案中是否有相关计算，并着重查看以下结论：

（一）桩基竖向承载力校核

抗压能力校核：　$Q_{K\max} \leqslant 1.2R_a$　（5-10）

抗拔能力校核：　$Q'_k \leqslant R'_a$　（5-11）

式中　$Q_{K\max}$——荷载效应标准组合偏心竖向力作用下，角桩的最大竖向力；

R_a——单桩竖向承载力特征值；

Q'_k——按荷载效应标准组合计算的基桩拔力（取其绝对值）；

R'_a——单桩抗拔承载力特征值；

（二）桩身承载力校核

抗压能力校核：$Q \leqslant \psi_C f_C A_{PS} + 0.9 f'_y A'_S$　（5-12）

式中　Q——荷载效应基本组合下的桩顶轴向压力设计值；

抗拔能力校核：　$Q' \leqslant f_y A_s + f_{py} A_{ps}$　（5-13）

Q'——荷载效应基本组合下的桩顶轴向拉力设计值。

三、预埋钢格构柱桩基础的基本施工步骤

桩的施工按常规建筑桩施工工序进行，并按与全预埋式桩基础同样的方法进行承台施工、安装塔机。当地基土开始分步开挖时，预埋钢格构柱桩逐渐露出，同时应破除桩身混凝土，使预埋钢格构柱露出，当露出到设计上的一个斜腹杆高度后，焊接安装斜腹杆和水平腹杆；在开挖过程中，预埋钢格构柱桩处于悬挑状态，在没有斜腹杆的情况下，预埋钢格构柱桩的抗水平力的能力很低，此时，除非格构柱在初始设计计算上就已确定可以抵抗塔机水平动载荷及保证相关强度，否则应将塔机进行配平处理，使预埋钢格构柱只承受竖向压力。

四、预埋钢格构柱桩基础的设计

桩顶作用力的计算与混凝土灌注桩的计算方法相同。桩身强度的计算按钢结构理论计算。钢格构柱的计算，主要需针对塔机工作状态、塔机非工作状态、地基土开挖过程钢格构柱悬挑状态，对钢格构柱进行主肢拉压强度校核、压杆稳定性校核、整体稳定性校核、斜腹杆的强度及压杆稳定性校核。

第八节　底架式基础

底架式基础是采用专用底架、一般加配重块，将塔机作用力通过底架散压到较远处。底架式混凝土基础的受力状态主要是分区域受压，受力状态较为简单，基础体积较混凝土预埋式整体基础要小得多，较为节省材料，也省去一次性预埋件的成本。

大多行走式塔机的行走底架，均可通过拆除台车后，形成等同的塔机底架，用作底架式基础。

除了塔机说明书中给出的标准底架式基础外，往往因现场条件限制，需要设计异型底架式基础，以解决地基承载力不足、现场空间受限、地下障碍等问题。

在设计上，首先按照轨道式基础单角台车最大压力计算法计算出底架单角最大压力，以该最大压力为依据，对混凝土基础进行设计，其设计理论遵循建筑混凝土结构设计方法。底架式基础形式参见图 5-18、图 5-19。

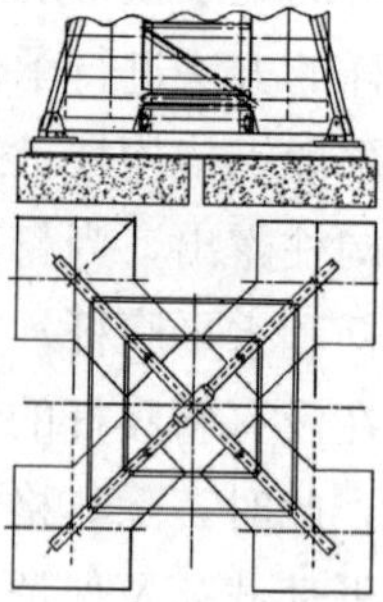

图 5-18　标准底架式基础

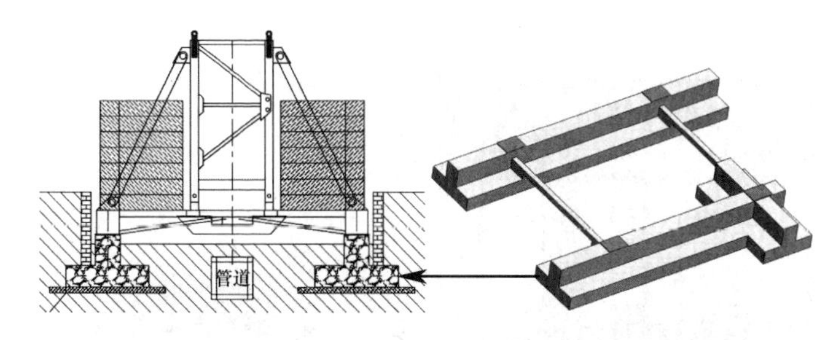

图 5-19　用于跨越管道及躲避周边障碍的异型底架式基础

第九节　特殊异型基础

随着塔机使用环境日趋复杂，为应对恶劣的现场条件，往往被迫衍生出较为特殊的各种基础形式，其具体结构形式多样，该类基础只能因地制宜、特事特议，设计方法涉及范围较广，需要众多专业人员及专业学科进行辅助。其相关图示参见图 5-20～图 5-22。

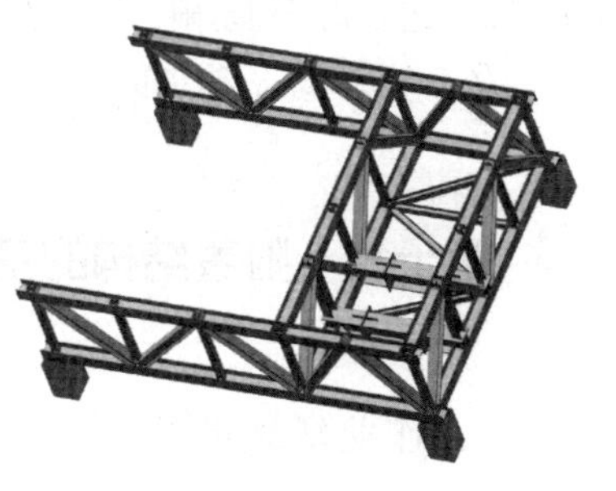

图 5-20　架设于营业商城楼顶的大跨距偏心钢结构基础

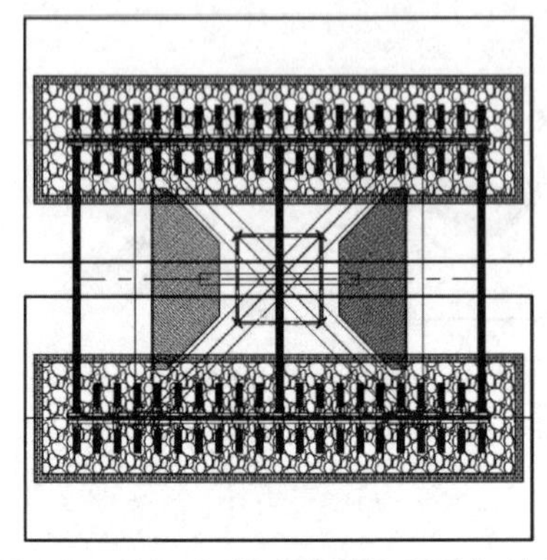
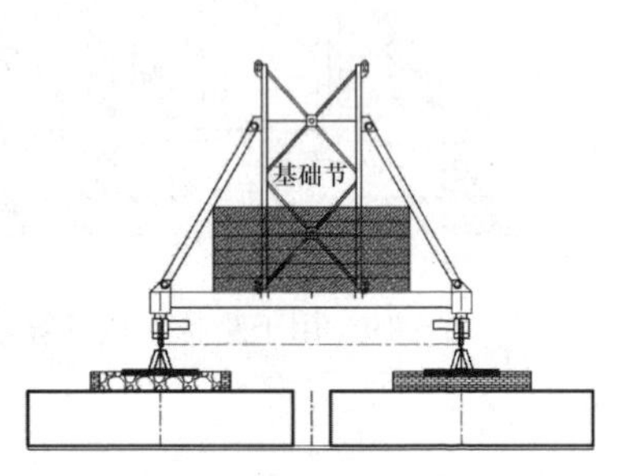

图 5-21　用于回填土地基上且无打桩条件的现场、大面积散压型组合式基础

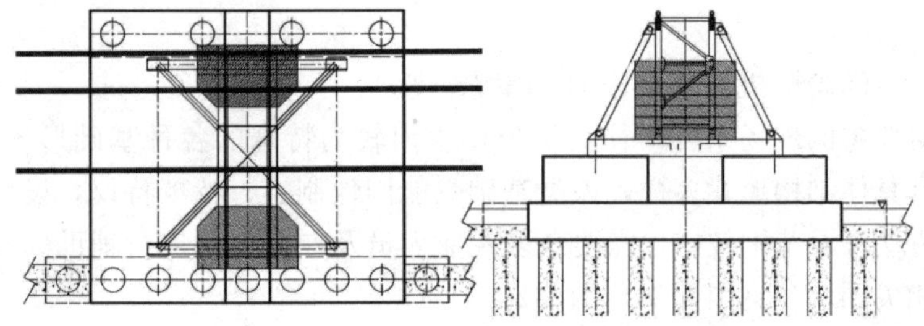

图 5-22　组合式异型基础：借助基坑护坡桩、混凝土承台跨越三条管道、独立灌注桩、底架式组合基础

第十节　附着结构的基本安装流程及技术要求

一、作业场地准备

(1) 在塔身上的附着框安装位移以下约 1.5～1.8m 范围内安装脚手架人员作业平台，人员作业平台一般至少伸出标准节外 0.7m。

(2) 对于常规锚固，在有条件的情况下，应在塔身上的人员作业平台与建筑物之间搭设人员行走通道为宜。

(3) 建筑体上的附着杆连接点为建筑外侧边缘处的情况，土建施工单位应在附着点以下搭设人员作业平台。

(4) 土建单位清理建筑物外与附着结构有冲撞的防护装置。

二、附着框的安装

作业人员站位：地面上至少需1名信号工及1名司索工，有时需要地面预组装时还需若干安拆工；塔身人员作业平台上一般需3～5名安拆工、1名信号工及1名司索工。

附着框一般均为塔机自身的标准附属结构部件，通过塔机自身进行吊装，按照说明书安装工艺安装即可。安装过程中，往往需要导链配合构件移动，尤其是需要在附着框内部安装支撑结构的附着框，因塔机起升吊钩无法将构件直接吊装至塔身内部，故需人工通过导链斜拉进入塔身内部并就位。

附着框在塔身节上的安装位置必须严格按照说明书要求位置安装。塔机附着框均设置在塔身桁架结构的节点上，并需在附着框内部对附着框或塔身节加设支撑结构；也有大量塔机因附着后框结构强度足够大而不需要设置内部支撑结构；也有少数高强度塔机，因其附着框及塔身节结构强度足够大，采用不带有附着框内部支撑且附着框可在塔身节上任意高度位置安装。

三、附着杆实际长度测量

一般在附着方案设计时，附着杆长度已经经过理论上的确认，但是实际上，塔机及附着结构，尤其是建筑体，均为细节误差较大的结构，且塔身随时晃动、附着件连接副的间隙等，最终造成实际附着杆长度与预计长度会略有偏差，应以理论预计长度拼接附着杆，并在现场实际测量所需长度后，通过附着杆上的丝杠进行调节。

（1）通过两个经纬仪，从两个方向上观测塔身垂直度，通过塔机吊载调平衡以及回转动作，直到双向经纬仪均观测到塔身已垂直，此后用测量工具测量附着框上销轴孔到建筑节点销轴孔的实际间距并做记录。

（2）若现场因有障碍物而无法用经纬仪观测，并且没有高端工具进行间接测量，最为可靠的土办法为挂铅坠的方式，但是所需铅坠长度应尽可能地放长，以提高测量精度，最终确定塔身垂直。

四、附着杆的安装

作业人员站位：地面上至少需1名信号工及1名司索工，有时需要地面预组装时还需若干安拆工；塔身人员作业平台上一般需1～2名安拆工、1名信号工及1名司索工；建筑物上附着点旁一般需1～2名安拆工、1名信号工及1名司索工。

实际所需杆长测量后，首先调节附着杆丝杠。因为塔机在静止状态下，因其自重力矩的存在，塔身不可能是垂直的，而且水平偏移尺寸一般可达300mm至1000mm，故附着杆无法直接安装到位，必须通过塔机吊载调平衡外加回转动作，最终使附着杆双向接口可以基本对正附着框销轴孔和附墙节点的销轴孔。销轴孔对正后，安拆工安装相应的销轴、螺栓、开口销等连接件。一般由三根附着杆组成的附着体系，因为静定结构，第三根附着杆的安装较为容易找正销轴孔，但对于4根及以上附着杆数量组成的附着体系，因前3根附着杆已将附着后体系形成刚体，塔机的吊载和回转运动已基本无法造成塔身和附着框的水平移动，故从第4根附着杆开始，只得通过强行调整丝杠，使附着杆销轴孔主动找附着框销轴孔或附墙点销轴孔。

对于少数小型塔机且附着杆上设置了双向收放丝杠的附着杆，在安装完毕后，可以通过调节丝杠调节塔身垂直度，但对于大型塔机或没有设置双向收放附着杆的塔机，只能通过前期附着杆所需长度的测量来控制最终的塔身垂直度。

注意！

1. 安装附着框架和附着支座时，各道附着装置所在平面与水平面的夹角不得超过10°；

2. 最高附着装置以下塔身轴心线对支承面侧向垂直度应≤2‰，最高附着装置以上塔身轴心线对支承面侧向垂直度应≤4‰。

第十一节 附着结构的竖向分布位置注意事项

（1）最上端附着以上的塔身高度俗称悬挑高度，一般以最上端附着至塔机理论最高吊钩处的距离为准，或者采用最上端附着以上悬挑多少个标准节来描述。悬挑高度在说明书中一般均有明确规定，实际操作中，该悬挑高度可以比说明书中的给定高度低，对于低多少没有限制，但不允许高于说明书中的给定值，以保证悬挑塔身的稳定性。

（2）关于第一道附着的位置，有的说明书只给定一个位置数值，有的则给定一个范围，对于给定范围的，则很明确第一道附着位置的所在高度范围，而对于只给定一个位置数值的情况，首先是附着高度位置不能超过这个高度数值，并且切记，不可无限制地低于说明书中的给定数值。一般比说明书给定数值低10m以内是可以接受的，不会对附着作用力增加过多，但若因现场条件需要继续降低第一道附着高度时，则应与原塔机制造厂联系，确认实施方案或进行加固改造处理。

（3）对于各道附着之间的间距，其数值一般小于第一道附着的高度数值，也小于最上端附着后的悬挑高度。同样，有的说明书中给定数值范围的较为容易理解和执行，但很多说明书中只给出了一个数值，况且，实际施工时因建筑结构的建筑滞后性，说明书中给定的间距数值基本无法执行，除非建筑是已经建好的而后安装塔机附着结构，事实上，建筑还没有假设到说明书中给定的唯一附着位置，就需要提前安装附着，故实际附着间距基本小于这种只给定一个附着间距的数值，从而造成最上端附着作用力略微增加；切记不可无限制降低两道附着间距，如因现场条件被迫大幅提前附着而造成附着间距严重小于说明书中给定的一个数值，则应进行下层附着的倒换，凑成合力的附着间距，或者咨询塔机原制造厂进行确认甚至进行加固处理。

第十二节　附着杆拉压力的确定

一、基本原则

（1）对于塔机说明书中给出标准附着体系布置图且给出了附着杆及附墙点受力的情况，若实际附着平面布置与说明书中要求相同或相近，则可直接取用说明书中的数值，对附墙连接装置及墙体进行强度判断。

（2）对于塔机说明书中给出标准附着体系布置图，但仅给出塔身对附着框作用力的，则需自行计算附着杆拉压力。

（3）对于塔机说明书中没有给出任何关于附着受力数据的塔机，则需咨询塔机原制造厂。

（4）非标附着结构的设计和计算，是由相关技术人员负责，作为塔机安拆工，并无对非标附着结构进行审查的责任，但出于安拆人员自身安全考虑，若有意或有经验、有能力考证附着安全性者，可以自愿查看安拆方案中是否有相关计算，并着重查看附着体系轴力数值是否大幅超过常规经验值。

二、常见三杆静定体系附着杆轴力计算

1. 如图 5-23 所示，F_H此时的方向对 A 点造成最大力矩（此时力臂最大），此时西杆出现最大压力。该图必须采用计算机制图 1∶1 放样，并测得各相关尺寸。在平面力系内，对 A 点求力矩平衡：

$$F_H \times L_H + M_{vk} = F_{西} \times L_{西} \tag{5-14}$$

则：

$$F_{西} = (F_H \times L_H + M_{vk}) \div L_{西} \tag{5-15}$$

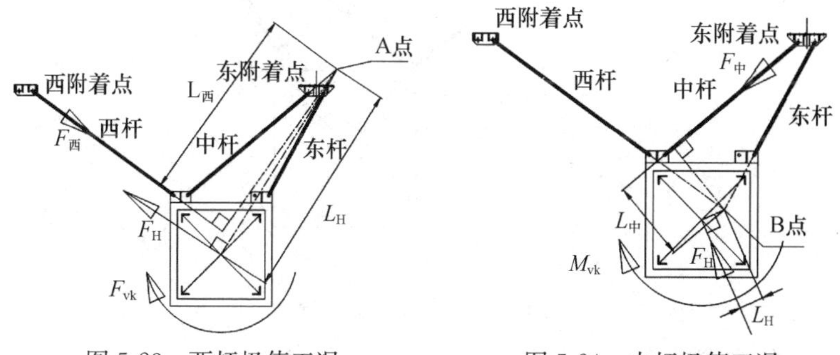

图 5-23　西杆极值工况　　图 5-24　中杆极值工况

2. 如图 5-24 所示，F_H此时的方向对 B 点造成最大力矩（此时力臂最大），此时中杆出现最大压力。该图必须采用计算机制图 1∶1 放样，并测得各相关尺寸。在平面力系内，对 B 点求力矩平衡：

$$F_H \times L_H + M_{vk} = F_{中} \times L_{中} \tag{5-16}$$

则：

$$F_{中} = (F_H \times L_H + M_{vk}) \div L_{中} \tag{5-17}$$

3. 如图 5-25 所示，F_H此时的方向对 C 点造成最大力矩（此时力臂最大），此时东杆出现最大压力。该图必须采用计算机制图 1∶1 放样，并测得各相关尺寸。在平面力系内，对 C 点求力矩平衡：

$$F_H \times L_H + M_{vk} = F_{东} \times L_{东} \tag{5-18}$$

则：$$F_{西}=(F_H \times L_H + M_{vk}) \div L_{东} \tag{5-19}$$

式中：F_H为塔身对附着框水平力；M_{vk}为塔身对附着框的水平扭矩（力矩）；L_H为特定工况时塔身对附着框水平力对特定点的力臂尺寸；$F_{西}$、$F_{中}$、$F_{西}$为各附着杆所承受的极限轴力（计算时按压力计算，极限拉力与极限压力数值相等、方向相反，无需另行计算）；$L_{西}$、$L_{中}$、$L_{东}$为各附着杆轴力对特定点的力臂。

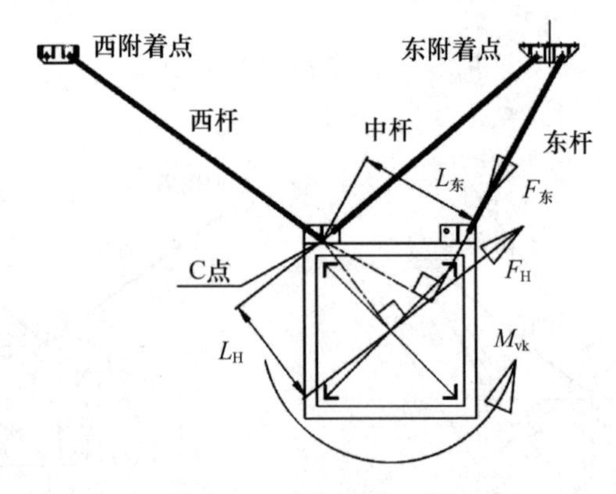

图 5-25　东杆极值工况

4. 注意：

（1）塔身对附着框的水平力及扭矩一般仅指最上端附着框处，下层附着框上的受力一般均小于最上端附着框受力。

（2）塔身对附着框的水平力及扭矩一般必须由塔机制造厂给出，用户没有详细塔机结构图及设计数据，无法计算塔机风载荷及动载荷，故难以进行有效自行推算。

（3）对于悬挑高度或塔机整体高度较低的塔机，一般是工作状态时出现附着部位极限作用力，此时的作用力包括塔身对附着框的水平力及扭矩；对于悬挑高度或塔机整体高度较高的塔机，往往是非工作状态（14 级阵风来临时）出现附着部位极限作用力，此时仅包括塔身对附着框的水平力，没有扭矩。

三、四杆及以上超静定体系附着杆轴力计算

（1）当形成超静定体系时，附着杆的轴力计算较为复杂，不宜手工计算，应采用计算机建模进行分析，如图 5-26 所示。

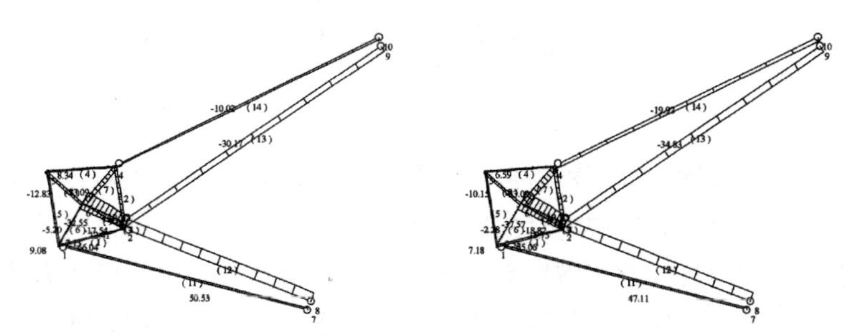

图 5-26　四杆超静定体系附着杆轴力计算机建模计算

（2）注意：一般塔机的附着体系部件均非理想紧配合，甚至有的预留间隙还很大，因为附着构件安装过程中需要塔机回转调节晃动的塔身，塔身位置难以控制，紧配合在实际中很难安装，并且在安装超静定附着体系时的第 4 根杆开始只能强行调节螺栓丝杠去找正销轴孔，进一步造成实际附着杆松紧分布偏离超静定计算模型。故超静定附着杆体系的计算往往没有多大意义，除非附着体系内所有连接销轴、螺栓、楔铁、丝杠等均为紧配合，没有微量间隙；对于大多数松动的塔机附着结构，在进行超静定体系计算时，不能完全依赖超静定计算结果，应再做架设任意附着杆因松动而不受力时，再做相应静定体系下附着杆极限轴力计算，用该极限轴力数值与超静定计算数值进行对比后取适当的安全系数。

第六章　塔式起重机安装、拆卸的程序和方法

塔式起重机（下称塔机）因其结构形式多样，具体安装程序和安装方法其实没有绝对的统一性，具体安装应以塔机说明书为准。但国内目前常用塔机类型并不多，虽然型号很多，但所需体系也并不多，故本书仅针对国内常用的塔机结构类型和系列举例介绍，以便读者了解常用塔机的基本安装程序和方法。

第一节　主机部分安装、拆卸的程序和方法

一、示例1（小车变幅、拉杆式、固定塔尖、外套架顶升结构）

（一）安装行走台车（图6-1）

1. 在轨道上放置台车

（1）在轨道上放置台车时，要考虑到安装塔机所需要的场地范围。

（2）按底架尺寸将台车放置在轨道上一个正方形的四角上。

（3）用夹轨器将台车固定在轨道上。必要时将其垫起以保持台车水平。

2. 吊装台车

（1）将吊具挂在台车的专用吊耳上。

（2）吊起台车，横向应保持水平；对于主动台车，在吊装时将有电机的一侧向下倾斜，应保证其不妨碍在轨道上的安装。

（3）将台车放上轨道时，车轮中心尺寸较大的一侧应在轨道内侧。

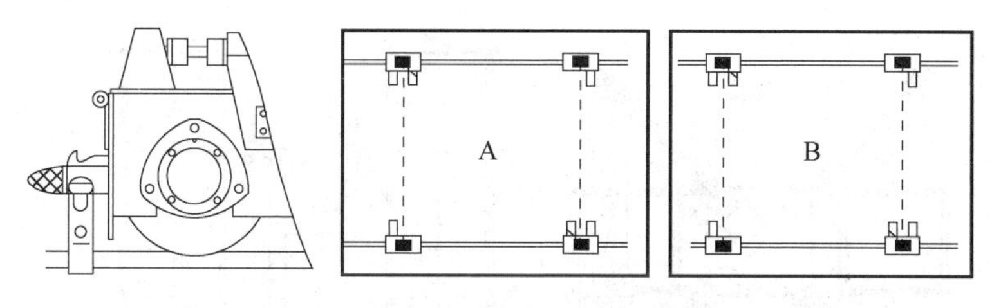

图 6-1　行走台车安装示意图

注意！

1. 关于行走台车的分布位置必须按照塔机说明书严格执行。台车并非全部相同，不同的塔机可能有单电机主动台车、双电机主动台车、从动（无电机）台车等，多种台车的分布位置如果违反说明书要求，塔机行走时可能出现行走底架结构破坏、轨道路基结构破坏甚至塔机倾覆事故。

2. 行走台车吊置于轨道上，不能完全依靠轨钳固定，还必须自备支顶构件，从台车左右两侧进行支顶，否则台车可能倾倒导致事故。

（二）安装及调平底架（图 6-2）

（1）将横梁底架 1 放到打好的四块移动基础上或台车上，然后将纵梁 2 放到横梁上并且用 12、13、14（螺栓、螺母、垫圈）拧紧，再将四个水平拉杆 3 用销轴 17（8 个）连接在横梁与纵梁处，并用开口销 18 锁紧。

（2）将基础节用 21、22、23（螺栓、螺母、垫圈）安装到纵梁上并把紧。

（3）将四个斜拉杆 9 用销轴 10（4 个）、销轴 24（4 个）与底架和基础节连接并用开口销锁紧。

（4）按不同塔身高度放置压重，然后用拉杆 5 把压重固定好。

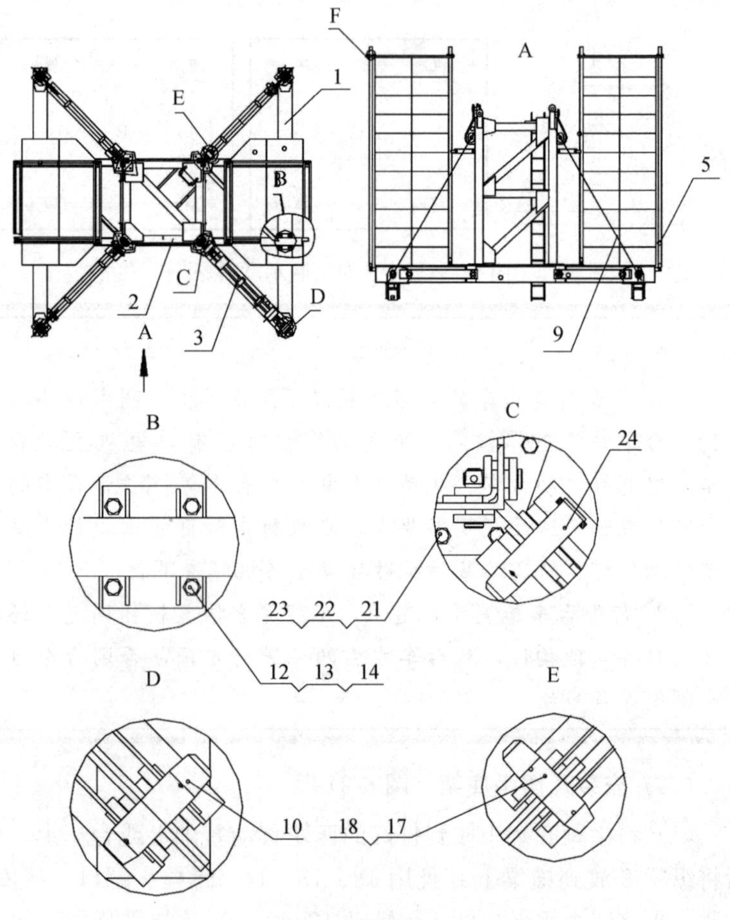

图 6-2 行走底架安装示意图

注意！

1. 压重块严格按照安装顺序安装，必须在钢结构底架安装完毕后再安装压重块，切不可提前安装，否则底架将被压溃，出现重大安全事故。

2. 压重块数量及型号严格按说明书执行，否则可能出现塔机倾覆事故。

（三）过渡节安装

压重式塔机可将过渡节通过销轴同基础节连接，如图 6-3 所示。

固定式塔机或将过渡节通过销轴与固定脚连接。

塔身节的具体结构形式及连接形式以具体塔机说明书为准，也可能是方管主肢标准节、也可能是螺栓连接方式，有的塔机存在过渡节、加强节、转换节，有的塔机直接安装标准节。

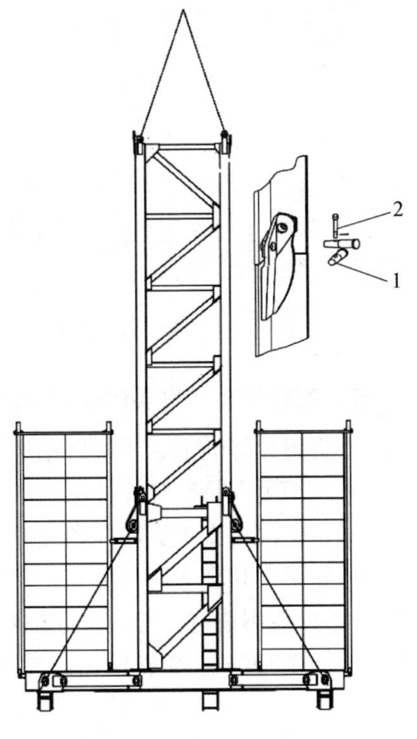

图 6-3　过渡节安装示意图

（四）套架安装（图 6-4）

在地面上将油缸、泵站、连接座、操纵杆等零部件安装到顶升套架上。

将组装好的顶升套架吊放在基础节外，并用连接座挂到过渡节上，压下操纵杆、锁紧。

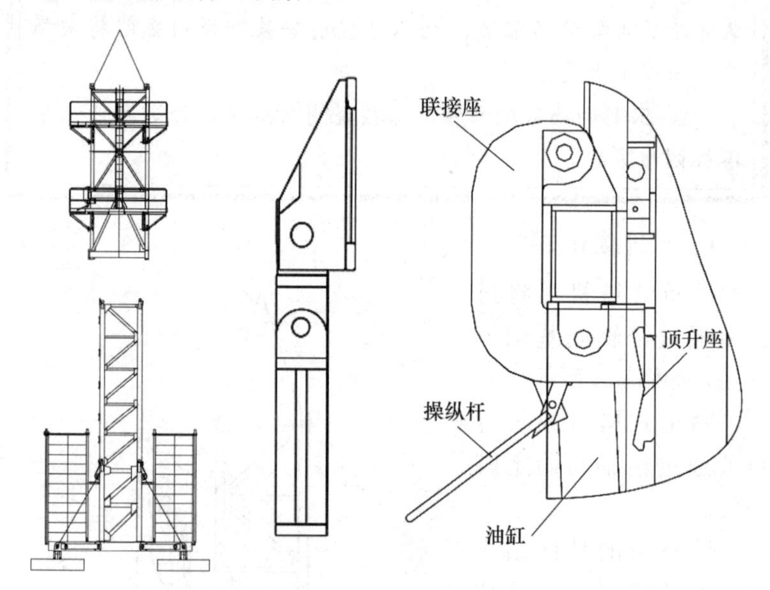

图 6-4　套架安装示意图

（五）回转支座及塔头的安装（图 6-5）

（1）将组装好的上、下回转用螺栓与回转支承滚盘连接。

（2）再用吊车将组装好的塔头吊起放在上、下回转支座上。

（3）可把回转支承底座插到过渡节鱼尾板里。

（4）如果顶升套架就位准确，即可将回转下底座与套架立柱连接，（可以使用撬棍调节套架立柱）。

（5）用销轴与过渡节连接，再吊起司机室安放在上回转平台上。

注意！

回转支座相关结构吊装往往是塔机部件吊装中最关键的，应严格提前考量辅助起重机能力，必要时应考虑分块安装，包括将回转结构、操作室节、操作室、塔头或塔尖等结构分开吊装。

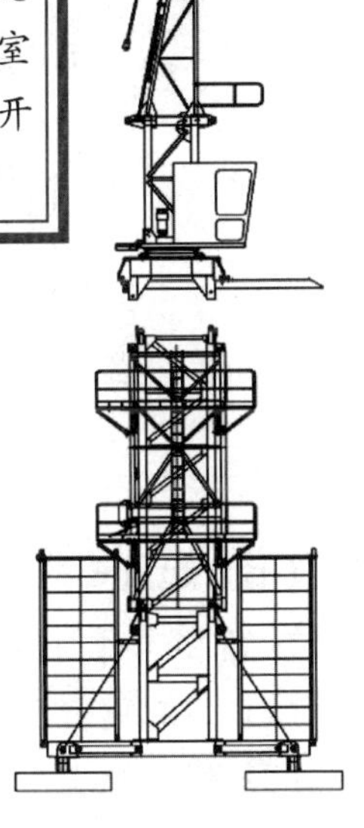

图 6-5　回转支座及塔头安装示意图

（六）平衡臂安装

（1）将组装好的（通道、扶手栏杆、起升卷扬机和吊杆）平衡臂略微吊起。

（2）再让平衡臂就位并与塔头连接，如图 6-6（a）所示。

（3）为了便于拉杆的连接，平衡臂要有一定的倾斜度。用销轴将平衡臂上的拉杆与塔头上的拉杆连接起来（从事这项工作的装配人员必须身系固定在塔头上的安全带），并用开口销锁固。

（4）然后将平衡臂慢慢放下，张紧拉杆。安装一块平衡重至平衡臂尾部，方法见平衡重的安装，如图 6-6（b）所示。

注意！

严格查看塔机说明书中关于平衡臂安装后预装平衡重块的数量、型号及位置，严格执行说明书要求，不要多装也不要少装，否则都将可能引起塔机倾覆。

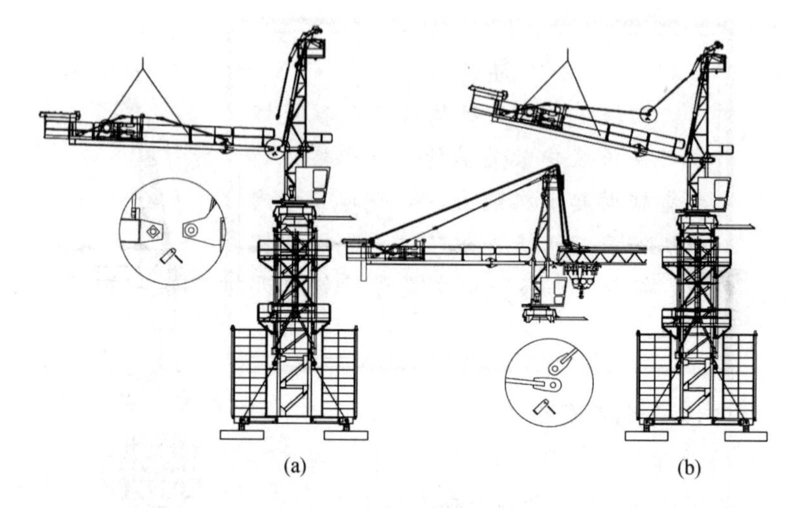

图 6-6 平衡臂安装示意图

(七) 起重臂的安装

1. 准备工作（图 6-7）

（1）将起重臂根部垫高，以便安装变幅小车。

（2）将变幅小车装在臂架根部并将其销固。注意：应将前车（带有棘轮等附件）置于臂端方向，后车置于臂根方向。

（3）根据所需要的起重臂长度装配臂节。

（4）在起重臂上弦杆上安装支架 1 以支撑拉杆。

（5）安装横梁支架 2 以支撑拉杆。

（6）检查钢丝绳索具组（钢丝绳及钢丝绳卡组成）5 是否与拉杆 3 和拉杆 4 相连。

（7）将连接好的臂架上的二拉杆放到支架 1 与支架 2 内，也可以另行使用钢丝绳索具将拉杆 3、拉杆 4 及起重臂上弦杆进行临时捆扎作为保险装置。

2. 在起重臂上安装吊索

一般情况下，塔机说明书给出了不同长度起重臂的重心位

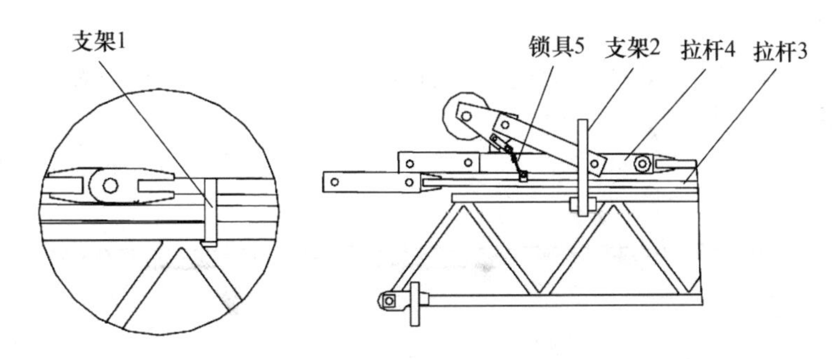

图 6-7　起重臂安装准备工作

置，但这只是理论上的数值，会因实际小车位置、吊索位置被迫微调等原因而产生偏差，最好在起吊时先起吊 10cm，实际观察是否平衡。

检查一下吊索的位置或者安装在臂架上弦杆的节点前［图 6-8（b）］，或者安装在节点后［图 6-8（c）］，绝对禁止放在斜腹杆之间［图 6-8（a）］。在吊点处，钢丝绳之间不要挤压拉杆。

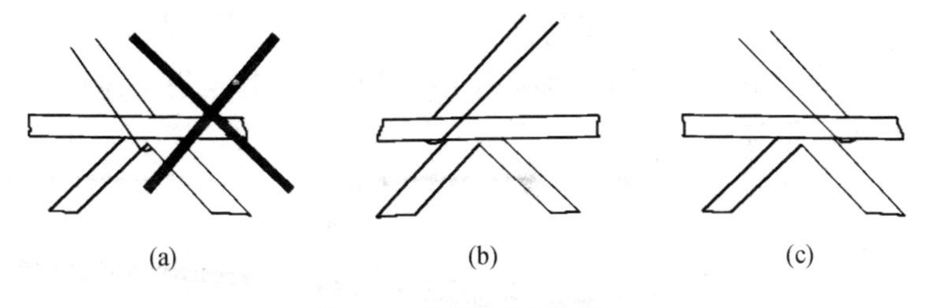

图 6-8　吊索位置示意图

3. 起重臂的安装

（1）起重臂处于水平位置时，进行拉杆连接工作，起吊臂之前将拉杆固定在臂架上。

（2）由地面吊起臂架，检查其稳定性及横向水平性（用一根绳索一端系在臂端另一端用人操作，起导向作用）。

（3）吊起臂架使其略有倾斜，然后将其连到销接位置与塔头相连。

（4）用销轴将臂架与塔顶连接，两个销轴必须在装置里就位，如图 6-9 所示。

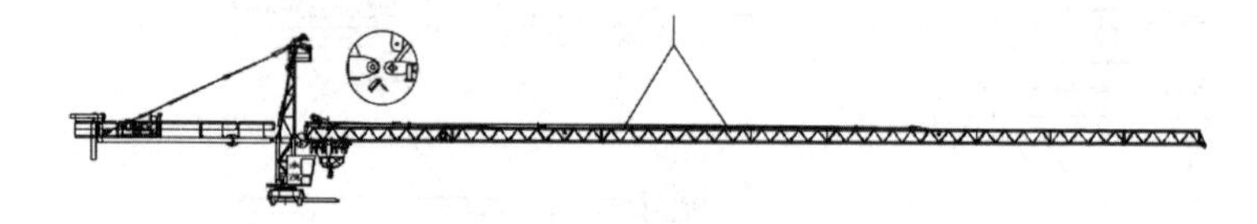

图 6-9　起重臂安装示意图

（5）放平可折叠通道将臂架与塔顶连接。

（6）将 ϕ14 绳索一端固定在塔头的楔套上，另一端缠绕在拉杆 1 的滑轮 2 上，然后串绕塔头顶上的滑轮 3 并与提升机构相连。做此过程操作时，必须系好安全带，并将安全带系在塔头上，如图 6-10 所示。

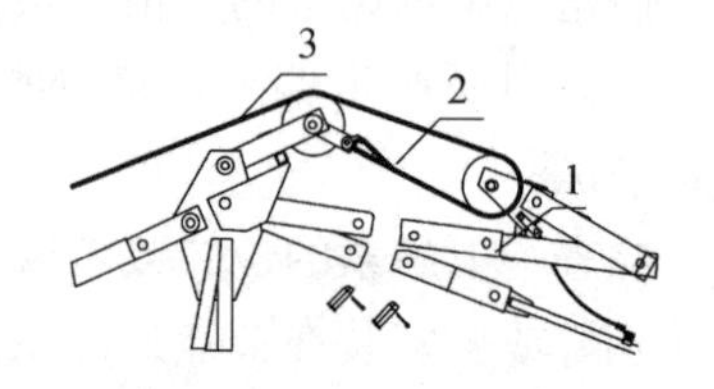

图 6-10　塔顶钢丝绳滑轮缠绕

（7）使用提升机构，继续向上提升拉杆使其与塔头连接，并用汽车吊将臂架吊起，以减少提升机构的张紧力。等拉杆就位后用销轴将拉杆与塔头上的拉板相连（图 6-11）。

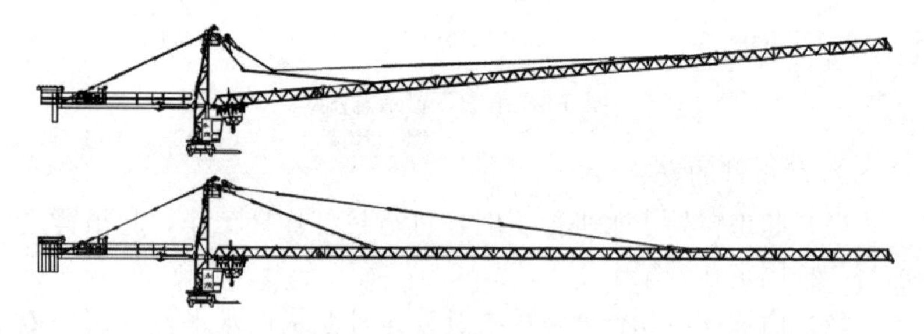

图 6-11　起重臂就位示意图

(八) 变幅小车的安装

小车安装在地面上组装起重臂时进行，如图 6-12 所示。

——后小车 1、前小车 2+滑轮组和吊钩；

——小车平台 3。

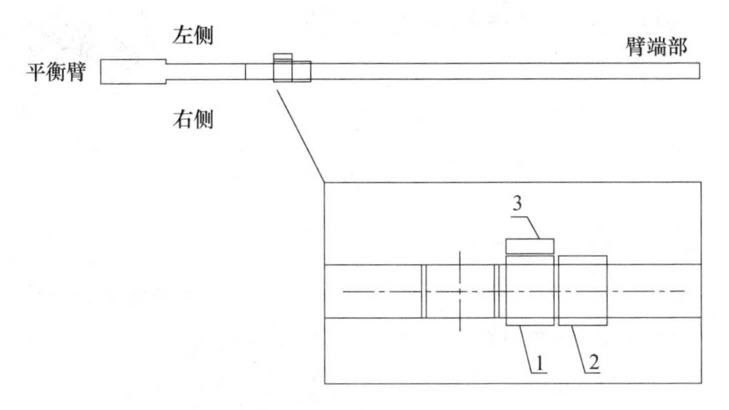

图 6-12　变幅小车安装示意图 A

注意!

为避免在安装和使用时发生操作事故，在对起重臂和小车进行安装作业时，应使用一钢丝绳索将小车紧固在起重臂上。

将两个小车安放在起重臂上（图 6-13）：

——从起重臂端部一侧出口处引入后小车 1；

——再引入前小车 2；

——将两个小车连接在一起；

——将双小车在起重臂根部用钢丝绳固定；

——用固定件将平台 3 固定在后小车上。

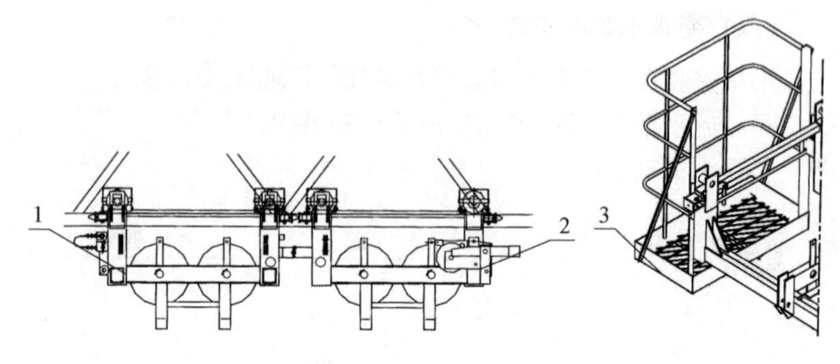

图 6-13　变幅小车安装示意图 B

（九）平衡重的安装

整机主要结构安装完后，此状态可进行剩余平衡重的安装。

（1）利用辅助吊车按照所定臂架长度，逐块安装平衡重块。用所提供销轴加以固定，并用长螺杆将所安配重串联在一起并锁固。

（2）利用自卸配重装置将配重块摆放在平衡臂下面，安装配重起升横梁 1，并用横梁上的销轴将其锁固（图 6-14）。

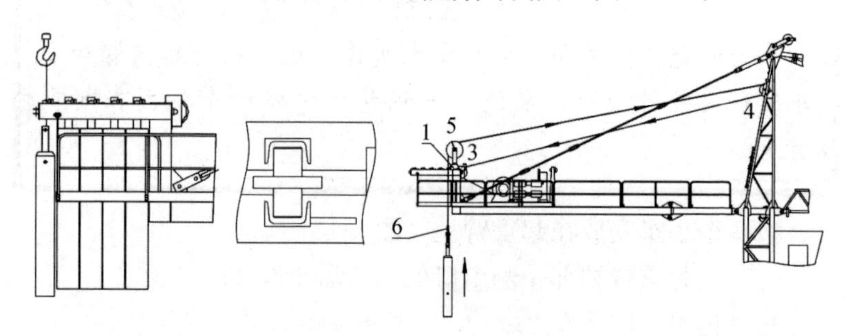

图 6-14　平衡重的安装

第一步，穿绕起升钢丝绳，将钢丝绳穿过滑轮 3、4、5、6，并用销轴将钢丝绳尾端固定在起升横梁的楔套上。

第二步，提升配重，利用起升机构放下滑轮装置，用一根销轴将其与第一块配重连接，并将其提升到配重支架的水平位置，由安装人员在平衡臂通道上进行导引，并将其固定。

在安装过程中，要特别注意勿使配重块在下面挤压平衡臂，否则会在塔机结构上产生附加反力，以同样的安装方法吊装每一块配重，当全部配重块安装完毕，必须用长螺杆将它们串联在一起并锁固。

注：在塔机无起重臂的情况下，不得使用自卸配重装置装卸配重。

（十）变幅小车穿绕钢丝绳

1. 变幅小车钢丝绳的穿绕方法（图 6-15）

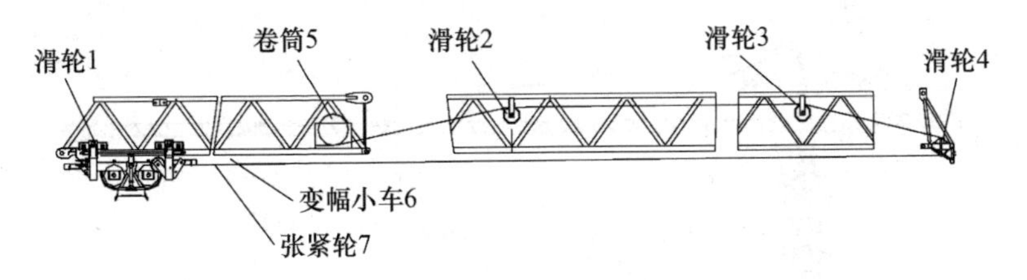

图 6-15　变幅小车穿绕钢丝绳

（1）将后钢丝绳一端锁在卷筒上，从下端出绳，经滑轮 1 锁在变幅小车 6 上。

（2）将前钢丝绳一端锁在卷筒上，从下端出绳。按图示经滑轮 2、滑轮 3、滑轮 4 锁在变幅小车张紧轮上。

（3）调整张紧轮 7，使前后两根钢丝绳张紧为止。

2. 钢丝绳张紧器的使用（图 6-16）

小车行走钢丝绳的张力由钢丝绳张紧器 11 来保证。

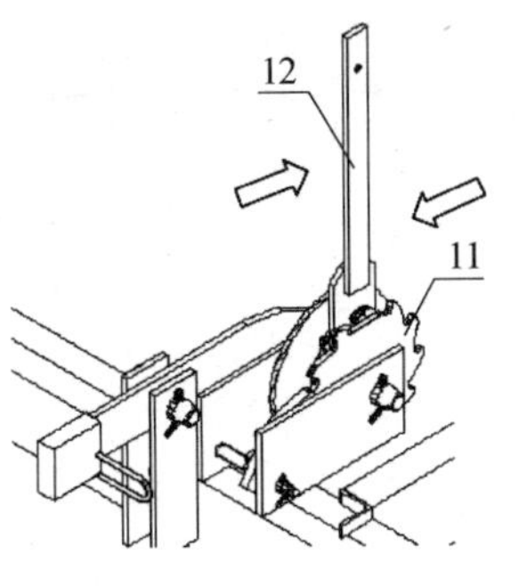

图 6-16　小车钢丝绳张紧器

将小车开至起重臂根部变幅机构后面。

用存放在小车上的手柄12，操纵钢丝绳张紧器11，尽可能张紧前小车的行走钢丝绳。

使小车在起重臂全长上来回行走数次，将张力分布在前后钢丝绳上。

必要时调整钢丝绳的张力。

在拆卸时，使用张紧器上的手柄12松开并拆下钢丝绳。

（十一）起升机构绕绳方法

按绕绳图进行绕绳（图6-17）。

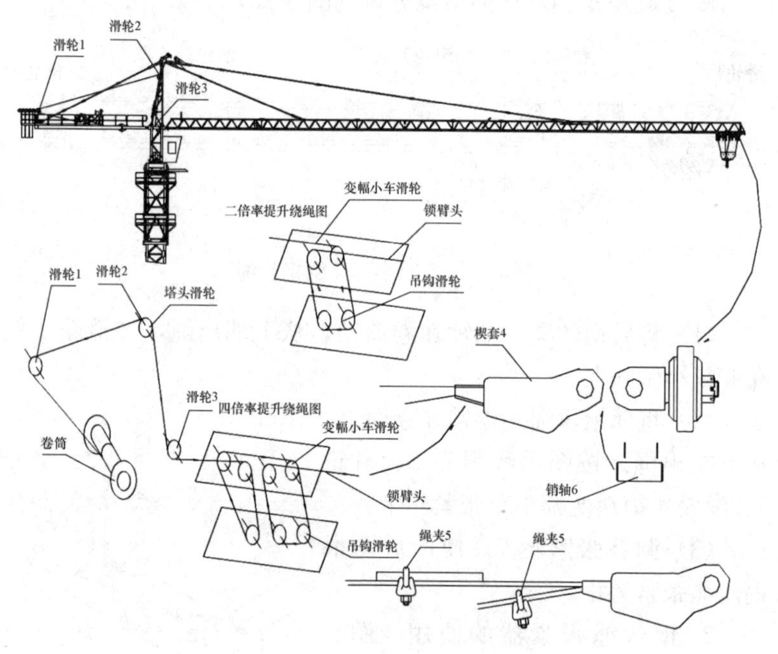

图6-17　起升钢丝绳缠绕

(十二) 引进梁的安装（图 6-18）

引进梁安装可以在空中进行，在加节安装前。

引进梁安装也可以在地面进行，在安装回转机构或连接节之前。

引进梁的安装可借助板钩进行。

（1）用轴销 2 将板 1 安装在下支座或连接节的板 3 上［图 6-18（a)］。

（2）用板钩 5 通过圆钢 7 吊起第一根引进梁 6，［图 6-18（b)］直至可以用轴销 4 将引进梁锁定在板 1 上［图 6-18（c)］。

（3）用销轴 8 将引进梁 6 锁止在板 1 上。由于两个销轴的锁定使引进梁呈水平位置。将板钩 5 向后移动［图 6-18（d)］。

（4）抽出销轴 4，板钩 5 向前移动，带动引进梁 6 向前移动，直到能用销轴 9 锁定在引进梁 6 上的板上为止［图 6-18（e)］。

（5）把板扳到引进梁上部，插上销轴 4、销轴 8［图 6-18（f)］。

（6）用同样的方法安装第二根引进梁，完成后如图 6-18（g）所示。

(十三) 穿绕电缆

（1）顶升操作时，电缆按图 6-19（a）所示悬挂，最后一个标准节安装完毕后，按图 6-19（b）所示安装电缆。

（2）打开通道平台的孔盖，放松电缆使其能在电缆网套中滑动，用尼龙扎带将电缆固定在转动扶梯中部。

（3）在所有情况下均应使用电缆网套悬挂电缆以防止电缆损坏。电缆网套的悬挂点一端在下回转架上，另一端在回转支承通道平台底部。

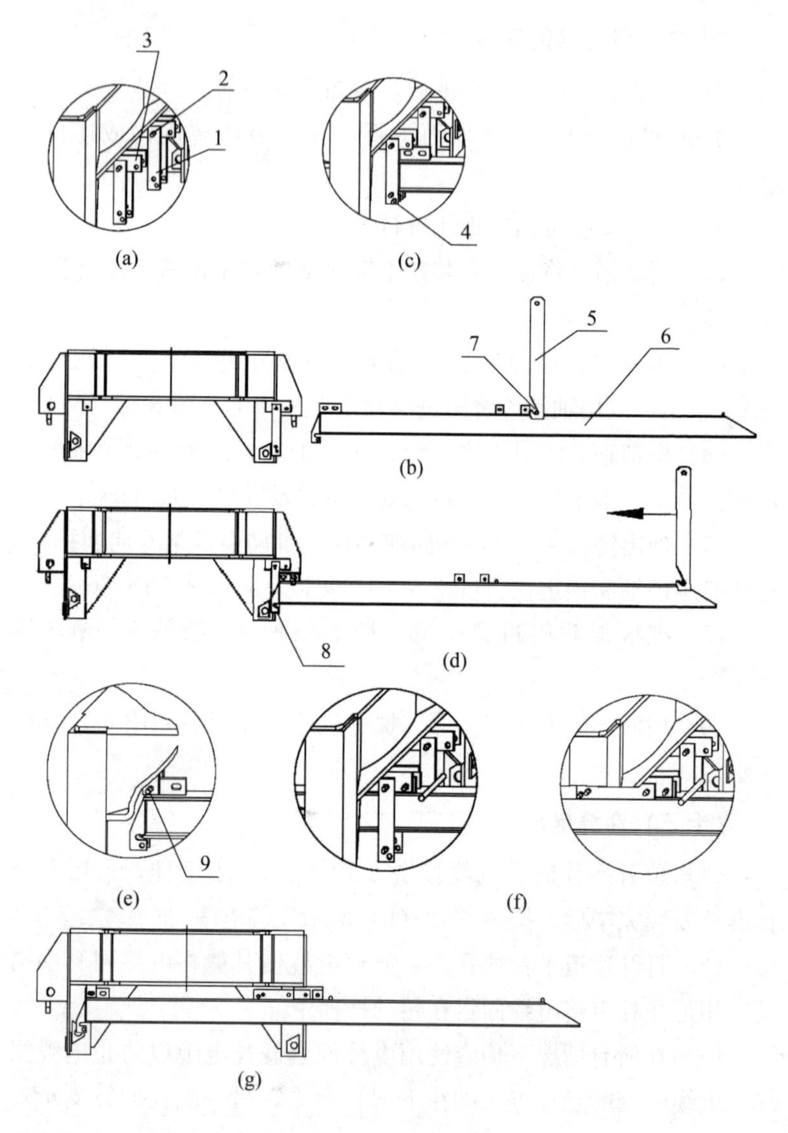

图 6-18　引进梁的安装

注意！

根据顶升加节的高度来确定增加延长电缆的长度，不可一次增加过长的电缆。弯曲或盘在一起的电缆将会形成电感。从而，增加电压和无功损耗，降低功率因数、增大电流和电压降，从而使电机严重发热，造成电气元件损坏，导致频繁跳闸等现象的发生。

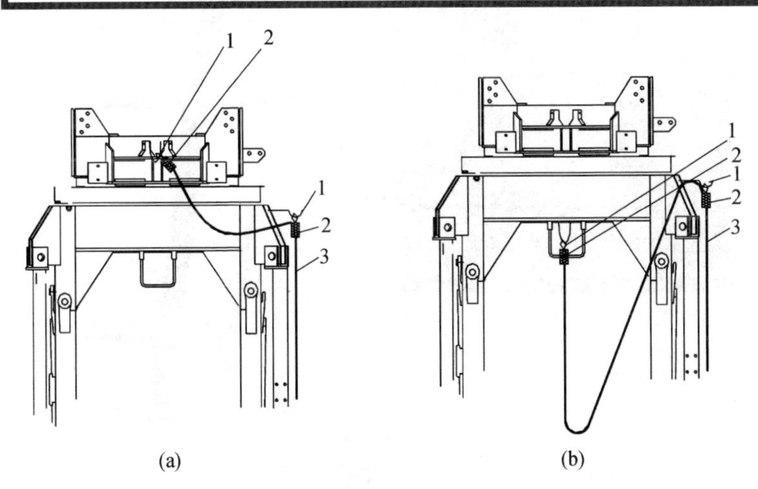

图 6-19　穿绕电缆

1—电缆挂钩；2—电缆网套；3—电缆

（4）安装电源电缆时注意：与电缆一起安装一根保护电缆的镀锌钢丝绳，直径 5mm，与塔吊等高。用法如下：钢丝绳一端打卡扣［图 6-20（a)］与电缆挂网一起挂在下回转的钢构上，每隔 10m 用卡扣打一个环如图 6-20（b)，用尼龙扎带把回转到地面的全部电缆固定在此环上［如图 6-20（c)］，把电缆质量均匀分布在钢丝绳上，让钢丝绳来承担电缆的质量，保证电缆不受拉损坏。当高度超过 100m 时，每 100m 钢丝绳需要与塔身节固定一次，以保证质量均匀分布。

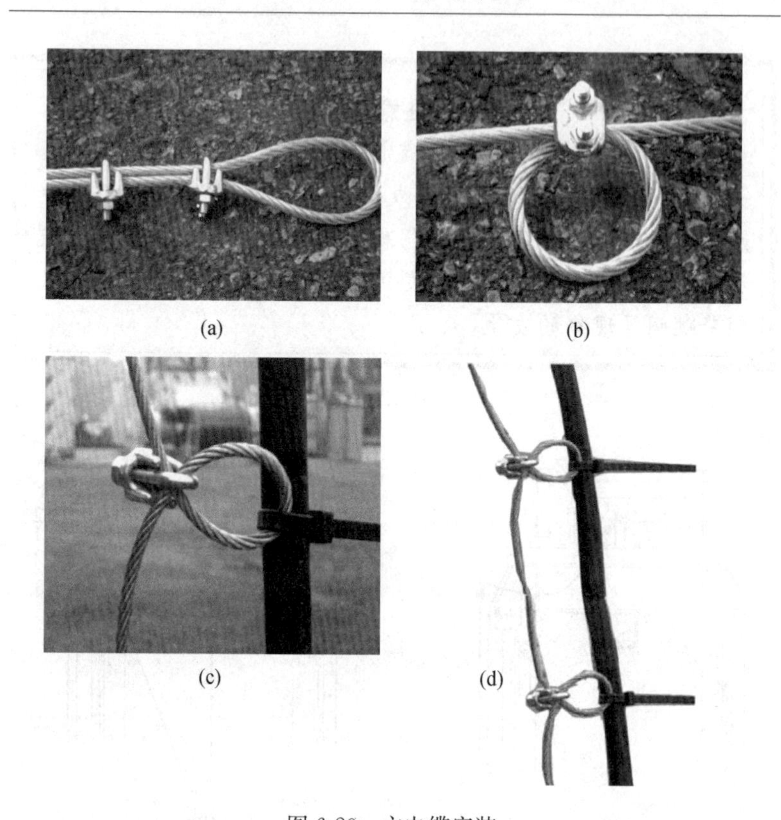

图 6-20　主电缆安装

（十四）开口销的安装方法（图 6-21）

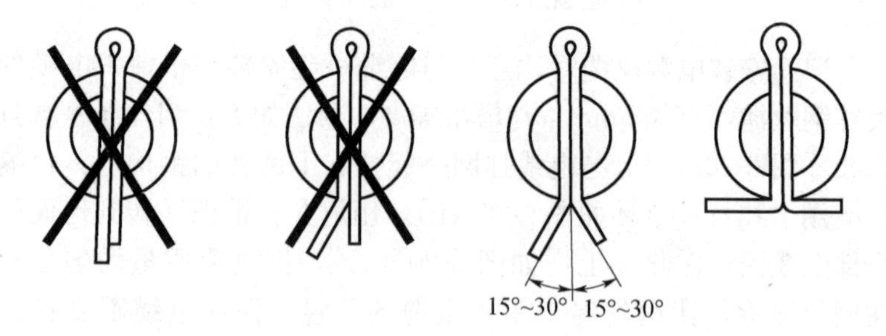

图 6-21　开口销安装方法

（十五）拆卸钢丝绳及配重臂上压重

（1）滑轮组降落在场地上。

（2）拔下臂架头部旋转支座及钢丝绳楔套连接处的销子。

（3）若配重臂压重与臂架不能用汽车吊拆下，起重绳必须绕在卷筒上。反之，则将其存放于绳轴上，拆卸过程中要检查一下钢丝绳是否有损坏现象。

（4）按拧紧的相反程序，用汽车吊或卷扬机构拆下配重臂配重，在配重臂上保留一块配重。

（5）使小车开到臂根处。将小车固定在臂架上后卸下前后钢丝绳的连接销。将后绳绕在小车卷扬卷筒上，卸去前绳。

（6）切断电源，卸去电缆。

（十六）拆卸臂架

1. 拆塔需要的汽车吊，其特性要求同立塔所用的汽车吊是一样的，汽车吊不仅用于拆卸臂架，还要用来拆卸整个塔，拆臂架可分为三个阶段进行。

（1）根据标点起吊。

（2）使用起升卸除拉杆。

（3）在吊点处，用两根 8m 钢丝绳吊索起吊臂架。

（4）保证对拉杆起支撑作用的支架处于正确位置，将臂架略微吊起，以松开拉杆。

（5）操纵起升机构缓慢地放松钢丝绳，直至两拉杆落于臂架上弦杆的支架上。

（6）起吊臂架将臂架降到地面上。

（7）拆下配重臂上的一块配重。

2. 若汽车吊的吊载能力不够，可分两步拆下臂架：

（1）吊臂架头部，卸下拉杆销子，将头部置于地面。

（2）吊臂架根部，将整个臂架平置于地面。

（十七）拆卸平衡臂方法

切断卷扬机构的电源电路并拆下电缆。

1. 拆卸卷扬平台（可根据实际需要选择）

用三根 4m 吊索吊起卷扬机构，吊索用 3 只铁环固定在卷扬机构底架上的吊环上。拆下平台在配重臂上的四个固定销。吊起起升机构底架，将其置于场地上。

2. 卸配重臂

（1）用一根 8m 钢丝绳中间对折或两条 4m 吊绳，固结在配重臂上，起吊配重臂。

（2）稍微提起配重臂，使拉杆松弛，以便将拉杆同塔尖双联板连接的销轴拆下来。

（3）拆除销轴直至拉杆置于配重臂上。

（4）将配重臂与塔尖间的人行通道吊起拆下。

（5）拆下配重臂连接销，并将配重臂放到场地上。

注：配重臂的拆卸前，准备一根绳索用以引导配重臂下落。

（十八）拆卸塔尖、回转支承、基础节及顶升套架

（1）检查相邻的两个组合件，电缆必须拆除。

（2）吊索尽可能短地绕过塔头轴，拆下顶升套架与回转支架上的销轴和回转支架与过渡节上的销轴，同时将套架锁在过渡节上，吊起塔头与上下回转支座，然后将其置于地面。

（3）将顶升横梁上与油缸连接的销轴取下，将横梁与挂靴固定于过渡节与基础节上的销轴取下，吊起过渡节放于地面。

（4）用两根 8m 吊索，绕在鱼尾板销轴上，拆下基础节。

（5）拆下压重与底架的横纵梁。此时整机全部拆卸完毕。

二、示例 2（小车变幅、拉杆式、活动塔尖、内套架顶升结构）

仅展示与示例 1 不同的安装位置和方法。

(一)安装底部标准节(塔身节)

(1)底部标准节的型号及数量根据说明书及特定使用计划确定。

(2)一般可安装1个或2个标准节。

(3)底部标准节下方用8个$\phi60$销轴连接于特定的基础结构上。

(4)按说明书将标准节片段拼接完整。

(5)吊点为标准节上方四角的主弦杆销轴孔。

如图6-22所示。

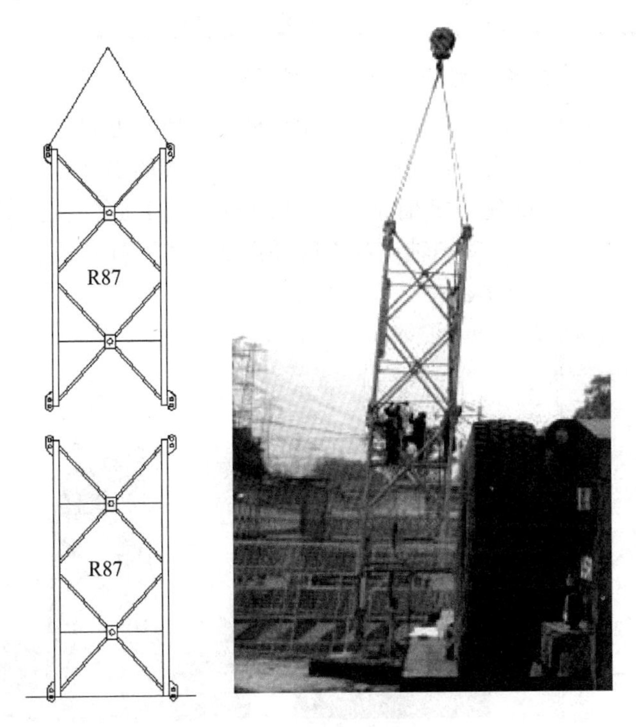

图6-22 安装底部标准节

注意!

不同塔机标准节连接副形式不同。销轴往往安、拆困难，应采取提前加铅粉或清理、拆卸前加除锈剂或机油等方式减小拆卸困难程度，实在难以拆卸时可以用气焊适当加热，但不得采取破坏行为。螺栓连接的应严格查看说明书中对扭矩的要求，严格加垫防松垫片或安装防松装置。任何连接副因特殊环境腐蚀、周边障碍等原因造成确实无法拆卸时，可采用气割方式拆卸，但需气割人员技术过关，气割时尽量做到不破坏标准节主结构。

（二）安装滑动底座（亦称十字梁）

（1）确保滑动底座的活门面对爬梯通道所在方向。

（2）吊点为梁上表面的 4 个与内塔身连接的销轴孔。

（3）滑动底座下放时活动牛腿应收回，下放到位后转出牛腿，用 8 个专用临时销轴连接于底部标准节主弦杆耳板上。

如图 6-23 所示。

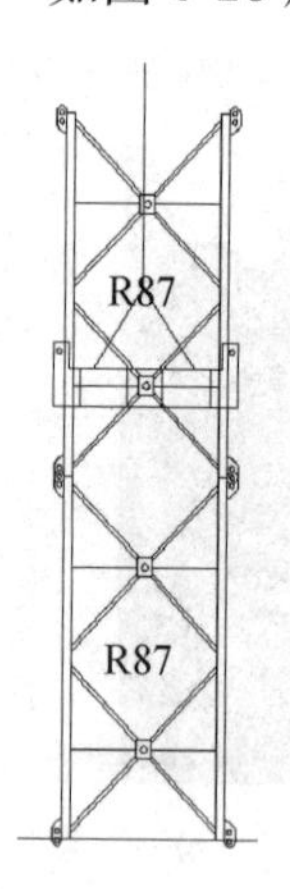

图 6-23 安装滑动底座

（三）安装内塔身节（亦称爬升节、内套架）

（1）内塔身节下端4处耳板与滑动底座上方的4处耳板用8个ϕ60销轴连接。

（2）吊点为内塔身节上方四角的主弦杆销轴孔。

如图6-24所示。

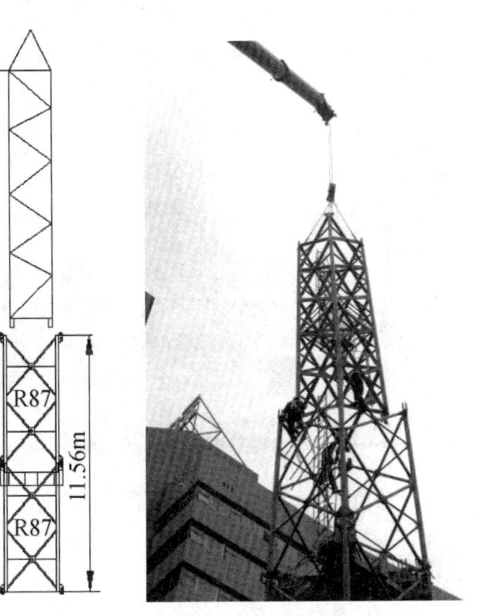

图6-24　安装内塔身

（四）安装顶升套架

（1）顶升套架下端4角的耳板用8个专用临时销轴连接于底部标准节上口的主弦杆耳板上。

（2）吊点为顶升套架四角处。

（3）安装顶升爬梯（即爬带），上下爬梯连接方式如图6-25所示，销轴的头部必须位于内塔身节的外面，销轴端盖是靠弹性圆柱销轴来定位的。

（五）安装回转总成及操作室节

（1）回转总成、操作室节以及操作室，一般为整体吊装，若

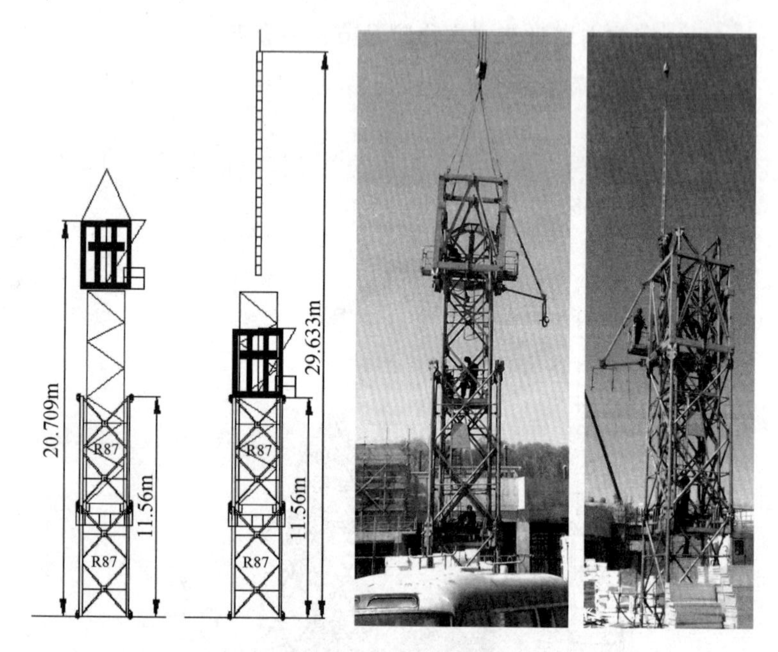

图 6-25　安装顶升套架

因辅助起重设备能力限制，可分部吊装。

（2）操作室节吊点在操作室节上端耳板上，回转总成吊点也在上端耳板上，吊装时应在吊物上挂一根尼龙绳，以便在吊装过程中控制吊物姿态。

（3）回转总成下端 4 处耳板用 8 个 $\phi60$ 销轴连接于内塔身节上端的 4 处耳板上

（4）将顶升爬梯销紧在回转总成下端的耳板销轴孔上。

如图 6-26 所示。

（六）安装活动塔尖（又名 A 字架）

吊点为塔尖上部，提升到位后，塔尖缓缓向塔机前方下落，使塔尖下端销轴孔对正操作室上端支座上的销轴孔，装入销轴并用开口销锁住。塔尖向前倾斜到位时，即用连杆把塔尖拉接在操

图 6-26　安装回转总成及操作室节

作室节上，连杆两端用连接件连接在预置铰点上。

如图 6-27 所示。

(七) 安装平衡臂

如图 6-28 所示。

1. 平衡臂一般可整体吊装，若受辅助起重设备能力限制，可分解为平衡臂根部节、平衡臂端部节总成、配重支架、起升机构。

2. 平衡臂总成内各部分的拼装及挡风板配置详见说明书。

3. 整体吊装方法如下：

吊点为平衡臂端部节上 4 个规定的预置吊点。将平衡臂从地面吊起，要注意吊物是否平衡。吊起后使平衡臂略向前倾斜，到位后，穿上上面的两个销轴，并用开口销锁住。下放平衡臂，以

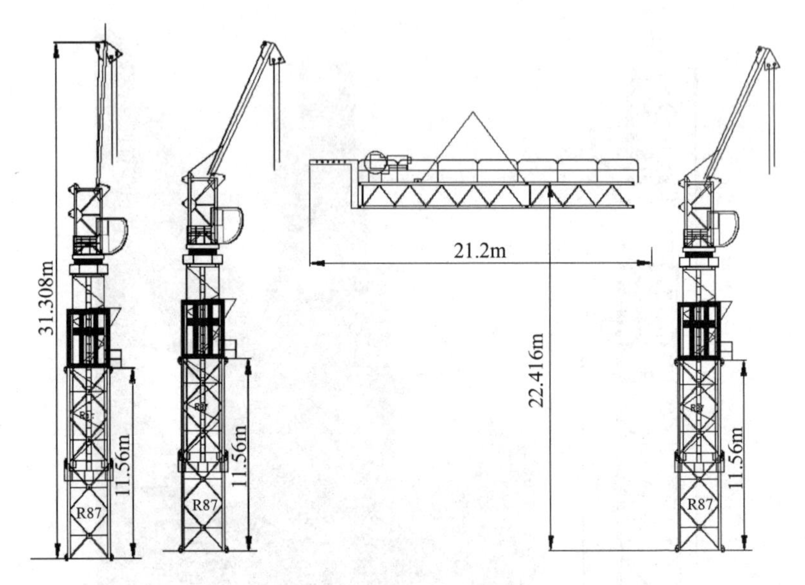

图 6-27　安装活动塔尖

便销上两个下销轴，并插上开口销。平衡臂安装就绪后，可拆除吊具。

4. 分解吊装方法如下：

（1）平衡臂根部的吊装

吊点为平衡臂根部节段的腹杆靠近节点处，试吊后应能够使平衡臂根部节段平稳且略微向前倾斜。注意在吊装前已安装上平衡臂连节横梁。吊装就位后先安装上部连接销轴，下放平衡臂根部节段后再安装下部销轴。安装开口销。拆掉吊具。

（2）平衡臂端部的吊装

吊点为平衡臂端部节段上前部的吊点以及起升机构托架吊点作为吊点。起吊后，注意检查是否平稳，并使平衡臂端部节段略微前倾。先安装两根上销轴，下放后，再安装两个下销轴。安装开口销，拆除吊具。安装两平衡臂段间的走道以及护栏。

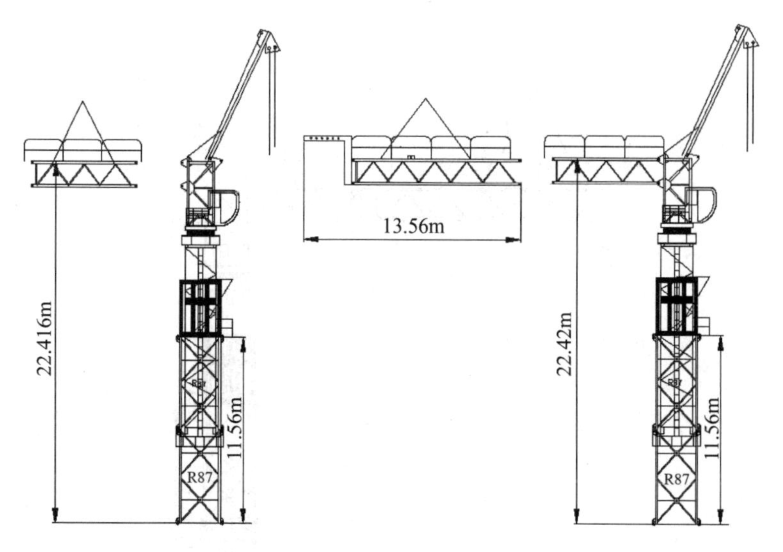

图 6-28　安装平衡臂

5. 起升机构（卷扬机）的吊装

吊点为起升机构上预置的 3 个吊点。吊装就位后，安装 4 个销轴将起升机构固定在平衡臂预定位置，然后拆掉吊具。安装连接平衡臂拉杆，安装张紧器并张紧拉杆。

6. 安装 1 块平衡配重块，1 块平衡配重块是指最前面 1 块配重块，如图 6-29 所示。

（八）安装起重臂

1. 起重臂一般可整体吊装，若受辅助起重设备能力限制，可分解为小车、起重臂架及拉杆，或将前拉杆以前部分臂架单独安装。

2. 起重臂总成各部分的拼装详见说明书。

3. 整体吊装方法如下：

吊点为起重臂上部节点处，起重臂重心位置见说明书。吊装就位后安装起重臂根部销轴与操作室节预置耳板连接。继续吊抬

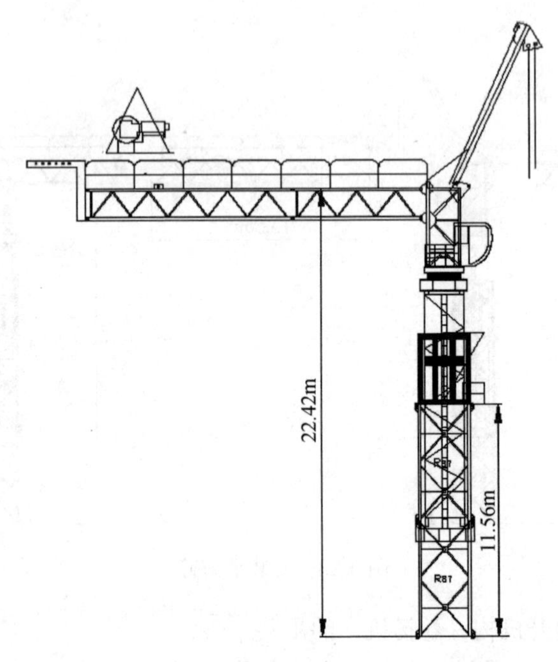

图 6-29　安装起升机构

起重臂，直到拉杆可以对接后用销轴连接。使用张紧器张紧平衡臂拉杆，抽掉拉杆销轴，将拉杆折回平衡臂一侧。张紧器继续工作，使塔尖向后倾斜，起重臂拉杆张紧。将平衡臂连接横梁与拉杆销连起来。拆掉张紧器。吊具暂不能拆卸，并使吊绳基本张紧，待平衡臂后部挂一块配重后，松开吊具，如图 6-30 所示。

4. 分段吊装法是指将起重臂从前拉杆前面的臂架段节点分开，先将前拉杆往后的起重臂段安装后，在吊装剩余起重臂段并做空中对接，如图 6-31～图 6-33 所示。

5. 起升钢丝绳的缠绕方法详见说明书。

（九）安装剩余平衡配重块

（1）平衡配重块的型号、数量及安装排列顺序见前文或说

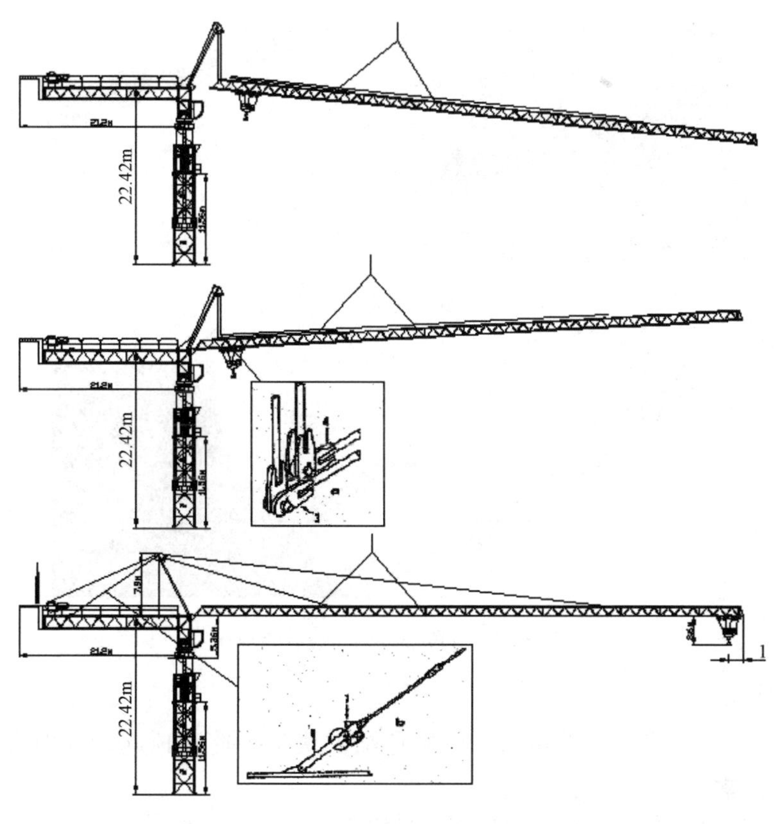

图 6-30 起重臂整体吊装

图 6-31 分段安装——先装 30m

图 6-32　分段安装——再装 25m

图 6-33　分段安装——最后装 15m

明书。

（2）吊装配重块时，应避免配重块将平衡臂顶起，否则很危险。

（3）注意安装好配重块锁紧装置，如图 6-34 所示。

三、示例 3（小车变幅、平头式塔机）

仅展示回转以上与示例 1、示例 2 不同的结构安装方法。

（一）安装塔头（操作室节）

在地面上将塔头组装完毕，选择好吊点，将塔头垂直吊起放入回转上支座的耳座中（注意塔头的安装方向：即司机室与回转机构不在同一侧），然后在四个角分别打入螺纹销轴，用槽形螺母分别将螺纹销轴紧固，插入开口销锁定，如图 6-35 所示。

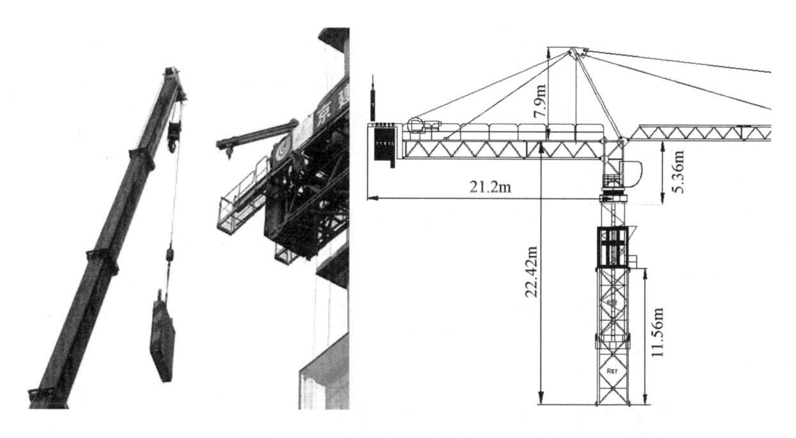

图 6-34　安装剩余平衡配重块

图 6-35　安装塔头（操作室节）

（二）起重臂及平衡臂的安装

平头式塔机没有拉杆，均为较短臂架段组成的刚性桁架，故在安拆顺序及分段吊装上有更大的选择空间，单段臂架质量相对较轻。

不同塔机，臂架组合方式及各臂段、配重的安装顺序不同，以各塔机说明书为准。参见图 6-36。

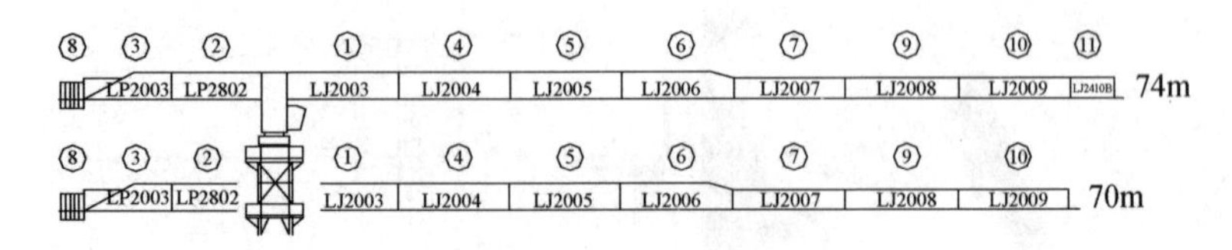

图 6-36　各臂架、配重的安装顺序

注意事项：

（1）臂架及平衡臂的安装不能间断，因此要求在安装前确保平衡重已全部就位。

（2）保证变幅小车必须始终固定在第一节臂上。

（3）必须按以上顺序进行安装，平衡重的安装见“平衡重的安装”。

（4）最后一步是将其余平衡重全部安装至平衡臂尾部。

（5）从事这项工作的装配人员在操作时必须系好安全带。

（6）在空中进行臂架及平衡臂的安装，风速不得大于 7m/s。

（7）当塔机臂长为 40m、35m、30m 时必须去掉平衡臂上的风标牌，以免影响塔机尾吹风。如图 6-37、图 6-38 所示。

注意！

平头塔机因臂架自重相对较重，以及臂架宜于分段安装，一般说明要求的安装顺序需要对塔机前后分别几次吊装，当塔机所在场地无法自由回转，尤其是当塔机沿建筑侧面拆除时，需附着起重机挪车、支车多次，此时，切勿为了节省挪车环节、盲目抢工，而违反说明书中对臂架及配重块的安装顺序，否则可能出现塔机倾覆事故。

（三）平衡臂配重块的安装

（1）根据臂长选择配重组合及安装位置，见配重组合表；

（2）借助配重块提升钩 A，用辅助吊车将配重块安装至平

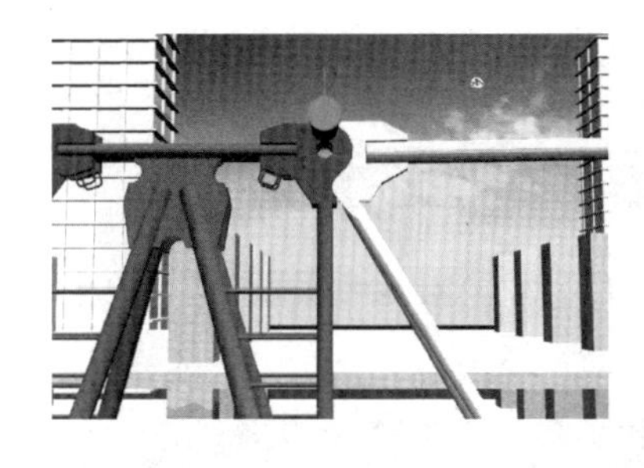

图 6-37　臂架吊装示意图 A

衡臂；

(3) 当配重块在平衡臂上就位后，绕圆钢 B 件转动，使圆钢 D 件停止在挡板 C 件上；

(4) 检查配重位置是否正确。

注意：必须保证圆钢 D 件与挡板 C 件接触。

如图 6-39 所示。

(四) 维修吊臂（俗称副卷扬）的安装

1. 将维修吊臂用高强螺栓与平衡臂支座固定；高强螺栓紧到预紧力矩。

2. 将维修吊臂转动一个合适位置，用销轴将其锁定；防止吊臂随意转动。

3. 使用方法：(1) 维修吊臂主要是用来吊装起升电机；(2) 根据被吊重物位置旋转吊臂，通过收放起升钢丝绳吊取重物；(3) 钢丝绳长度根据实际情况用户自备，如图 6-40 所示。

四、示例 4（动臂变幅塔机）

仅展示回转结构以上与示例 1、示例 2、示例 3 不同的部分。

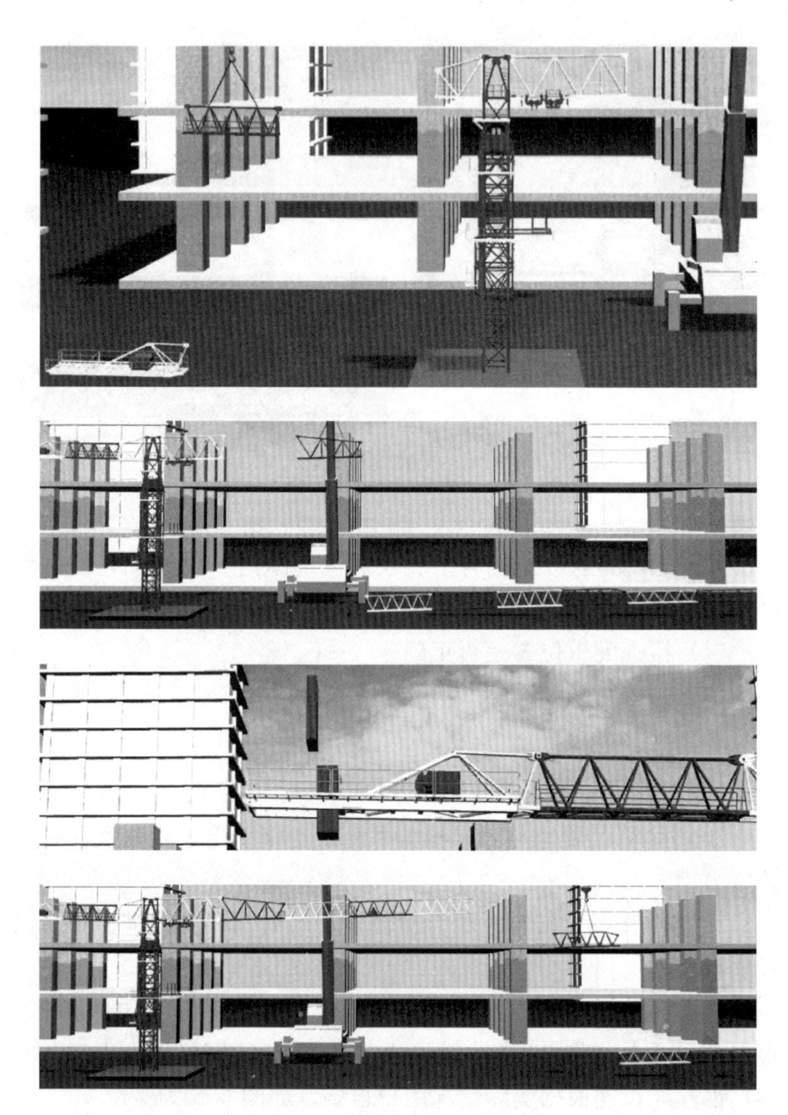

图 6-38　臂架吊装示意图 B

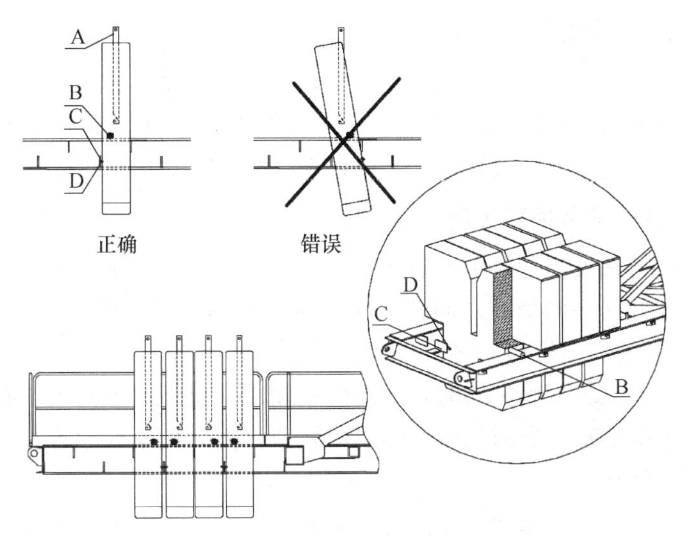

图 6-39　平衡臂配重块的安装

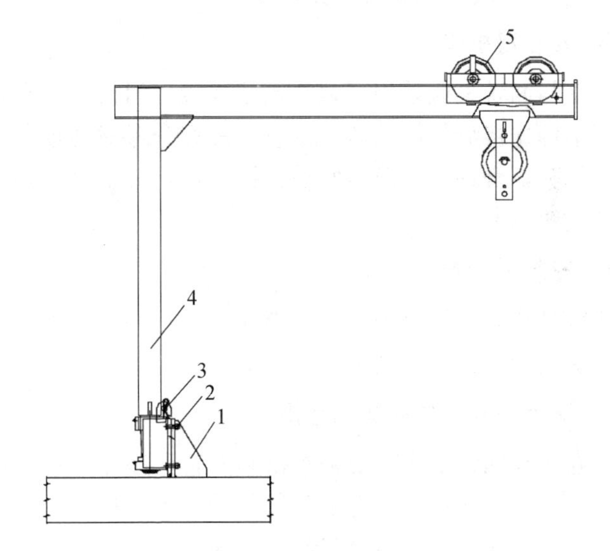

图 6-40　维修吊臂（俗称副卷扬）的安装

1—平衡臂支座；2—高强螺栓；3—销轴；4—维修吊臂；5—滑轮

（一）安装回转下座

如现场安装用的辅助吊机较大，安装时可将回转下座、回转平台和回转齿圈在地面组合好后一起安装；若现场辅助吊车较小，也可先安装回转下座和平台，再安装回转齿圈。

（二）安装回转上座

（1）在安装回转上座前先将回转上座及对应的平台安装在地面组装好后一同吊装。回转上座与回转支承之间采用 90 支 10.9 级 M36 的高强螺栓连接。

（2）安装回转上座时，在回转驱动减速机下方死角处，有无法安装的螺栓，此时需使回转驱动减速机离开死角处螺栓孔，再将该处螺栓预紧。

注意：安装上回转之前需要安装回转平台、平衡臂平台（扶手），以便安装人员安装回转螺栓。

（三）安装司机室

司机室与回转上座采用高强度销子连接，司机室可在地面与回转上座结构连接后整体吊装。注意，需充分考虑现场条件及辅助起重机能力，合理制定回转制作、操作室是分解吊装还是整体吊装。参见图 6-41。

（四）安装平衡臂

平衡臂吊装并将接口销轴孔（螺栓孔）与回转上承台上的接口对正，安装销轴及开口销组，参见图 6-42。

（五）安装起升卷扬和变幅卷扬

起升卷扬和回转上座、变幅卷扬和回转上座之间各通过 4 支高强度销子连接，司机室和卷扬安装好后，把司机室的电气部分连接好，把起升卷扬机、变幅卷扬机、回转部分液压管路连接好，方便安装后续部件时，配合吊车吊装其他部件。预装平衡配重块数量严格执行说明书要求，参见图 6-43。

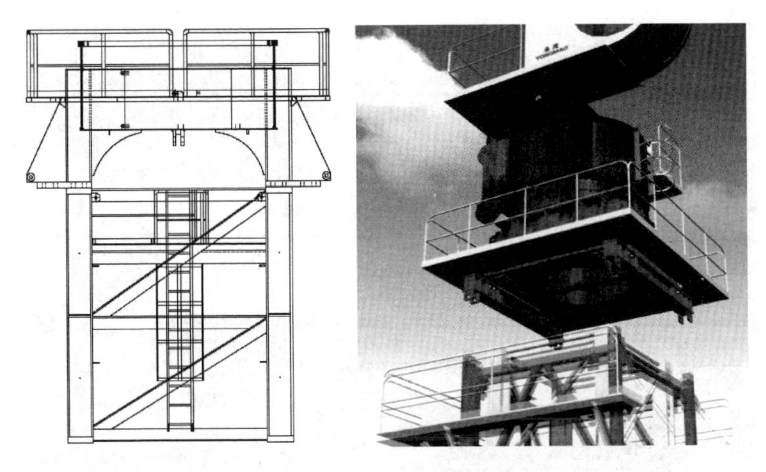

图 6-41 回转支座、操作室的安装示意图

图 6-42 平衡臂安装示意图

（六）安装 A 塔（A 字支架）

A 形塔安装前需在地面整体拼装完毕，整体吊装。A 形塔拉杆与压杆之间通过 2 支高强度销子连接，A 形塔与回转上座之间通过 4 支高强度销子连接，参见图 6-44。

（七）安装起重臂

首先在地面组装起重臂，起重臂共分 7 节，总长 63.8m，每节之间通过 4 支高强度销轴连接。再次把起重臂拉索、笼头、临

图 6-43　起升卷扬和变幅卷扬安装示意图

图 6-44　安装 A 塔（A 字支架）示意图

时拉臂钢丝绳、吊笼安装好，固定在起重臂上。

起重臂组装好后，要有一定的倾斜角度吊装，起重臂上吊点为吊耳处。参见图 6-45。

图 6-45 起重臂安装示意图 A

安装起重臂：起重臂根部与回转上座之间通过 2 支高强度销轴连接，销轴连接好后，指挥安装吊机起钩，使起重臂以起重臂根部销轴为中心，旋转一定角度（15°左右），把临时拉臂绳一端固定在 A 形塔顶部，然后摘掉安装用的起重机的钩头，参见图 6-46。

（八）安装配重块

配重块共有 5 块，共计 60t，钢板材料。配重块安装从内向外安装，即从靠近 A 形塔拉杆端向外安装，配重块安装好后，必须固定牢固，以防止配重块晃动。

（九）穿绕变幅钢丝绳

变幅钢丝绳从变幅卷扬机引出，经 A 形塔顶部的滑轮，在 A 塔顶部的滑轮组和笼头滑轮组之间来回 6 倍率穿绕，变幅钢丝绳为 ϕ36mm。然后用起升钢丝绳经起重臂后拉回至 A 形塔顶连接于滑轮，用起升机构回收操作将变幅滑轮组拉至起重臂上，再将变幅钢丝绳与变幅滑轮组连接后，通过回收变幅机构将变幅钢丝绳组拉直，参见图 6-47，图 6-48。

图 6-46 起重臂安装示意图 B

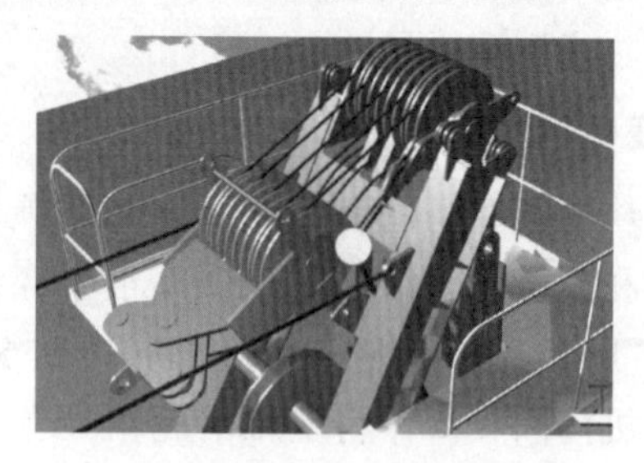

图 6-47 塔顶滑轮穿绕方法

图 6-48　穿绕变幅钢丝绳方法

（十）穿绕主吊起升钢丝绳

起升钢丝绳从起升卷扬机引出，经起重臂上的托辊、前导轮、荷重轮、起重臂前端部的滑轮经过吊钩滑轮引回起重臂前部，并通过楔形接头固定在起重臂前部的万向接头处，起升钢丝绳2倍率穿绕。起升高度超过200m时，改为单倍率穿绕。参见图6-49。

图6-49　穿绕主吊起升钢丝绳

（十一）连接电气线路和液压油路

各部件安装好后，开始连接电气和液压相关线路和油路，并安装和调试各种安全保护装置，调试好后，即可进行吊装工作。

第二节　超高层爬升塔机拆除吊装方法

一般情况下，当建筑物超过200m以上时，往往采用爬升式塔机，尤其是近年来越来越多的高达500m以上的建筑，采用外附着式塔机已经因塔身极限和成本问题而无法实施，故采用架设于建筑体上的爬升式塔机成为唯一选择，并且此时采用的塔机一般为巨型塔机，最大起重力矩动辄达到几千吨米。爬升式塔机不能像附着式塔机那样自行降落到贴近地面后再用一般辅助起重机拆除，本节讲述该类塔机的拆除吊装方法。

一、拆除吊装基本原理

（一）基本流程

待拆爬升式塔机的建筑施工完工后（一般在楼顶上端），以自身作为辅助起重机 A，在自身旁边安装一台小于自身最大起重力矩级别的塔机 B→以塔机 B 作为辅助起重机，拆除塔机 A→以塔机 B 作为辅助起重机，在自身旁边安装一台小于自身最大起重力矩级别的塔机 C→以塔机 C 作为辅助起重机，拆除塔机 B→以塔机 C 作为辅助起重机，在自身旁边安装一台小于自身最大起重力矩级别的塔机 D→以塔机 D 作为辅助起重机，拆除塔机 C→（同样循环，直到起重机可以被轻型桅杆起重装置拆除时）以塔机 D 作为辅助起重机安装轻型桅杆起重装置→以轻型桅杆起重装置为辅助起重机拆除塔机 D→人工拆除轻型桅杆起重装置后通过施工升降电梯运至地面。

（二）基本原理演示

1. 例：1 台最大起重力矩为 6500kN・m（650t・m）爬升式塔机的拆除演示以下步骤。

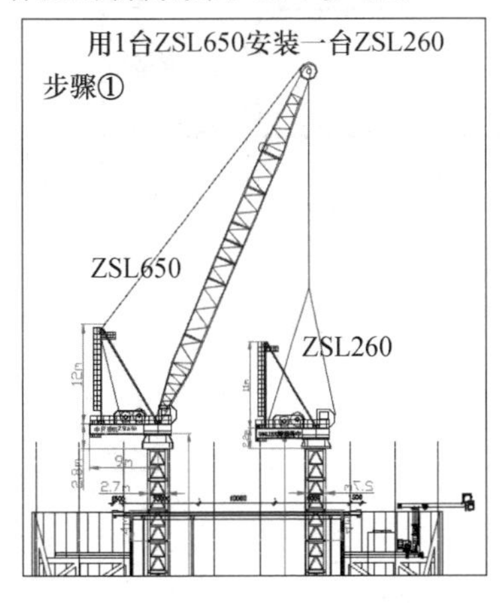

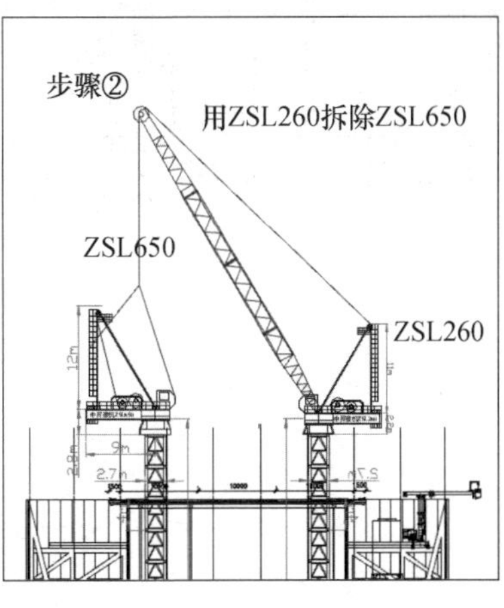

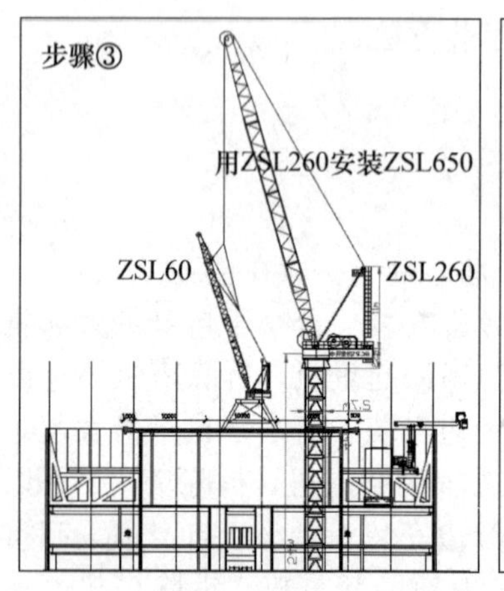
步骤③
用ZSL260安装ZSL650
ZSL60
ZSL260

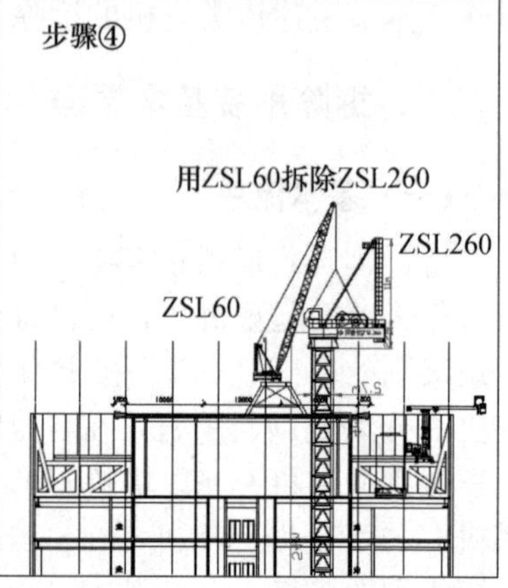
步骤④
用ZSL60拆除ZSL260
ZSL260
ZSL60

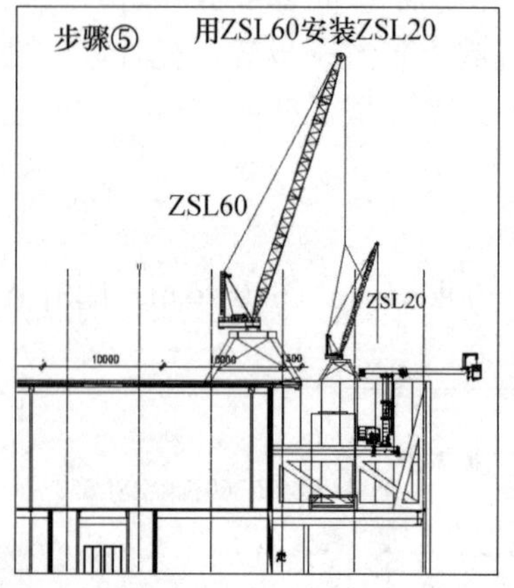
步骤⑤
用ZSL60安装ZSL20
ZSL60
ZSL20
10000

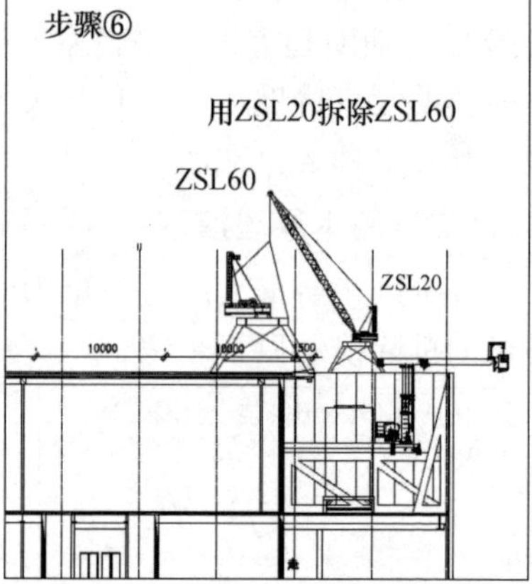
步骤⑥
用ZSL20拆除ZSL60
ZSL60
ZSL20
10000

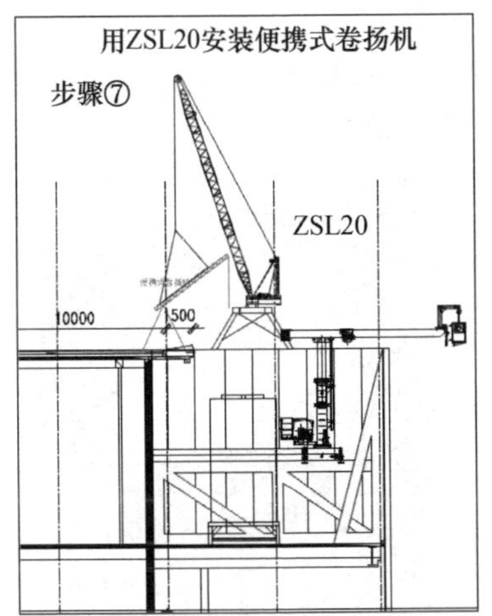

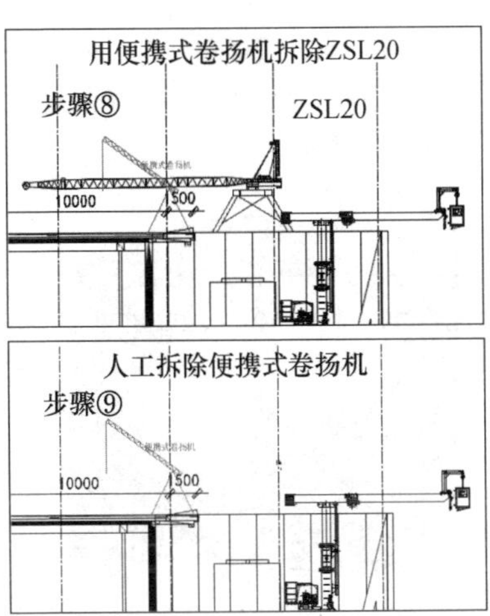

2. 例：1台最大起重力矩为25000kN·m（2500t·m）爬升式塔机的拆除演示。

步骤①：用M1280D塔吊拆除M440D塔吊并安装C7050塔吊。

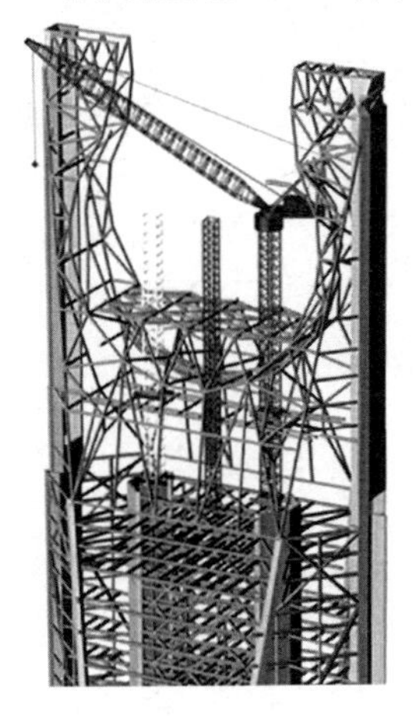

步骤②：用C7050塔吊拆除M1280D塔吊。

步骤③：用C7050塔吊在F97层天桥上安装两台桅杆式起重机并安装月亮门跨中构件。

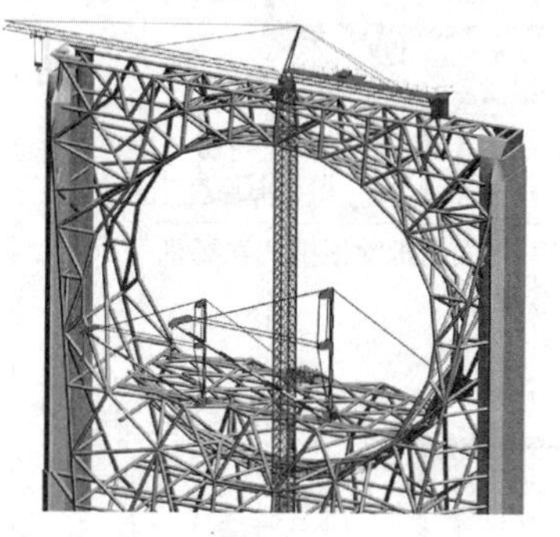

步骤④：C7050塔吊降至F97层以下，然后用30t桅杆起重机拆除C7050塔吊。

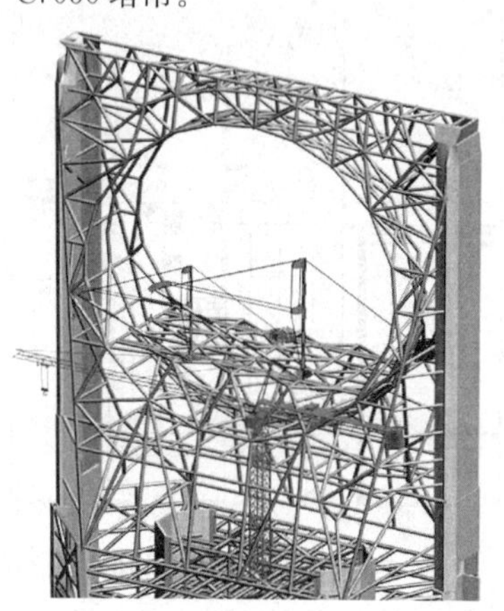

步骤⑤：用30t桅杆式起重机拆除C7塔吊，最后用顶部擦窗机拆除10t桅杆起重机。

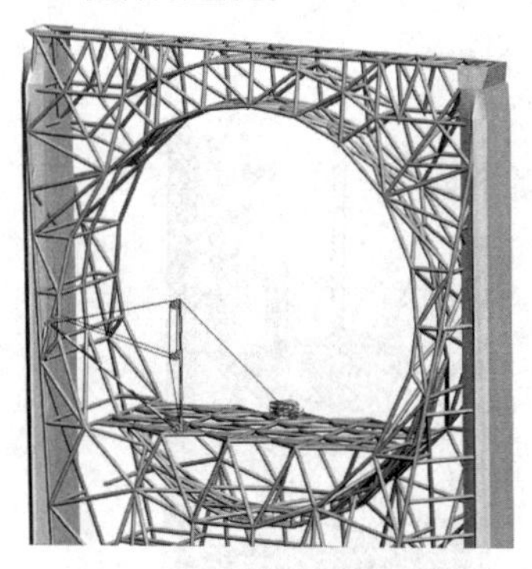

二、此类拆除吊装方案的特点

（1）高空作业，风险高；

（2）循环安拆，流程复杂，工期漫长，作业成本巨大；

（3）受现场条件限制，现有辅助起重机限制较多，方案设计考虑因素较多；

（4）涉及多次非标塔机基础设计，技术难度较大。

三、吊装方案设计要点

此类吊装方案应由技术人员设计并在塔机安拆方案中出示，作为安拆工，只需了解其基本概念及照方案执行。

（一）辅助起重机类型的选用

辅助起重机类型可以选用标准分类中塔机，也可采用专用的屋面吊、专用起重设备，原则上对采用何种类型的辅助起重机没有绝对要求，可根据实际情况选用。起重小车变幅塔机因为其高度在使用中无法变化，若采用此类起重机将只能在此吊装方案中出现顶升、落节操作，较为麻烦，而采用动臂式塔机一般可通过动臂俯仰运动变化高度，一般可以省去顶升、落节环节。参见图6-50、图 6-51。

图 6-50　屋面吊

图 6-51　辅助动臂塔机循环拆除

（二）辅助起重机级别的选用

每次的下级辅助起重机一般要比上一级起重机小 2～4 倍，具体机械选用应根据两台起重机之间的水平距离和高差来计算选用，没有绝对定论。

（三）辅助起重机基础的设置

辅助起重机的基础一般均为非标类型基础，因楼顶条件所致，需要专业人员依据多学科技术理论进行设计。一般超高层塔机会同时使用多台塔机，可以先用塔机之间互拆，争取最后剩余1台塔机，再考虑如果有可能，可以先利用被拆完的塔机塔身作为几次辅助起重机的临时基础基座。

第三节　塔机拆卸可行性的注意事项

塔机拆卸可行性主要只在特定现场环境下，通过对建筑本身及周边环境的审查，最后确定塔机以最优方式拆除方案。即：能自行降落的则降落，不能降落到最低的尽量降低到一般辅助起重机可以拆卸的位置，实在不能降落到理想高度的，考虑按超高层塔机拆除方式或其他非常规拆除方式。

（一）职责分工

塔机拆卸可行性分析的责任不在塔机安拆工，是由专业技术人员负责并在塔机安拆方案中阐述，但作为塔机安拆工，应注意以下几点：

（1）大多塔机的顶升（落节）方向是固定的，塔身节一旦安装后无法再改变顶升方向，即使是少量中央顶升的塔机，虽然塔身节四个方向相同，但其顶升结构一般也有方向性，一旦安装方向错误，当建筑完工，可能造成塔机无法按平行于建筑边缘的方形降落，故塔机安拆工从塔机安装初期开始，应严格按照塔机安拆方案中的方向安装塔身节及顶升结构。

（2）事实上，纯技术人员编制塔机安拆方案中，往往因对现场考虑不足或是经验不足，造成对塔机可拆除性分析不足，故安拆工在塔机安装前有必要观察周边环境，若发现塔机拆除时有问题应及时通知技术人员。

（二）注意要点

（1）对于安装于较高建筑外侧的塔机，应注意塔机顶升方向应平行于建筑侧面，保证塔机可以在建筑完工后自行降落。若因周边有障碍无法选择适宜顶升方向，应考虑好其他拆卸方案。

（2）对于安装在建筑内的塔机，应提前考虑好在建筑高度影响下，可否通过外围辅助起重机拆除，若不能，则要按超高层循环拆除方法拆除。

（3）应提前充分审查塔机降落时起重臂下的所有障碍物，包括原有的和未来可能出现的。

（4）应提前充分考虑塔机拆除时的作业现场，预定好拆塔机用的辅助起重设备的支放场地。尤其是塔机拆除时涉及的落塔后因塔机无法自由回转而发生与装塔时不同的工况，需要辅助起重机大范围吊装作业。

（5）提前考虑好拆塔机时塔机部件吊下来后是否有充足场地放置及拆解，尤其是拉杆式塔机的起重臂长度较长，对落地场地要求较高。

第四节　塔机顶升程序和方法

一、示例 1（外套架顶升结构）

（一）准备工作

1. 顶升部件的安装

（1）首先安装油缸、泵站，然后利用油缸将顶升套架顶起并用螺栓、螺母与下回转连接，安装顶升横梁、顶升挂块。如图 6-52 所示。

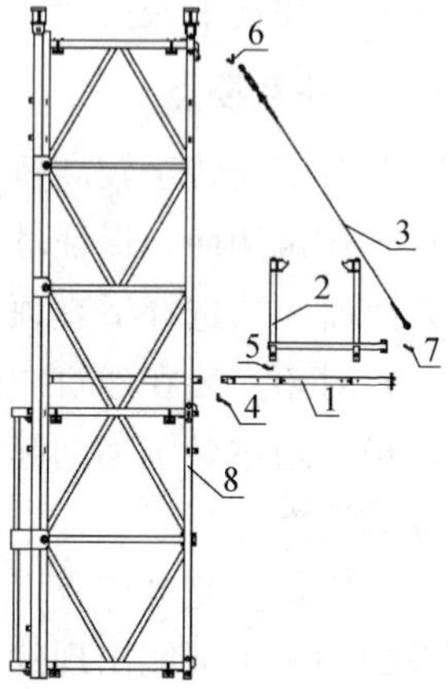

（2）引进梁的安装。

（3）引进梁安装可以在空中进行。（在加节前）

（4）引进梁安装也可以在地面进行。（在安装套架之前）

（5）用销轴 4 将引进梁 1 安装在套架 8 上。

（6）用销轴 5 将引进小车 2 固定在引进梁 1 上，再用销轴 6 和螺栓 7 将拉绳 3、引进梁 1 和套架 8 连接起来。

图 6-52　顶升套架结构

1—引进梁；2—引进小车；3—拉绳；4～7—销轴；8—顶升套架

2. 检查工作

（1）检查顶升辅助装置的安装并使液压机构处于使用状态。

（2）检查顶升套架是否与下支座连接好。

（3）检查引进梁和引进小车是否安装好。

（4）检查顶升横梁是否与油缸用销轴连好并检查顶升挂块是否吊在顶升耳座上。

3. 作业人员站位

（1）顶升结构上最少应有 7 人，5 名塔机安拆工、1 名信号工、1 名司索工，其中 4 人看管四角接口处及其他连接装置操作，1 人操作液压泵站。有的塔机因结构复杂或结构庞大，需增加人员分别操作各环节的机械装置，减少人员上下跑动。

（2）“塔司”1 名；地面上负责起吊标准节的最少两人，1 名信号工、1 名司索工，如需拼装标准节还需适当人数的塔机安拆工。

（二）顶升配平

（1）塔机只能在将小车开到理论平衡位置后，才能进行下述操作。

（2）将液压泵站操纵杆推到“向上顶升”方向，向上顶升。直到回转支承的支腿刚刚离开标节主弦为止。

（3）检查塔机是否平衡，如不平衡移动变幅小车进行重新调整。

（4）可通过检验回转支承支腿与标节主弦是否在一条垂线，找到变幅小车的准确平衡位置。

（5）可将起重臂变幅小车的平衡位置在臂架斜腹杆上系布条作为标记（特别注意：该标记距离取决于起重臂长度，起重臂长度不同小车的平衡位置不同）。

（三）顶升加节

1. 顶升原理

（1）顶升程序包括一系列操作过程，这些操作过程需重复进行几次。

（2）用顶升横梁上的顶升油缸顶起塔机上车部分（顶升套架、回转结构及以上的塔机结构）。

（3）用顶升套架上的顶升挂块将顶起的塔机（上车）部分固定在塔身顶升耳座上。

（4）从顶升耳座摘下顶升挂块和横梁组件，并脱离顶升耳座，收回活塞杆，将组件提起。

（5）重新将横梁放到另一对顶升耳座上。

（6）为了获得标准节放进顶升套架所需空间，此顶升操作要重复五遍，顶升开始阶段活塞杆初行程为0.7m。

2. 加节

（1）在顶升加节前双滑轮架1和单滑轮架2与标准节4之间有间隙（一般为5mm）。如图6-53所示。

（2）调整螺栓3使双滑轮架1和单滑轮架2靠紧标准节主弦上。

注：可根据不同的标准节主弦来调整螺栓3。（在我们规定的

标准节范围内）当套架在折塔后或再次立塔前将调整螺栓 3，使其不影响套架的安装为止。

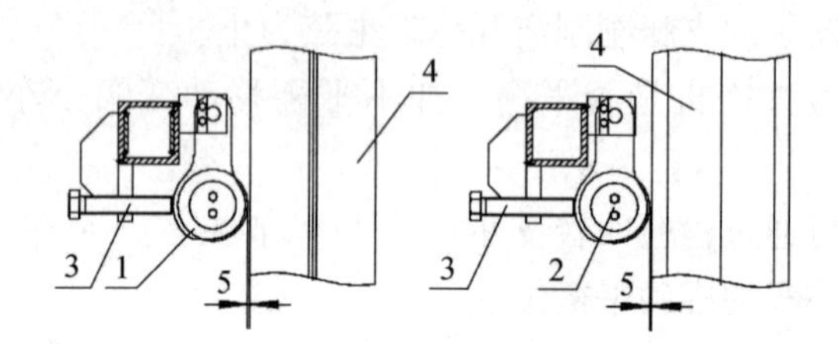

图 6-53　滑轮靠紧

1—双滑轮架；2—单滑轮架；3—螺栓；4—标准节主弦杆

—使限制杆 1 和板块 3 靠紧标准节 6 并用开口销 2 和弹簧销 5 紧固。如图 6-54 所示。

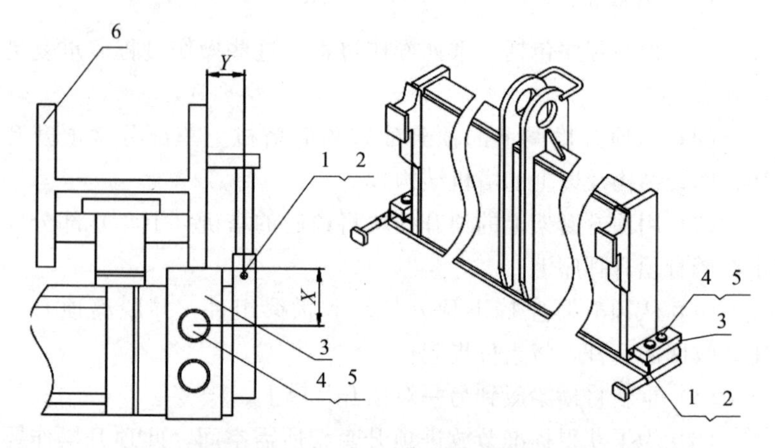

图 6-54　顶升横梁（爬抓）就位示意图

1—限制杆；2—开口销；3—板块；4—销轴；5—弹簧销；6—标准节

—用钢丝绳连接标准节 1，然后放到塔机引进小车 2 上。如图 6-55 所示将标准节 1 的横腹管放在引进小车 2 的转轴 5 上。

注：①转轴 5 可以旋转，必须使四个转轴 5 都在腹管上。②放上标准节时必须把支承梁 4 放在引进小车 2 上，直至标准节

与前一标准节连接后在拿下支承梁 4。

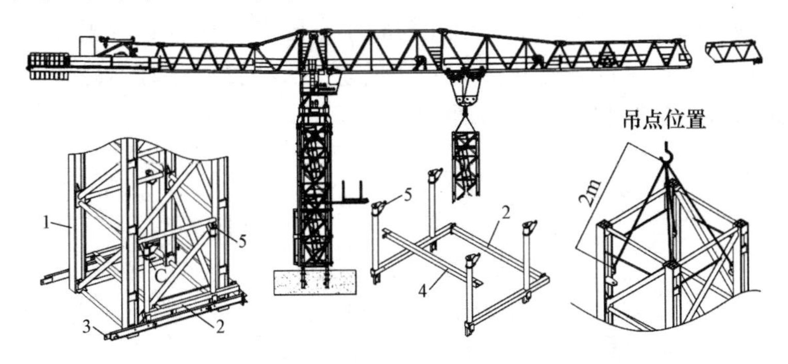

图 6-55　将第一个标准节吊到平台上

1—标准节；2—引进小车；3—引进梁；4—支撑梁；5—转轴

—使用者应根据实际情况，严格遵循顶升注意事项，将小车开到对应臂长平衡位置，使塔机到实际的平衡后再进行顶升加节。参见图 6-56。

图 6-56　塔机吊起第二个标准节调平衡

—拆下回转支座与标准节上的连接螺栓。用力推顶升横梁使其顶升挂块 14 挂在顶升耳座 12 上，启动油缸控制手柄，油缸将上车部分顶起，使回转底座的主弦与标准节上的主弦微微离开

5～10mm（图 6-57），观察塔机上部回转支座主弦是否与下面连接的主弦在一条直线上，以此校验小车的平衡位置是否正确。如不符合上述条件，应开动小车以调整平衡位置，此时不得使塔机做回转、起升和行走等运动。

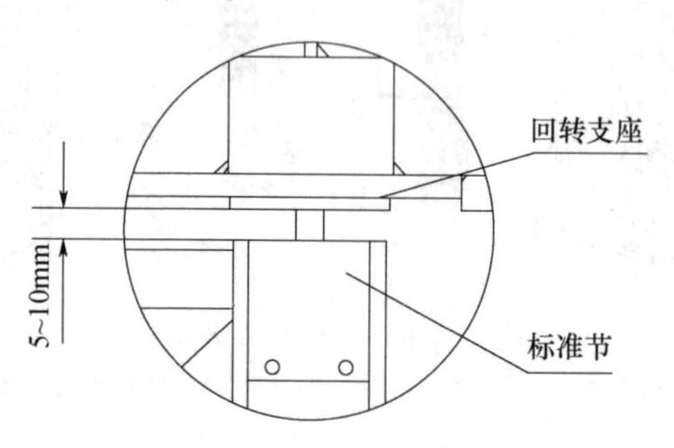

图 6-57　标准节与回转制作分离

—如平衡，继续顶升，顶到一个行程后，用顶升挂块 7 将顶起的部分固定在塔身顶升耳座 11 上。如图 6-58A。

—提起油缸使横梁与顶升挂块，同时用力推顶升横梁使其缓慢起升到一个行程，并使顶升挂块 14 卡在另一个耳座上。如图 6-58C。

—向上顶起一些使顶升挂块 7 离开顶升耳座 11，向外拉调整块 7 使其靠紧调整块 8 为止，继续下一个顶升过程直至顶升的距离能放入一个标准节为止。如图 6-58B。

—引进标准节，用螺栓、螺母和垫板将标准节与下面的标准节相连，继续下一个标准节直到加最后一节标准节。

注意！

开始顶升时，液压缸微动伸出后应停止一会，确认液压缸无下落（溜缸）现象后再做微动下落，确认液压顶升机构功能正常后再继续正常顶升。

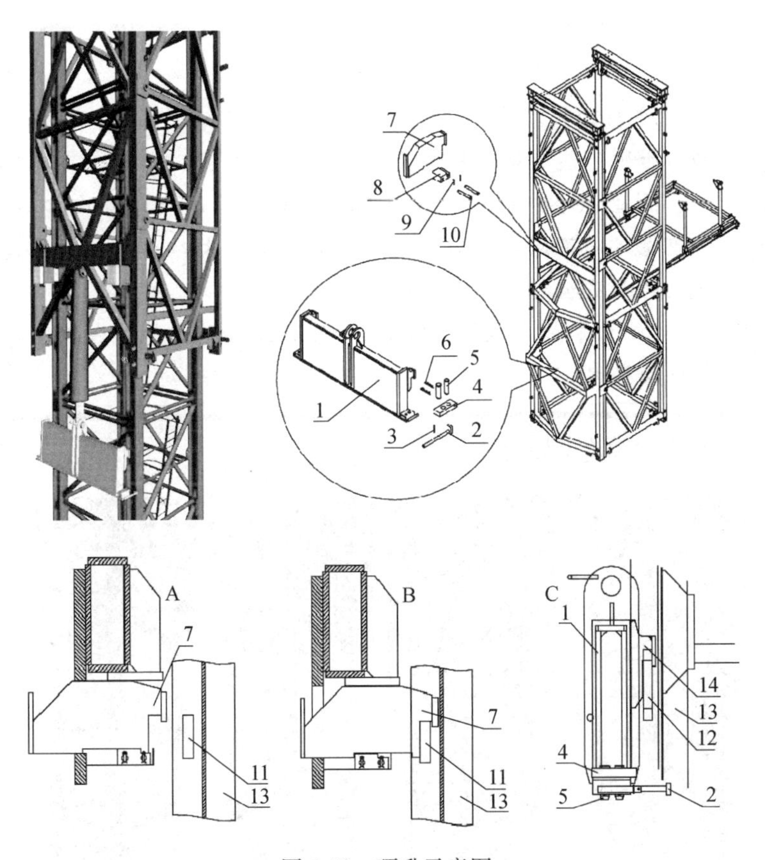

图 6-58 顶升示意图

1—顶升横梁；2—限制杆；3—开口销；4—板块；5—销轴；6—弹簧销；7—顶升挂块；8—调整块；9—开口销；10—销轴；11—顶升耳；12—顶升耳；13—标准节主弦；14—顶升挂块

注意！

1. 塔机顶升动作过程中，塔机不得做回转、起升、变幅运动，否则可能出现塔机倾覆事故。

2. 外套架塔机的顶升液压缸一般是偏置，非塔身中心，故起重臂方向不得与说明书规定方向偏差过大，否则塔机配平误差将无法控制甚至出现事故。

3. 顶升横梁（爬抓）要认真挂牢，此处疏忽导致塔机倾覆的风险巨大。

顶升动作效果如图 6-59 所示。

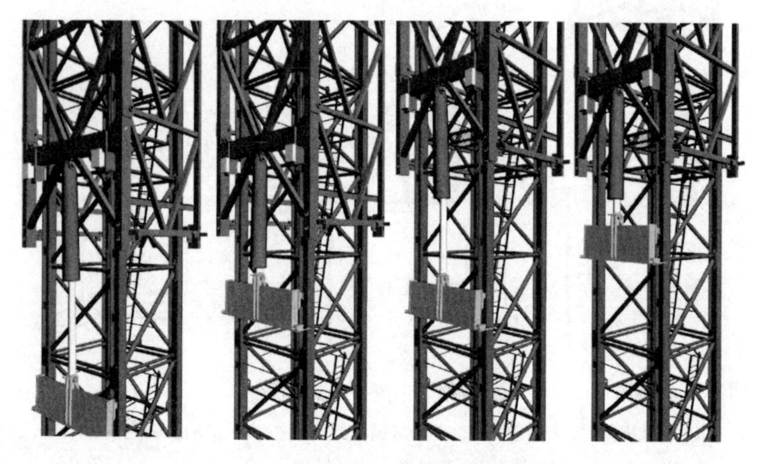

图 6-59　顶升动作动态效果图

（四）穿绕电缆

（1）在安装塔机电源电缆时，首先将电源电缆引进电缆挂网，然后穿过回转支座中心孔至塔机上部，使用卡扣将电缆固定于旋转扶梯中部。

（2）在顶升中，电缆挂网如图 6-60（a）所示悬挂。当最后一节标准节安装完毕后，松开电缆挂网（C）使电缆能在其中滑动，如图 6-60（b）所示留出电缆余量，并重新悬挂电缆挂网。

注意：根据顶升加节的高度来确定增加延长电缆的长度，不可一次增加过长的电缆。弯曲或盘在一起的电缆将会形成电感。从而，增加电压和无功损耗，降低功率因数增大电流和电压降，从而使电机严重发热，造成电气元件损坏，频繁跳闸等现象的发生。

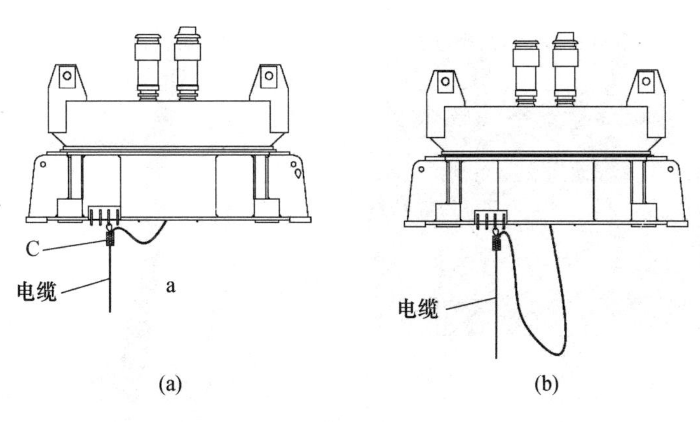

图 6-60 电缆线穿绕方式

（3）安装电源电缆时注意：与电缆一起安装一根保护电缆的镀锌钢丝绳，直径 5mm，与塔吊等高，用法如下：钢丝绳一端打卡扣如图 6-61（a）所示与电缆挂网一起挂在下回转的钢构上，每隔 10m 用卡扣打一个环如图 6-61（b）所示，用尼龙扎带把回转到地面的全部电缆固定在此环上如图 6-61（c）所示，把电缆质量均匀分布在钢丝绳上，让钢丝绳承担电缆的质量，保证电缆不受拉损坏。当高度超过 100m 时，每 100m 钢丝绳需要与塔身节固定一次，以保证质量均匀分布。

（五）顶升时注意事项

（1）在顶升时严禁移动臂架或变幅小车，严禁回转起重臂及

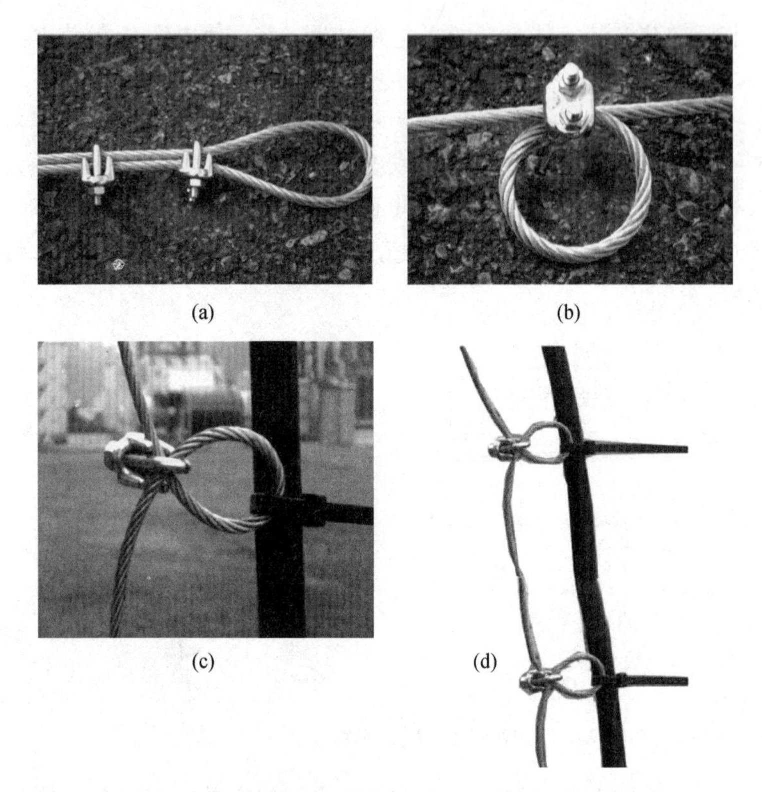

图 6-61　主电源线安装方式

用吊钩做起升或下降动作。

（2）风速超过 12m/s，不允许进行顶升作业。

（3）不同臂节长度时幅度平衡位置不同，参考塔机说明书中所列数据均为理论距离，理论距离主要与平衡臂配重的实际质量有关，要使配重质量与平衡臂和起重臂长度相匹配。

（4）在顶升前一定要检查电缆悬挂位置，使其能在电缆扣中滑动，防止顶升过程中损坏电缆。

（5）顶升作业完毕后，可以用本吊将套架及其顶升机构落到地面。压重形式和行走形式时，将套架及顶升组件落到最下面标准节的最下方，并用顶升挂块锁紧。加节高度超过塔机的自由高度需加附着架时，顶升套架这套装置就不必取下，仍安装在回转底架上。

（6）在拆除顶升套架与下回转连接件时，一定要先将下回转和标准节用螺栓连接牢固，以免塔机倾倒，造成危险。

（7）无论顶升或下降，必须保证顶升横梁上的顶升挂块与标准节顶升块靠紧并将限制杆靠固，以免顶升挂靴受力不均或脱落造成危险。

（六）落下顶升套架

塔机投入使用前，必须落下顶升套架。

——利用吊车将顶升横梁及油缸落到底部。

——将吊索绕在与油缸附件同水平的顶升套架后梁上。

——挑选一只适当长的吊索。

——将吊索打紧，但不要太紧。

——检查标准节是否紧固，是否与回转支承连接好。

——拆下连接顶升套架及回转支承的销轴。

——松开安全制动装置。

——为了安全地落下顶升架，顶升套架上不许站人，使用标准通道作业。

——放松钢丝绳，顶升架靠其自重下落。

注意：在操作中应尽可能地均衡由吊索拉力所产生的侧向力，以防止顶升架沿塔身下落受到阻碍。液压泵站的质量可维持这一平衡。

—每一次通过顶升耳座时都要松开安全制动装置，然后继续落下顶升架，使其落到基础节上的最低位置，但不要影响塔身通道，将顶升架用锁靴紧固在顶升耳座上，取下液压泵站，连同油缸及顶升横梁一起在别处保存起来。

—当塔机投入正常使用以前，务必将顶升套架降至底部

[图 6-62（a)]。如有附着，请将顶升套架降至附着框架位置［图 6-62（b)]。节点示意参见图 6-22（c）。

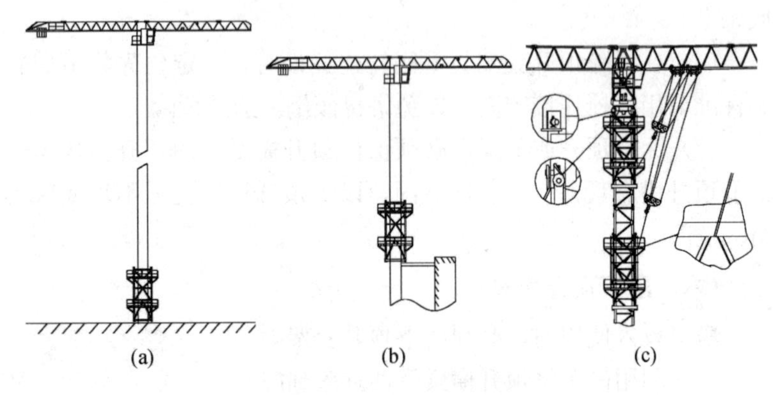

图 6-62　套架下放示意图

二、示例 2（内套架顶升结构）

（一）总体工艺流程

收起顶节固定板→以此吊装标准节四分之一直角片→拼装标准节 8 个主弦销轴和 16 个腹杆销轴→塔机配平→拆除下十字梁与内塔身下部的连接螺栓→松动上十字梁爬爪→微顶上十字梁并收回上爬爪→顶升→收下爬爪、提下十字梁到上一爬块、重新放出爬爪并微动油缸使爬爪紧固在爬块上→连续爬四步爬块后即顶升一个标准节高度→顶升加节完毕后重新安装主弦杆顶铰座、安装三孔固定板各销轴→紧固上下爬爪。

（二）工艺要点

（1）在确定上、下夹爪处于固定锁紧状态下，才可将三孔固定板的上部 8 个 ϕ90 销轴拆掉，再拆掉顶节主弦杆头部铰座的 ϕ60 销轴，提出铰座放置塔机平台内，此时塔机只能做吊起一个标准节或较小质量平衡塔机上部，不得使用高速、不得回转。

（2）爬爪收回后，必须用螺栓与十字梁连接好，放置顶升或下降时脱出。

（3）在顶升和收回油缸杆前，必须检查并保证固定爪下端面与顶升爬块上端面接触严实，并保证M42螺栓紧固可靠，不得因晃动等而产生松动。

（4）塔机降节的操作与顶升加节操作为逆向操作。

（三）准备工作

（1）连接好足够长的电源电缆。

（2）在塔机处在工作状态下，将标准节组片吊放在吊臂下面，每节用32个$\phi45$的销轴将16个“V”形腹杆（三角片）分别连在4个标准节的主弦杆上，组成四个角形节片，上好$\phi45$销轴的固定件。

（3）将该节所需的两个3m梯子组件或休息平台组件绑在节片外侧，其位置以不影响主弦杆销轴连接和腹杆交点处连接为宜，同时将8个$\phi60$销轴及安全销分别绑在四个主弦杆$\phi60$孔附近的外侧。

将专用的3T手动葫芦及两层吊环连接在标准节上部的接头上，准备起吊，参见图6-63。

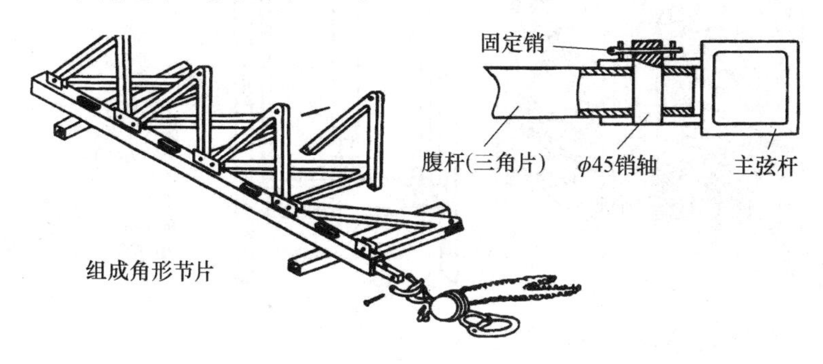

图6-63　标准节组装

（4）塔机工作时，顶升装置的状态为其上、下十字梁夹爪紧固螺栓及上塔身与下十字梁连接螺栓必须紧固，上、下十字梁上的三孔板与外塔身连接的 12 个 ϕ90 销轴必须销定。

（5）检查上、下十字梁夹爪锁紧螺母及上十字梁与上塔身下端连接的 M42 螺母的紧固力矩（600N·m），当确定以上三个部位螺母全部紧固后，将上十字梁上部，内外塔身连接的三孔固定板（四组，八块）上部的 8 个 ϕ90 销轴拆掉，以下部四个 ϕ90 销轴为轴，将八块固定板转至塔身内（注意：不要露出上塔身，防止顶升时与外塔身发生干涉）。打出外塔身主弦杆头部的铰座连接销（ϕ60），提出铰座，放至塔机平台内，此时塔机进入加节状态，只能做吊起一个标准节片或吊较小质量平衡塔机上部用，不得使用高速，不得回转，参见图 6-64、图 6-65。

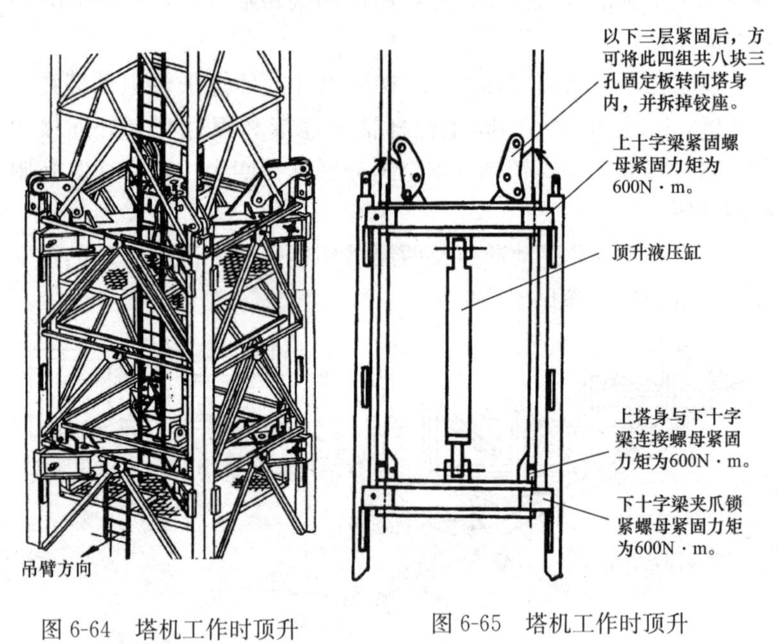

图 6-64　塔机工作时顶升装置的状态（1）

图 6-65　塔机工作时顶升装置的状态（2）

（四）标准节加节

（1）利用塔机自身吊钩挂在已准备好的标准节片上的双层吊环的上层环上，开动起升，将标准节吊至外塔身准备要安装的位置，将双层吊环的第二层环挂在已外转至塔身的上方中心吊架的板钩上。起升下降使二层吊环座入板钩并使主钩脱离第一层吊环。

（2）通过吊架上的绳索将标准节片拉至所需要的位置，由于重心的作用，需用绳索将标准节下端拉至外塔身接头处并对准榫头，操作手动葫芦将标准节下连接口落进外塔身连接榫，标准节片下降时必须注意观察，不得有挤、卡等现象，不能使吊钩环脱开吊架板钩，当标准节上下两个 $\phi60$ 销孔与接头对正时，停止操纵手动葫芦，用两个 $\phi60$ 标准节销轴从两个方向销定，安装好安全销及开口销。在安装第二、三、四节片时，注意两个节片的腹杆节点处要从上向下滑入，如有挤、卡现象要立即排除，防止悬挂节片的吊具从吊钩上脱落。上塔身前的两个吊架可安装四个位置节片，每个吊架只能安装对角线的两个位置，其安装顺序可由安装者决定，当安装好四个节片形成标准节后，检查全部连接销及安全销。检查主弦杆不得有阻碍导轮通过的障碍物后，进行下步工作，参见图 6-66。

（五）顶升平衡

顶升时，在打开上、下十字梁夹钳和拆掉内塔身与下十字梁连接的 M42 螺栓之前，必须平衡油缸顶起的部分。配平所需的吊重及幅度位置以说明书中的建议值为准。

（六）顶升环节

塔机平衡后，在风速小于 60km/h 时可以进行顶升工作。

（1）十字梁与上塔身下部连接的 8 个 M42 螺栓，脱开爬梯与下十字梁连接件。松动上十字梁夹爪锁紧螺母，使夹爪处于松动状态，（实际夹爪座在爬块上并未动，在操作液压顶升时夹爪可移动），操作液压泵稍微顶起上十字梁，使夹爪离开爬块，停稳

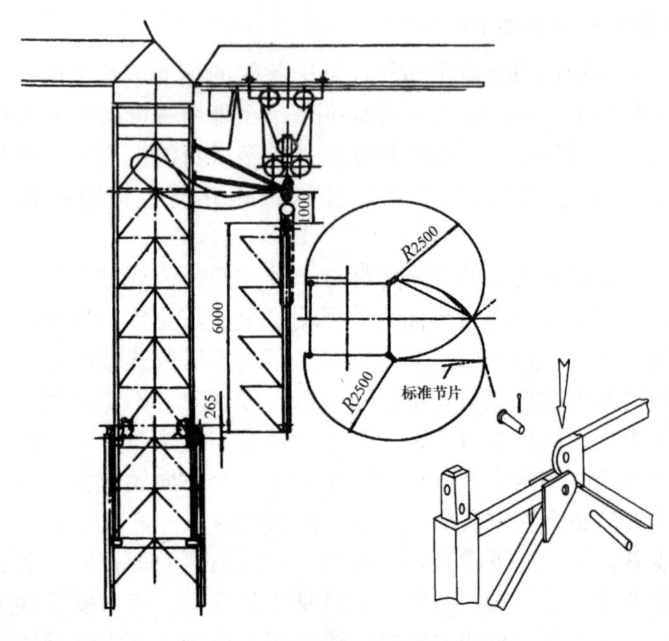

图 6-66 标准节添加方法示意图

(顶起部分不下沉)后，再拆下锁紧螺栓。将 8 个夹爪转至十字梁内。重新操作液压泵顶起上塔身，使上十字梁夹爪升高 1.5m 至上级爬块位置，停稳后，将 8 个夹爪转至爬块上部夹正，上好锁紧螺栓，操作泵站，使夹爪座在爬块上，适当拧紧锁紧螺栓。在此顶升过程中，注意电缆线不能有挤压、挂死等现象，有接触的导轮应能转动。

（2）拆掉下十字梁夹紧螺栓，操作泵站将下十字梁稍微提起后，将夹爪转入十字梁内，再将其提至上一级爬块，重新转出爬爪至爬块上，安上紧固螺栓，操作泵站使夹爪紧座在爬块上。

（3）以上动作重复进行四次，塔机升高一个标准节，如一次加多个标准节，则每节顶升至最后一级后，都要使塔机进入加标准节状态，加节结束后，上好四个标准节主弦杆顶部的铰座，重新将三角形孔固定板转至工作位置并与铰座分别用 2 个 ϕ90 销轴连好，上好安全销。

（4）连接好上塔下端与下十字梁连接的 M42 螺栓，连同上下十字梁夹爪锁紧螺母全部用 600N·m 力矩紧固，安装好爬梯连接件。

（5）每顶升 3m 后，将挂在标准节外侧的 3m 爬梯或所需要安装的休息平台，用绳索从塔身上的两个吊架拉至内塔身外侧拉入塔身内，用固定件将爬梯或休息平台固定，将内塔身两侧固定。此时加节工作完成，塔机进入工作状态，参见图 6-67。

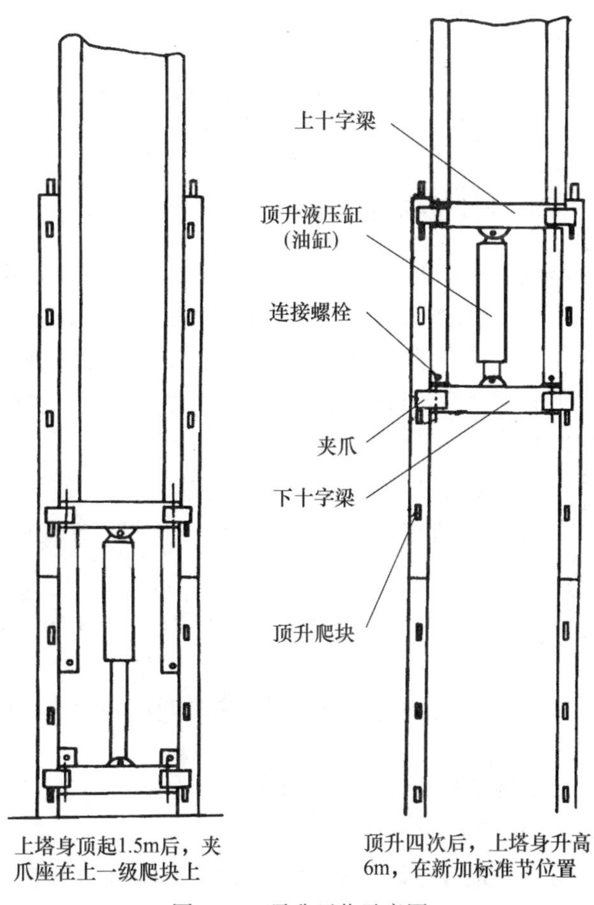

图 6-67　顶升环节示意图

注意！

在顶升和收回活塞杆前，必须检查并保证固定爪下端面与顶升爬块上端面接触严实，并保证M42螺栓紧固可靠，不得因晃动等而产生松动；夹爪收回后，必须用螺栓与十字梁连接好，防止顶升或下降时脱出。

第五节　塔机爬升程序和方法

一、示例1（机构内置爬升结构，图6-68）

（1）塔机配平，进行塔吊配平，塔吊吊起一定质量重物，调整起重臂角度，以改变幅度，直到塔吊起重臂及平衡臂达到平衡为止（此时塔吊塔身垂直度应在2‰以内），将塔吊停稳5min以上，确保平衡无误后，可以进入下一步工序。注意：在配平过程中严禁回转起重臂。

（2）松开塔吊C形梁、标准节间的夹紧挡块，使塔身节能相对C型梁产生垂直方向的位移。挡块形式及调整方式见图6-69、图6-70。

（3）连接液压装置，将千斤顶油缸伸出，下端牢固地支撑在底板表面。

（4）松开基础预埋螺栓，使塔身能够脱离基础进行顶升施工。

（5）启动液压机构，千斤顶开始顶升，使塔身脱离基础，向上爬升，如图6-71、图6-72所示。

（6）待塔身顶升专用节上的2个爬升爪伸出牢牢地撑在爬升梯的爬升孔内后，千斤顶开始回收。

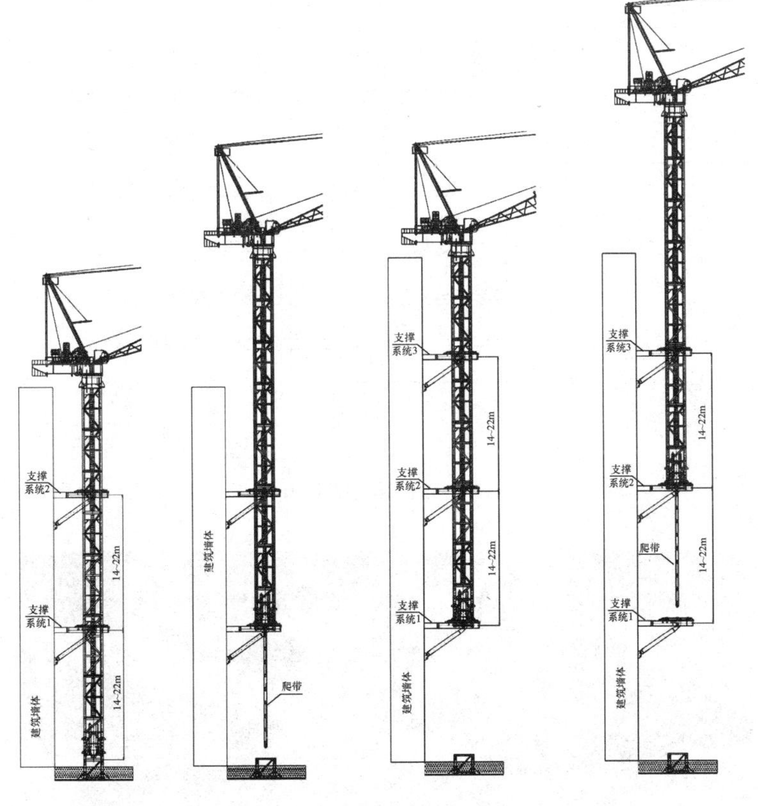

图 6-68　整体爬升动态示意图

(7) 当千斤顶下爬爪回收到爬升梯的爬升孔位置后，爬爪自动伸出撑在爬升梯上。至此完成爬升一个小循环（图 6-73）。

(8) 再次启动千斤顶伸长，使塔身相对于爬升梯向上爬升。直到塔身顶升专用节上的 2 个爬升爪再次伸出地撑在爬升梯的再上面一组爬升孔内后，千斤顶开始回收。如此循环，重复以上第五、六、七步骤直到爬升专用节上的 4 个支撑爪支撑在第二道 C 型梁上为止（如图 6-74 所示），即完成塔吊本次爬升。其动态示意见图 6-75。

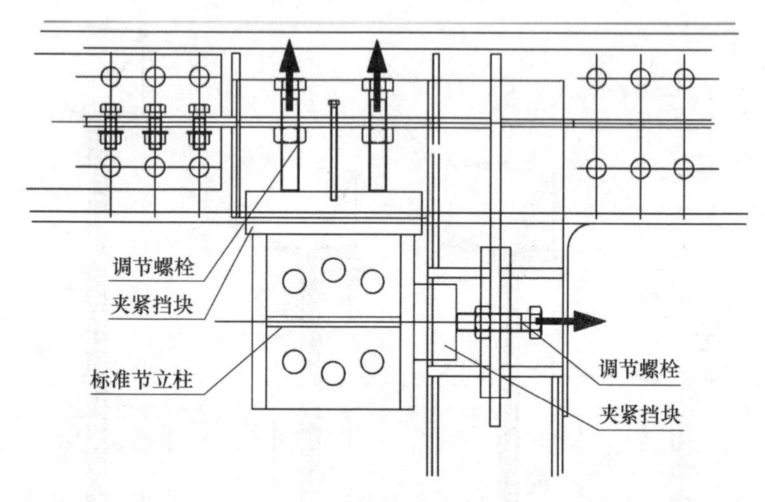

图 6-69 爬升梁松开

图 6-70 爬升结构的组成

图 6-71　爬升动作示意 1

图 6-72　爬升动作示意 2

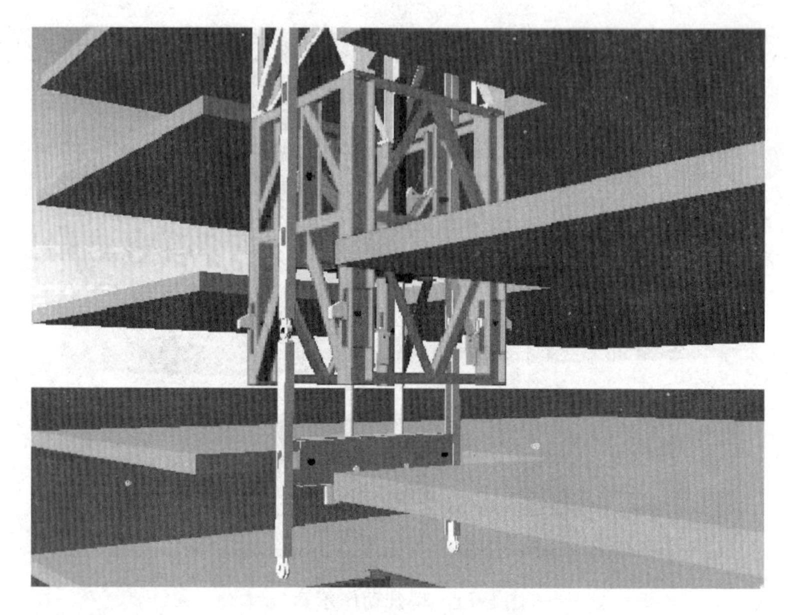

图 6-73　爬升动作示意 3

（9）调整塔吊垂直度，将整塔垂直度控制在 2‰以内。调节C形梁四个角上的调节螺栓，使挡块夹紧标准节立柱。

二、示例 1（机构外置爬升结构）

（1）准备好两套爬升框、顶升液压缸、爬抓、液压泵站，如图 6-76 所示。

（2）在建筑体上安装主梁、次梁，首次爬升需在两个楼层安装两套，如图 6-77 所示。

（3）安装各螺栓及销轴，使主梁、次梁、液压缸支撑架连接，如图 6-78 所示。

（4）在下层爬升梁结构上安装液压泵站、爬抓、液压缸，如图 6-79 所示。

（5）塔机吊起配重块将塔机配平，具体吊载质量及幅度按说

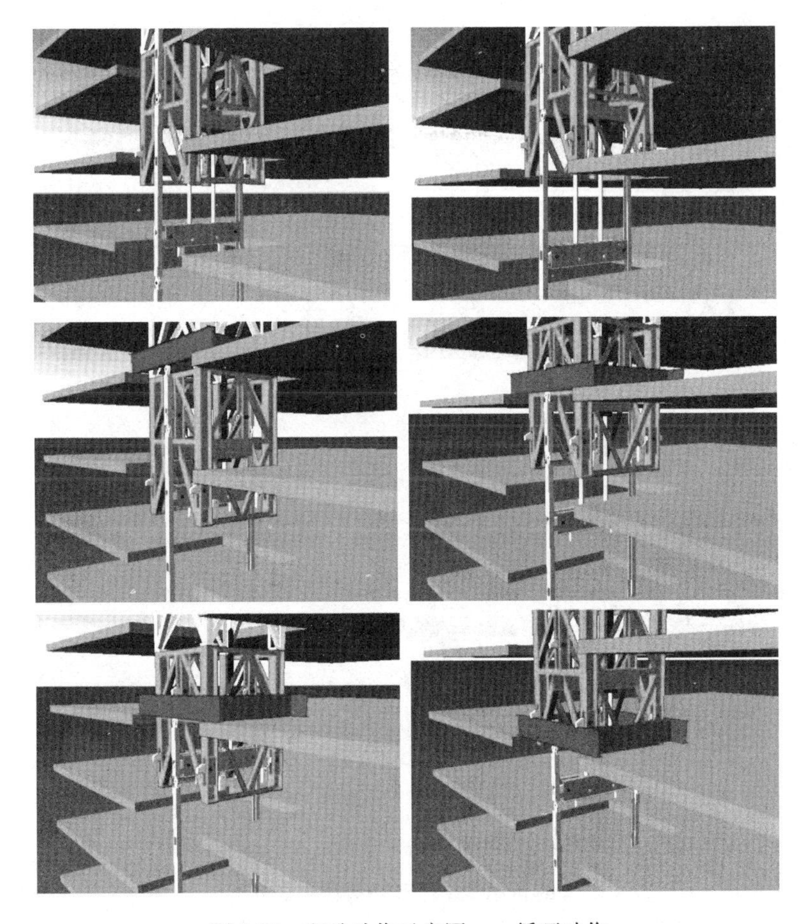

图 6-74 爬升动作示意图——循环动作

明书中数值执行，如图 6-80 所示。

（6）松开可调支顶架，使导向轮贴紧塔身主弦杆，如图 6-81 所示。

（7）启动泵站，将液压缸略微伸出，使顶升横梁（爬抓）顶紧到标准节上的顶升支点块上，如图 6-82 所示。

（8）开动液压泵站开关，使两侧液压缸伸出，开始爬升动

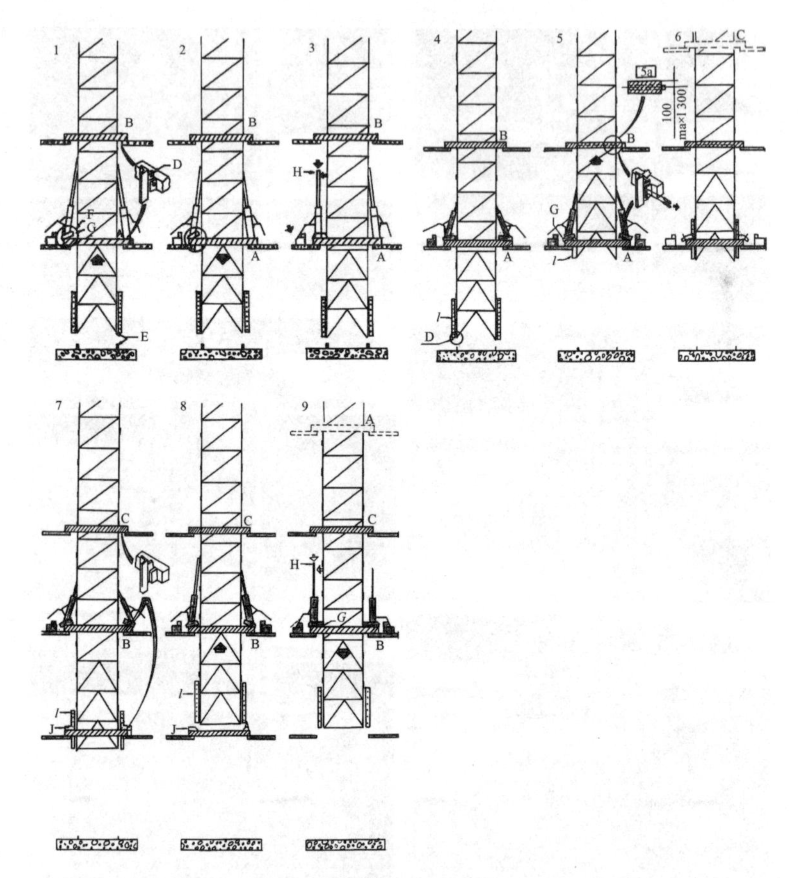

图 6-75　整体爬升动态示意图

作，如图 6-83 所示。

（9）当顶升液压缸伸出到最大行程后，将支撑架收回，并通过液压缸略微回收，使支撑架支顶与塔身上的爬升支点块上，如图 6-84 所示。

（10）收回液压缸，并将液压缸上方的顶升横梁（爬抓）顶紧到下一个塔身爬升支点块儿上，略微顶起塔身后，可松开 4 个支撑架，如图 6-85 所示。此后液压缸可以伸出进行下一次爬升。

图 6-76　爬升部件安装准备

图 6-77　安装支撑梁示意图

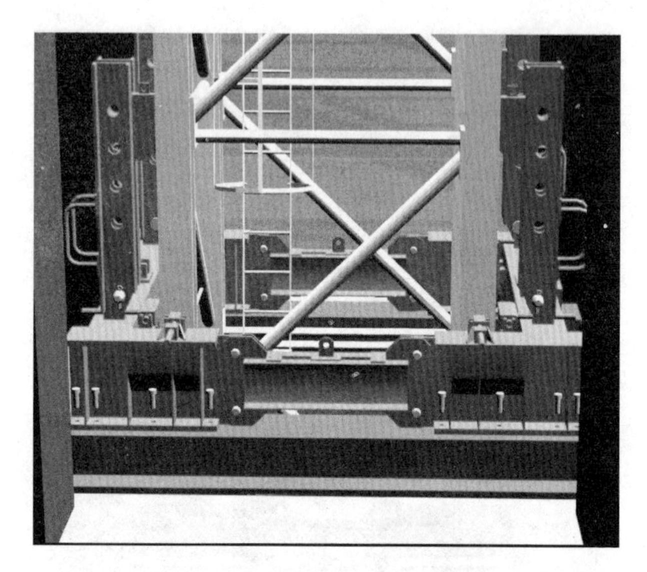

图 6-78　安装螺栓、销轴示意图

图 6-79　安装泵站、爬抓、液压缸示意图

图 6-80　塔机配平示意图

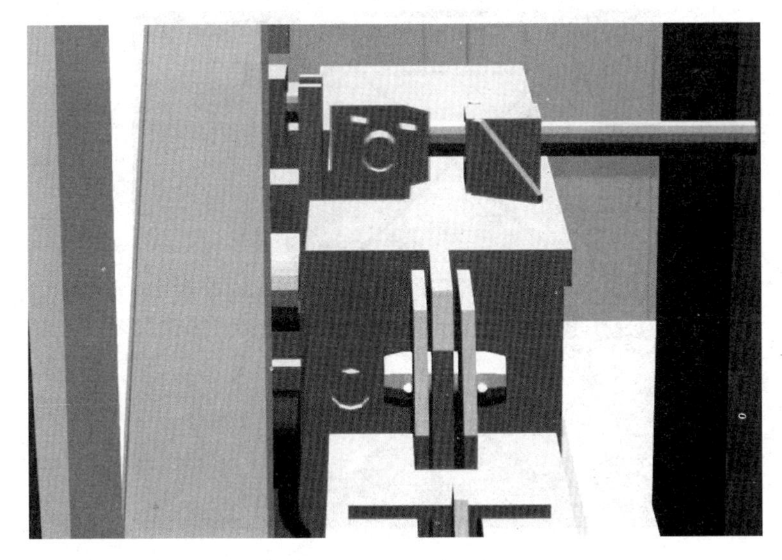

图 6-81　导向轮顶紧操作

图 6-82　爬升横梁（爬抓）就位

图 6-83　爬升动作示意步骤 1

图 6-84 爬升动作示意步骤 2

图 6-85 爬升动作示意步骤 3

（11）当完成几步爬升后，下层带有爬升机构的爬升梁以下已经接近没有塔身时，则需停止爬升，并在现有两道爬升梁以上适当楼层安装第三道爬升梁结构，并将本爬升机构（液压泵站、液压缸等）拆除并安装到上一道爬升梁上，进而进行下一次爬升。

（12）当爬升到现有建筑所允许的最大高度后，安装爬升梁处的塔身支撑梁（图 6-86）后可进入塔机使用状态。

图 6-86 塔身支撑梁安装示意图

第六节 爬升式塔机平移程序和方法示例

对于架设于建筑上的爬升式（包括建筑内爬和建筑外趴）塔机，常因建筑体上下水平位置变化或因其他特殊使用需求，需要爬升式塔机在爬升至一定高度时，通过爬升结构改造进行有限位移。

一、平移原理

塔吊平移由平移框和爬升框及平移动力装置组成，如图6-87、图 6-88 所示。

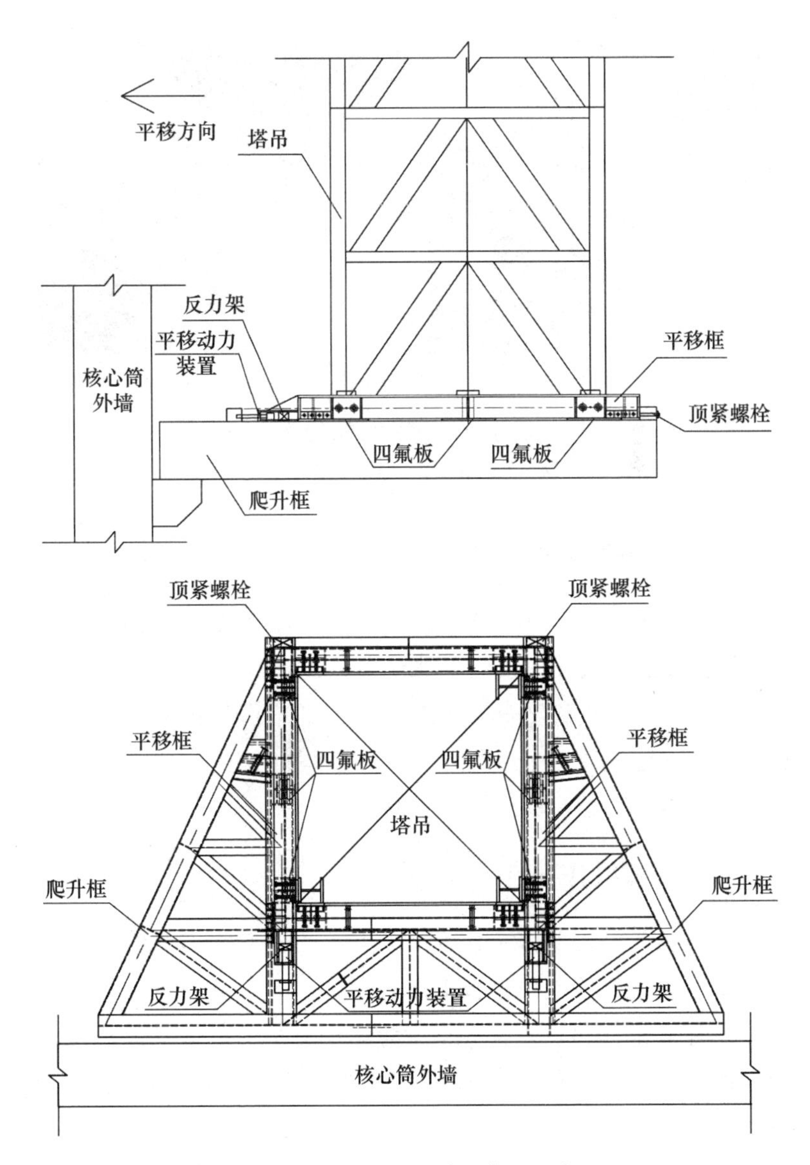

图 6-87 平移（滑移）装置组成

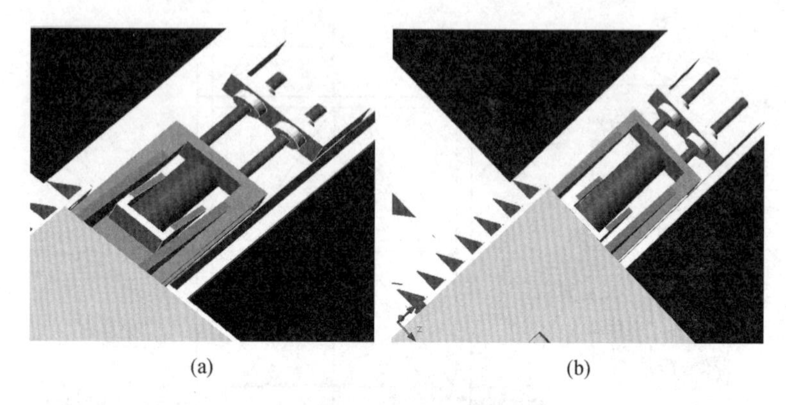

(a) (b)

图 6-88　平移过程示意图
(a) 平移前状态；(b) 平移后状态

二、平移工作顺序

安装上道爬升框（C形框与爬升框临时用顶紧螺栓连接）→初步校正塔身垂直度→安装平移动力装置→解除塔吊平移框水平约束→复校塔身垂直度→平移前检查（签署平移令）→平移→平移完毕（固定下道、中道爬升框与平移框的连接）→验收检查→平移装置拆除。结构示意见图 6-89。

三、平移操作要点

1. 检查管、油路接头是否接插正确，检查液压油油平面。

2. 检查液压泵工作是否正常。

3. 正式平移前，平移总指挥应组织有关人员分别进行检查，待检查达到平移要求后，办理平移令的签署手续，然后正式下达平移命令。

(1) 技术员和机管员对塔式平移操作人员进行平移的技术交底，做好交底记录；

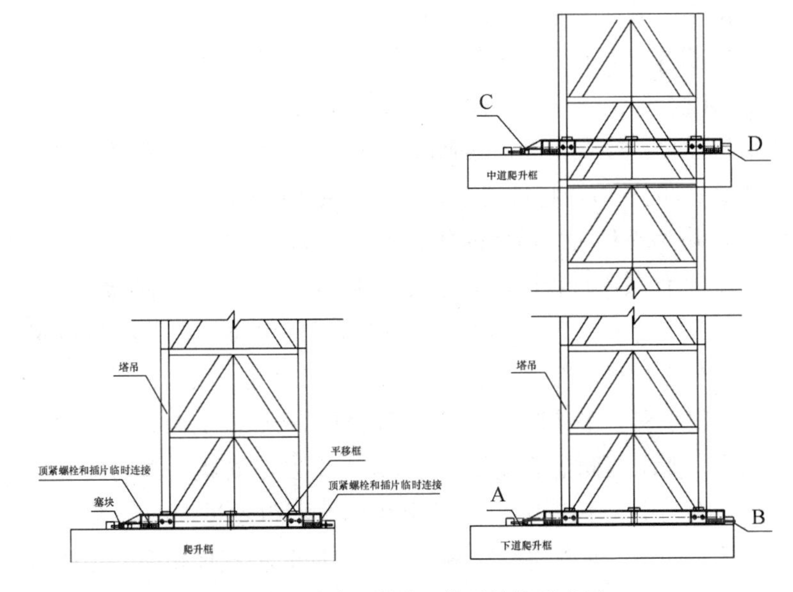

图 6-89 平移（滑移）装置结构示意图

(2) 施工员和起重工负责将上下爬升框及塔身周围障碍物（钢筋、脚手管等）排除；

(3) 专业人员检查液压泵，检查上下支承框架；

(4) 测量工负责观察塔身垂直度 X、Y 轴方向的偏差（控制在 2～3mm）；

(5) 安全员负责检查平移的安全措施及设施的落实情况；

(6) 检查各项测试验收报告（牛腿实测记录、焊缝无损探伤报告、混凝土试块抗压强度试验报告、爬升框架和支承梁安装状况表等）；

(7) 拆除平移框与爬升框之间的连接螺栓，其间的临时连接通过顶紧螺栓进行。

4. 塔吊平移时，主要动力设在下道框，中道框起辅助动力功能，正常情况下中道平移框随下道框平移。

5. 操作人员接到爬升令后操作油泵，开始顶推塔吊平移。正常平移时，一次手动泵行程 0.4mm（工人操作油泵扳手 90°）。如果平移异常，检查有否碰擦阻碍平移，外力增加，且超过手动泵设计值（70MPa），将自动溢流，千斤顶不再升缸。

6. 塔吊平移时，后面的顶紧螺栓要及时顶紧。

7. 平移采用行程同步的方法控制，以 200mm 平移距离分析，分成两个大行程（100mm＋100mm），中间停顿 1 次。100mm 又分成 5 个小行程，即每次平移 20mm 暂停检查一次，完成后再进行下一次平移。平移期间，要控制的是同一层框上两侧液压油缸的同步，要求两侧前后差不大于 5mm 以及不同爬升框之间平移同步（上、中、下三道框），要求相邻差不得超过 5mm。如果产生平移不同步，平移将临时暂停。平移期间将直尺贴在各道爬升框指定位置，进行控制监测。

（1）下道框主要设立六名操作人员（两名操作前端液压油缸（见图 6-89 图 A 处），四名操作前端和尾部四处顶紧螺栓，一位人员兼职指挥人员。指挥人员负责发出操作指令（1、2、3～12），根据理论计算，每操作十二次，可以达到平移 5mm。工人同步进行测量。如果两侧平移距离差异达到 5mm，平移暂停，进行原因分析，同时采取措施，使两侧平移距离相同。平移时，尾部操作人员通过顶紧螺栓将平移框顶紧。

（2）下道框平移 5mm 以后，理论上中道框也会平移 5mm。如平移距离有偏差，中道框施工人员与下框一样进行操作，确保中道框平移距离能跟上下道框，但平移距离严禁超过下道框。

（3）重复上述操作，可以反复进行平移。指挥人员通过行程控制表，控制平移过程（20～200mm）。

（4）操作补充：下道、中道平移框约束先释放，仅靠顶紧螺栓顶紧（B、D处），中道框前端始终预留间隙（C处20mm），下道框前端主动力装置平移（A处10mm），下框尾部跟紧顶（B处0mm），一次平移5mm，同时测量距离，下道框滑后中道框应该跟着动（C、D处各5mm）。第一次测量在平移5mm时，随着工人操作熟练，平移测量同步后，平移间隔控制在20mm。但是当下道平移框两处千斤顶出现5mm平移误差时，或者下道框与中道框出现5mm平移误差时，平移应暂停。

8. 由于液压泵连接的千斤顶，最大行程只有150mm，所以平移100mm后，设置临时塞块，操作如下：先将爬升框与平移框用插片和顶紧螺栓临时固定，再临时关闭液压油泵，缩回千斤顶，放入100mm规格塞块，然后从100mm顶推平移到200mm。

9. 平移快到位时，平移速度减缓。平移到位后立刻用16个螺栓螺栓连接爬升框。

第七章 常见故障的判断与处置

塔机在使用过程中发生故障的原因很多，主要是因为工作环境恶劣，维护保养不及时，操作人员违章作业，零部件的自然磨损等多方面原因。另外，塔机在调试时有时也发生异常情况。塔机发生异常时，安装拆卸工、塔机司机等作业人员应立即停止操作，及时向有关部门报告，由专职维修人员前来维修，以便及时处理，消除隐患，恢复正常工作。塔机常见的故障一般分为机械故障和电气故障两大类。由于机械零部件磨损、变形、断裂、卡塞、润滑不良以及相对位置不正确等而造成机械系统不能正常运行，统称为机械故障。由于电气线路、元器件、电气设备，以及电源系统等发生故障，造成用电系统不能正常运行，统称为电气故障。机械故障一般比较明显、直观，容易判断，在塔机运行中，比较常见；电气故障相对来说比较多，有的故障比较直观，容易判断，有的故障比较隐蔽，难以判断。

第一节 机械故障的判断及处置

塔机机械故障的判断和处置方法按照其工作机构、液压系统、金属结构和主要零部件分类叙述。

一、工作机构

（一）起升机构（表 7-1）

表 7-1　起升机构故障的判断和处置方法

序号	故障现象	故障原因		处置方法
1	卷扬机构声音异常	接触器缺相或损坏		更换接触器
		减速机齿轮磨损、啮合不良、轴承更换齿轮或轴承破损		更换齿轮或轴承
		联轴器连接松动或弹性套磨损		紧固螺栓或更换弹性套
		制动器损坏或调整不当		更换或调整刹车
		电动机故障		排除电气故障
2	吊物下滑（遛钩）	制动器刹车片间隙调整不当		调整间隙
		制动器刹车片磨损严重或有油污		更换刹车片，清除油污
		制动器推杆行程不到位		调整行程
		电动机输出转矩不够		检查电源电压
		离合器片破损		更换离合器片
3	制动副脱不开	闸瓦式	制动器液压泵电动机损坏	更换电动机
			制动器液压泵损坏	更换
			闸瓦式制动器液压推杆锈蚀	修复
			机构间隙调整不当	调整机构的间隙
			制动器液压泵油液变质	更换新油
		盘式（圆片式）	间隙调整不当	调整间隙
			刹车线圈电压不正常	检查线路电压
			离合器片破损	更换离合器片
			刹车线圈损坏或烧毁	更换线圈

（二）回转机构（表 7-2）

表 7-2　回转机构故障的判断和处置方法

序号	故障现象	故障原因	处置方法
1	回转电动机有异响，回转无力	液力耦合器漏油或油量不足	检查安全易熔塞是否熔化，橡胶密封件是否老化等，按规定填充油液
		液力耦合器损坏	更换液力耦合器
		减速机齿轮或轴承破损	更换损坏齿轮或轴承
		液力耦合器与电动机连接的胶垫破损	更换胶垫
		电动机故障	查找电气故障
2	回转支撑有异响	大齿圈润滑不良	加油润滑
		大齿圈与小齿轮啮合间隙不当	调整间隙
		滚动体或隔离块损坏	更换损坏部件
		滚道面点蚀、剥落	修整滚道
		高强螺栓预紧力不一致，差别较大	调整预紧力
3	臂架和塔身扭摆严重	减速器故障	检修减速器
		液力耦合器充油量过大	按说明书加注
		齿轮啮合或回转支承不良	修整

（三）变幅机构（表 7-3）

表 7-3　变幅机构故障的判断和处置方法

序号	故障现象	故障原因	处置方法
1	变幅有异响	减速机齿轮或轴承破损	更换
		减速机缺油	查明原因，检修加油
		钢丝绳过紧	调整钢丝绳松紧度
		联轴器弹性套磨损	更换
		电动机故障	查找电气故障
		小车滚轮轴承或滑轮破损	更换轴承

续表

序号	故障现象	故障原因	处置方法
2	变幅小车滑行和抖动	钢丝绳未张紧	重新适度张紧
		滚轮轴承润滑不好，运动偏心	修复
		轴承损坏	更换
		制动器损坏	经常检查，修复更换
		联轴器连接不良	调整、更换
		电动机故障	查找电气故障

（四）行走机构（表 7-4）

表 7-4　行走机构故障的判断和处置方法

序号	故障现象	故障原因	处置方法
1	运行时啃轨严重	轨距铺设不符合要求	按规定误差调整轨距
		钢轨规格不匹配，轨道不平直	按标准选择钢轨，调整轨道
		台车框轴转动不灵活，轴承润滑不好	经常润滑
		台车电动机不同步	选择同型号电动机，保持转速一致
2	驱动困难	啃轨严重，阻力较大，轨道坡度较大	重新校准轨道
		轴套磨损严重，轴承破损	更换
		电动机故障	查找电气故障
3	停滞时晃动过大	延时制动失效，制动器调整不当	调整

二、液压系统（表 7-5）

表 7-5　液压系统故障的判断和处置方法

序号	故障现象	故障原因	处置方法
1	顶升时颤动及噪声大	液压系统中混有空气	排气
		油泵吸空	加油
		机械机构、液压缸零件配合过紧	检修，更换
		系统中内漏或油封损坏	检修或更换油封
		液压油变质	更换液压油

续表

序号	故障现象	故障原因	处置方法
2	带载后液压缸下降	双向液压锁或节流阀不工作	检修，更换
		液压缸泄漏	检修，更换密封圈
		管路或接头漏油	检查，排除，更换
3	带载后液压缸停滞升降	双向液压锁或节流阀失灵	检修，更换
		与其他机械机构有挂、卡现象	检查，排除
		手动液控阀或溢流阀损坏	检查，更换
4	顶升缓慢	单向阀流量调整不当或失灵	调整检修或更换
		油箱液位低	加油
		液压泵内漏油	检修
		手动换向阀换向不到位或阀泄漏	检修，更换
		液压缸泄漏	检修，更换密封圈或油封
		液压管路泄漏	检修，更换
		油温过高	停止作业，检修冷却系统
		油液杂质较多，滤油网堵塞，影响吸油	清洗滤网，清洁液压油或更换新油
5	顶升无力或不能顶升	油箱存油过低	加油
		液压泵反转或效率下降	调整，检修
		溢流阀卡死或弹簧断裂	检修，更换
		手动换向阀换向不到位	检修，更换
		油管破损或漏油	检修，更换
		滤油器堵塞	清洗，更换
		溢流阀调整压力过低	调整溢流阀
		液压油进水或变质	更换液压油
		液压系统排气不完全	排气
		其他机构干涉	检查，排除

三、金属结构（表 7-6）

表 7-6　金属结构故障的判断和处置方法

序号	故障现象	故障原因	处置方法
1	焊缝和母材开裂	超载严重，工作过于频繁产生比较大的疲劳应力，焊接不当或钢材存在缺陷等	严禁超负荷运行，查焊缝，更换损坏的结构
2	构件变形	密封构件内有积水，严重超载，运输吊装时发生碰撞，安装拆卸方法不当	要经过校正后才能使用；但对受力结构件，禁止校正，必须更换
3	高强度螺栓连接松动	预紧力不够	定期检查，紧固
4	销轴退出脱落	开口销未打开	检查，打开开口销

四、钢丝绳、滑轮（表 7-7）

表 7-7　钢丝绳、滑轮故障的判断和处置方法

序号	故障现象	故障原因	处置方法
1	钢丝绳磨损太快	钢丝绳滑轮磨损严重或者无法转动	检修或更换滑轮
		滑轮绳槽与钢丝绳直径不匹配	调整使之匹配
		钢丝绳穿绕不准确、啃绳	重新穿绕、调整钢丝绳
2	钢丝绳经常脱槽	滑轮偏斜或移位	调整滑轮安装位置
		钢丝绳与滑轮不匹配	更换合适的钢丝绳或滑轮
		防脱装置不起作用	检修钢丝绳防脱装置
3	滑轮不转及松动	滑轮缺少润滑，轴承损坏	经常保持润滑，更换损坏的轴承

第二节　电气故障的判断及处置

电气系统故障及排除参见表 7-8。

表 7-8　电气系统故障的判断和处置方法

序号	故障现象	故障原因	处置方法
1	电动机不运转	缺相	查明原因
		过电流继电器动作	查明原因，调整过电流整定值，复位
		空气断路器动作	查明原因，复位
		定子回路断路	检查拆修电动机
2	电动机有异响	相间轻微短路或转子回路缺相	查明原因，正确接线
		电动机轴承破损	更换轴承
		转子回路的串接电阻断开接地	更换或修复电阻
		转子碳刷接触不良	更换碳刷
3	电动机温升过高	电动机转子回路有轻微短路故障	测量转子回路电流是否平衡，检查和调整电气控制系统
		电源电压低于额定值	暂停工作
		电动机冷却风扇损坏	修复风扇
		电动机通风不良	改善通风条件
		电动机转子缺相运行	查明原因，接好电源
		定子、转子间隙过小	调整定子、转子间隙
4	电动机烧毁	操作不当，低速运行时间较长	缩短低速运行时间
		电动机修理次数过多，造成电动机定子铁芯损坏	予以报废
		绕线式电动机转子串接电阻断路、短路、接地，造成转子烧毁	修复串接电阻
		电压过高或过低	检查供电电压
		转子运转失衡，碰擦定子（扫膛）	更换转子轴承或修复轴承室
		主回路电气元件损坏或线路短路、断路	检查修复

续表

序号	故障现象	故障原因	处置方法
5	电动机输出功率不足	线路电压过低	暂停工作
		电动机缺相	查明原因，正确接线
		制动器没有完全松开	调整制动器
		转子回路断路、短路、接地	检修转子回路
6		工作电源未接通	检查塔机电源开关箱，接通
		电压过低	暂停工作
		过电流继电器辅助触头断开	查明原因，复位
		主接触器线圈烧坏	更换主接触器
		操作手柄不在零位	将操作手柄归零
		主启动控制线路断路	排查主启动控制线路
		启动按钮损坏	更换启动按钮
7	启动后，控制线路开关断开	控制回路线路短路、接地	排查控制回路线路
8	接触器噪声大	衔铁芯表面积尘	清除表面污物
		短路环损坏	更换修复
		主触点接触不良	修复或更换
		电源电压较低，吸力不足	测量电压，暂停工作
9	吊钩只下降不上升	起重量、高度、力矩限位误动作	更换、修复或重新调整各限位装置
		起升控制线路断路	排查起升控制线路
		接触器损坏	更换接触器
10	吊钩只上升不下降	下降控制线路断路	排查下降控制线路
		接触器损坏	更换接触器
11	回转只朝同一方向动作	回转限位误动作	重新调整回转限位
		回转线路断路	排查回转线路
		回转接触器损坏	更换接触器

续表

序号	故障现象	故障原因	处置方法
12	变幅只向后不向前	力矩限位、质量限位、变幅限位误动作	更换、修复或重新调整各限位装置
		变幅向前控制线路断路	排查变幅向前控制线路
		变幅接触器损坏	更换接触器
13	变幅只向前不向后	变幅向后控制线路断路	排查变幅向后控制线路
		变幅接触器损坏	更换接触器
14	带涡流制动器的电机低速挡速度变快	整流器击穿	更换整流器
		涡流线圈烧坏	更换或修复线圈
		线路故障	检查修复
15	塔机工作时经常跳闸	漏电保护器误动作	检查漏电保护器
		线路短路、接地	排查线路，修复
		工作电源电压过低或压降较大	测量电压，暂停工作

第八章　塔式起重机维护保养的基本知识

第一节　塔机维护保养的意义

为了使塔机经常处于完好和安全运转状态，避免和减少塔机在工作中可能出现故障，提高塔机的完好率，塔机安装前、使用中和拆卸后必须按制度规定进行检查和维护保养

（1）塔机工作状态中，经常遭受风吹雨打、日晒的侵蚀，灰尘、砂土经常会落到机械各部分，如不及时清除和保养，将会侵蚀机械，使其寿命缩短。

（2）在机械运转过程中，各工作机构润滑部位的润滑油及润滑脂会自然损耗后流失，如不及时补充，将会加重机械的磨损。

（3）机械经过一段时间的使用后，各相互运转机件会自然磨损，各运转零件的配合间隙会发生变化，如果不及时进行保养和调整，各互相运动的机件磨损就会加快，甚至导致运动机件的完全损坏。

（4）机械在运转过程中，如果各工作机构的运转情况不正常，又得不到及时的保养和调整，将会导致工作机构完全损坏，大大降低塔机的使用寿命。

（5）应当对塔机经常进行检查、维护和保养，传动部分应有足够的润滑油，对易损件必须经常检查、及时维修或更换，对机构螺栓特别是经常振动的如塔身、附着等连接螺栓应经常进行检查，如有松动必须及时紧固或更换。

（6）经一个使用周期后，塔机的结构、机构和其他零部件将会出现不同程度的锈蚀、磨损甚至出现裂纹等安全隐患，因此严格执行塔机的转场维护保养制度，进行一次全面的检查、调整、修复等维护保养工作是十分必要的，是保证塔机下一个周期中安全使用的必要条件。

第二节　塔机维护保养的分类

（1）日常维护保养，每班前后进行，由塔机司机负责完成；

（2）月检查保养，一般每月进行一次，由塔机司机和修理工负责完成；

（3）定期检修，一般每年或每次拆卸后安装前进行一次，由修理工负责完成；

（4）大修，一般运转不超过 1.5 万小时进行一次，由具有相应资质的单位完成。

第三节　塔机维护保养的内容

一、日常维护保养

每班开始工作前，应当进行检查和维护保养，包括目测检查和功能测试，检查一般应包括以下内容：

（1）机构运转情况，尤其是制动器的动作情况；

（2）限制与指示装置的动作情况；

（3）可见的明显缺陷，包括钢丝绳和钢结构。

检查维护保养具体内容和相应要求见表 8-1，有严重情况的应当报告有关人员进行停用、维修或限制性使用等，检查和维护保养情况应当及时记入交接班记录。

表 8-1　日常例行维护保养的内容

序号	项　目	要　　求
1	基础轨道	班前清除轨道或基础上的冰碴、积雪或垃圾，及时疏通排水沟，清除基础轨道积水，保证排水通畅
2	接地装置	检查接地连线与钢轨或塔机十字梁的连接，应接触良好，埋入地下的接地装置和导线连接处无折断松动
3	行走限位开关和撞块	行走限位开关应动作灵敏、可靠，轨道两端撞块完好无移位
4	行走电缆及卷筒装置	电缆应无破损，清除拖拉电缆沿途存在的钢筋、钢丝等有损电缆胶皮的障碍物，电缆卷筒收放转动正常、无卡阻现象
5	电动机、变速箱、制动器、联轴器、安全罩的连接紧固螺栓	各机构的地脚螺栓、连接紧固螺栓、轴瓦固定螺钉不得松动，否则应及时紧固，更换添补损坏丢失的螺钉。回转支承工作 100h 和 500h 检查其预紧力矩，以后每 1000h 检查一次
6	齿轮油箱油质	检查行走、起升、回转、变幅齿轮箱及液压推杆器、液力联轴器的油量，不足要及时添加至规定液面，润滑油变质可提前更换，按润滑部位规定周期更换齿轮油，加注润滑脂
7	制动器	清除制动器闸瓦油污。制动器各连接紧固件无松旷，制动瓦张开间隙适当，带负荷制动有效，否则应紧固调整
8	钢丝绳排列和绳夹	卷筒端绳夹紧固牢靠无损伤，滑轮转动灵活，不脱槽、啃绳、卷筒钢丝绳排列整齐不错乱压绳
9	钢丝绳磨损	检查钢丝绳有无断丝变形，钢丝绳直径相对于公称直径减少 7%或更多时应报废
10	吊钩及防脱装置	检查吊钩是否有裂纹、磨损，防脱装置是否变形、有效
11	紧固金属结构件的螺栓	检查底架、塔身、起重臂、平衡臂及各标准节的连接螺栓应紧固无松动，更换损坏螺栓、增补缺少的螺栓
12	供电电压情况	观察仪表盘电压指示是否符合规定要求，如电压过低或过高（一般不超过额定电压的±10%，应停机检查，待电压正常后再工作

续表

序号	项　目	要　求
13	监听传动机构	试运转，注意监听起升、回转、变幅、行走等机械的传动机构，应无异响或过大的噪声或碰撞现象，应无异常的冲击和振动，否则应停机检查，排除故障
14	电气有无缺陷	运转中，听听各部位电器有无缺相声音，否则应停机排查
15	安全装置的可靠性	注意检查起重量限制器、力矩限制器、变幅限位器、行走限位器等安全装置应灵敏有效，驾驶室的控制显示是否正常，否则应及时报修排除
16	班后检查	清洁驾驶室及操作台灰尘，所有操作手柄应放在零位，拉下照明及室内外设备的开关，总开关箱要加锁，关好窗、锁好门，清洁电动机、减速器及传动机构外部的灰尘，油污
17	夹轨器	夹轨器爪与钢轨紧贴无间隙和松动，丝杠、销孔无弯曲、开裂，否则应报修排除

二、月检查保养

每月进行一次，检查一般应包括以下内容：

（1）润滑，油位、漏油、渗油；

（2）液压装置，油位、漏油；

（3）吊钩及防脱装置，可见的变形、裂纹、磨损；

（4）钢丝绳；

（5）结合及连接处，目测检查锈蚀情况；

（6）连接螺栓，用专用扳手检查标准节连接螺栓松动时应特别注意接头处是否有裂纹；

（7）销轴定位情况，尤其是臂架连接销轴；

（8）接地电阻；

（9）力矩与起重量限制器；

（10）制动磨损，制动衬垫减薄，噪声等；

（11）液压软管；

（12）电气安装；

（13）基础及附着。

月检查维护保养具体内容和相应要求见表 8-2，有严重情况的应当报告有关人员进行停用、维修或限制性使用等，检查和维护保养情况应当及时记入设备档案。

表 8-2　月检查保养的内容

序号	项　目	要　求
1	日常维护保养	按日常检查保养项目，进行检查保养
2	接地电阻	接地线应连接可靠，用接地电阻测试仪测量电阻值不得超过 4Ω
3	电动机滑环及碳刷	清除电动机滑环架及铜头灰尘，检查碳刷应接触均匀，弹簧压力松紧适宜（一般为 $0.2kg/cm^2$），如碳刷磨损超过 1/2 时应更换碳刷
4	电气元件配电箱	检查各部位电气元件，触点应无接触不良，线路接线应紧固，检查电阻箱内电阻的连接，应无松动
5	电动机接零和电线、电缆	各电动机接零紧固无松动，照明及各电气设备用电线、电缆应无破损、老化现象，否则应更换
6	轨道轨距平直度及两轨水平面	每根枕木道钉不得松动，枕木与钢轨之间应紧贴且无下陷空隙，钢轨接头鱼尾板连接螺钉齐全，紧固螺栓合乎规定要求；轨道轨距允许误差不应大于公称值的 1‰，且不宜超过±6mm；钢轨接头间隙不应大于 4mm；接头处两轨顶高度差不应大于 2mm；塔机安装后，轨道顶面纵、横方向上的倾斜度，对于上回转塔机应不大于 3‰；对于下回转塔机应不大于 5‰；在轨道全程中，轨道顶面任意两点的高度差应不大于 100mm
7	紧固钢丝绳绳夹	起重、变幅、平衡臂、拉索、小车牵引等钢丝绳端的绳夹无损伤及松动，固定牢靠
8	润滑滑轮与钢丝绳	润滑起重、变幅、回转、小车牵引等钢丝绳穿绕的动滑轮、定滑轮、张紧滑轮、导向滑轮；每两个月润滑、浸涂钢丝绳
9	附着装置	附着装置的结构和连接是否牢固可靠
10	销轴定位	检查销轴定位情况，尤其是臂架连接销轴
11	液压元件及管路	检查液压泵、操作阀、平衡阀及管路，如有渗漏应排除，压力表损坏应更换，清洗液压滤清器

三、定期检修

塔机每年至少进行一次定期检查，每次安装前、后按定期检查要求进行检查。每次安装前，应对结构件和零部件进行检查并维护保养，有缺陷和损坏的，严禁安装上机；安装后的检查对零部件功能测试应按荷载最不利位置进行，检查一般应包括以下内容：

1. 应检查月检的全部内容。

2. 核实塔机的标志和铭牌。

3. 核实使用手册没有丢失。

4. 核实保养记录。

5. 核实组件、设备及钢结构。

6. 根据设备表象判断老化状况：

（1）传动装置或其零部件松动、漏油。

（2）重要零件（如电动机、齿轮箱、制动器、卷筒）连接装置磨损或损坏。

（3）明显的异常噪声或振动。

（4）明显的异常温升。

（5）连接螺栓松动、裂纹或破损。

（6）制动衬垫磨损或损坏。

（7）可疑的锈蚀或污垢。

（8）电气安装处（电缆入口、电缆附属物）出现损坏。

（9）钢丝绳。

（10）吊钩。

7. 额定载荷状态下的功能测试及运转情况：

（1）机械，尤其是制动器。

（2）限制与指示装置。

8. 金属结构

（1）焊缝，尤其注意可疑的表面油漆龟裂。

（2）锈蚀。

（3）残余变形。

（4）裂缝。

9. 基础与附着

定期检修具体内容和相应要求见表8-3，有严重情况的应当报告有关人员进行停用、维修或限制性使用等，检查和维护保养情况应当及时记入设备档案。

表8-3　定期检修内容

序号	项　目	要　　求
1	核实塔机资料、部件	按月检查保养项目，进行检查保养
2	制动器	核实塔机的标志和铭牌，检查核实塔机档案资料是否齐全、有效；部件、配件和备用件是否齐全
3	制动器	塔机各制动闸瓦与制动带片的铆钉头埋度小于0.5mm时，接触面积不应小于70%～80%，制动轮失圆或表面痕深大于0.5mm，制动器磨损，必要时拆检更换制动瓦（片）
4	减速齿轮箱	揭盖清洗各机构减速齿轮箱，检查齿面，如有断齿、啃齿、裂纹及表面剥落等情况，应拆检修复；检查齿轮轴键和轴承径向间隙，如轮键松旷、径向间隙超过0.2mm应修复，调整或更换轴承，轮轴弯曲超过0.2mm应校正；检查棘轮棘爪装置，排除轴端渗漏、更换齿轮油并加注至规定油面。生产厂有特殊要求的，按厂家说明书要求进行
5	开式齿轮啮合间隙、传动轴弯曲和轴瓦磨损	检查开式齿轮，啮合侧向间隙一般不超过齿轮的0.2～0.3，齿厚磨损不大于节圆理论齿厚的20%，轮键不得松旷，各轮轴变径倒角处无疲劳裂纹，轴的弯曲不超过0.2mm，滑动轴承径向间隙一般不超过0.4mm，如有问题应修理更换
6	滑轮组	滑轮槽壁如有破碎裂纹或槽壁磨损超过原厚的20%，绳槽径向磨损超过钢丝绳直径的25%，滑轮轴颈磨损超过原轴颈的2%时，应更换滑轮及滑轮轴
7	行走轮	行走轮与轨道接触面如有严重龟裂、起层、表面剥落和凸凹沟槽现象，应修换

续表

序号	项　目	要　　求
8	整机金属结构	对钢结构开焊、开裂、变形的部件进行更换；更换损坏、锈蚀的连接紧固螺栓；修换钢丝绳固定端已损伤的套环、绳卡和固定销轴
9	电动机	电动机转子、定子绝缘电阻在不低于0.5MΩ时可在运行中干燥；铜头表面烧伤有毛刺应修磨平整，铜头云母片应低于铜头表面0.8～1mm；电动机轴弯曲超过0.2mm应校正；滚动轴承径向间隙超过0.15mm时应更换
10	电气元件和线路	对已损坏、失效的电气开关、仪表、电阻器、接触器以及绝缘不符合要求的导线进行修换
11	零部件及安全设施	配齐已丢失损坏的油嘴、油杯；增补已丢失损坏的弹簧垫、联轴器缓冲垫、开口销、安全罩等零部件；塔机爬梯的护圈、平台、走道、踢脚板和栏杆如有损坏，应修理更换
12	防腐喷漆	对塔机的金属结构，各传动机构进行除锈、防腐、喷漆
13	整机性能试验	检修及组装后，按要求进行静、动载荷试验，并试验各安全装置的可靠性，填写试验报告

四、大修

塔机经过一段长时间的运转后应进行大修，大修间隔最长不应超过15000h。大修应按以下要求进行。

（1）起重机的所有可拆零件应全部拆卸、清洗、修理或更换（生产厂有特殊要求的除外）。

（2）应更换润滑油。

（3）所有电动机应拆卸、解体、维修。

（4）更换老化的电线和损坏的电气元件。

（5）除锈、涂漆。

（6）对拉臂架的钢丝绳或拉杆进行检查。

（7）起重机上所用的仪表应按有关规定维修、校验、更换。

（8）大修出厂时，塔机应达到产品出厂时的工作性能，并应有监督检验证明。

五、停用时的维护

对于长时间不使用的起重机，应当对塔机各部位做好润滑、防腐、防雨处理后停放好，并每年做一次检查。

六、润滑保养

为保证塔机的正常工作，应经常检查塔机各部位的润滑情况，做好周期润滑工作，按时添加或更换润滑剂。塔机的润滑部位、润滑剂的选用以及润滑周期，可参照表 8-4。

表 8-4　塔机润滑部位及周期

序号	润滑部位	润滑剂	润滑周期(h)	润滑方式
1	齿轮减速器、蜗轮、蜗杆减速器、行星齿轮减速器	齿轮油 冬 HL-20 夏 HL-30	200 1000	添加 更换
2	起升、回转、变幅、行走等机构的开式齿轮及排绳机构蜗杆传动	石墨润滑剂 ZG-S	50	涂抹
3	钢丝绳		50	涂抹
4	各部连接螺栓、销轴		100	装前涂抹
5	回转支承上、下座圈滚道水平支撑滑轮，行走轮轴承，卷筒链条，中央集电环轴套，行走台车轴套	钙基润滑脂 冬 ZC-2 夏 ZC-4	50	涂抹
6	水母式底架活动支腿、卷筒支座、行走机构小齿轮支座旋转机构竖轴支座		200	加注
7	卷筒支座		200	加注
8	齿轮传动、蜗轮蜗杆传动及行星传动等的轴承		200	加注
9	吊钩扁担梁推力轴承，钢丝绳滑轮轴承，小车行走轮轴承		500	加注
10	液压缸球铰支座，拆装式塔身基础节斜撑支座起升机构和小车牵引机构限位开关链传动		1000	加注 涂抹

续表

序号	润滑部位	润滑剂	润滑周期(h)	润滑方式
11	制动器铰点、限位开关及接触器的活动铰点、夹轨器	机械油 HJ-20	50	根据需要油壶滴入
12	液力联轴器	汽轮机油 HU-22	200 1000	添加 换油
13	液压推杆制动器及液压电磁制动器	冬变压器油 DB-10 夏机械油 HJ-20	200	添加
14	液压油箱	冬20号抗磨液压油 夏40号抗磨液压油	100	顶升或降落塔身前检查添加
			100～500	清洗换油

注：由于不同形式的塔机对于润滑要求不尽相同，不同的使用环境对润滑的要求也不同，因此，塔机的润滑剂和润滑周期应按塔机使用说明书的要求，结合使用环境，进行润滑作业。塔机生产厂家有特殊要求的，按厂家说明书要求。

第九章　塔式起重机安装自检的内容和方法

第一节　塔机安装前自检

塔机除了在库区维护保养、出库前检查外，当塔机运抵安装现场后，在安装之前塔机安拆组应对塔机各部件进行一般性检查，及时发现表面问题及是否缺少部件。主要检查内容如表 9-1 所示。

表 9-1　塔机安装前主要自检项目

检查项目	要求
固定基础	预埋腿/节 4 点水平度小于 1%，混凝土无裂纹，有混凝土强度报告且强度大于等于 80%
钢结构部件	无变形、无裂纹、焊缝无缺陷、无过度锈蚀
轨道枕木	形状尺寸正确、无腐蚀、防腐油饱满
销轴组	无整体变形、无局部过度变形、无过度锈蚀、无过度磨损
螺栓组	无整体变形、无局部过度变形、无过度锈蚀、无过度磨损、螺纹无损坏、螺纹防腐油饱满
电缆	绝缘皮无破损、接头完好有效
配电柜	锁完好有效、内部电气部件外观完好
操作室	外观完好、内部各可观部件齐全完好
平衡臂配重块	无整体裂纹、无暴露钢筋、质量型号标识清晰、钢角齐全

续表

检查项目	要求
行走底架配重块	无整体裂纹、无暴露钢筋、质量型号标识清晰、钢角齐全
钢丝绳	无失效数量断丝、防腐油饱满、无乱股、接头齐全完好。出现波浪线时，在钢丝绳长度不超过 $25d$ 范围内。若波形幅度值达到 $4d/3$ 或以上，则钢丝绳应报废。笼状畸变、绳股挤出或钢丝挤出变形严重的钢丝绳应报废。钢丝绳出现严重的扭结、压扁和弯折现象应报废。绳径局部严重增大或减小均应报废
限位器（轨道位置限位器、变幅限位器、回转限位器、力矩限位器、质量限位器、起升高度限制器）	外观无破损、数量齐全
液压管路	接头完好、管表面无破损
液压泵站	外观完好、原件齐全、液压油充足
起升吊钩	磨损量符合规范、防脱钩装置齐全完好有效
卷筒保险	完好有效
挡风板	齐全、尺寸正确、外观完好
安全标语	齐全、清晰
小车断绳保护器	齐全、有效
滑轮	滑轮应转动良好，出现下列情况应报废：①裂纹或轮缘破损；②滑轮绳槽壁厚磨损量大于壁厚的 20%；③滑轮槽底的磨损量超过相应钢丝绳直径的 25%
滑轮上的钢丝绳防脱装置	应完整、可靠，该装置与滑轮最外缘的间隙不应超过钢丝绳直径的 20%
卷筒	卷筒壁不应有裂纹，筒壁磨损量不应大于原壁厚的 10%；多层缠绕的卷筒，端部应有比最外层钢丝绳高出 2 倍钢丝绳直径的凸缘
登记编号牌和产品标牌	齐全、完好
障碍指示灯	齐全、完好

续表

检查项目	要求
门窗和灭火器，雨刷等附属设施	齐全、完好
风速仪	齐全、完好

第二节　塔机安装后自检

塔机安装后，塔机安拆人员或专职检查人员共同进行自检，有相关地方标准的可以执行地标，有相关企业标准的可以执行企标，一般检查项目如表 9-2 所示。

表 9-2　塔机安装后主要自检项目

基础检查项				
序号	检验项目	实测数据	结果	备注
1	地基允许承载能力（kN/m^2）	—	—	
2	基坑围护形式	—	—	
3	塔机距基坑边距离（m）	—	—	
4	基础下是否有管线、障碍物或不良地质	—	—	
5	排水措施（有、无）	—	—	
6	基础位置、标高及平整度			
7	塔机底架（预埋腿/节的 4 处连接点）的水平度			公差带应不大于预埋腿/节的正方形边长的 1‰
8	行走式塔机导轨的水平度			
9	塔机接地装置的设置	—	—	应不大于 4Ω
10	其他	—	—	

续表

<table>
<tr><th colspan="7">机械检查项</th></tr>
<tr><th>名称</th><th>序号</th><th colspan="2">检查项目</th><th>要求</th><th>结果</th><th>备注</th></tr>
<tr><td rowspan="4">标识与环境</td><td>1</td><td colspan="2">登记编号牌和产品标牌</td><td>齐全</td><td></td><td></td></tr>
<tr><td rowspan="3">2</td><td rowspan="3" colspan="2">塔机与周围环境关系</td><td>尾部与建（构）筑物及施工设施之间的距离不小于0.6m</td><td></td><td></td></tr>
<tr><td>两台塔机之间的最小架设距离应保证处于低位塔机的起重臂端部与另一塔机的塔身之间至少有2m的距离；处于高位塔机的最低位置的部件与低位塔机处于最高位置部件之间的垂直距离不应小于2m</td><td></td><td></td></tr>
<tr><td>与输电线的距离应不小于《塔式起重机安全规程》（GB 5144）的规定</td><td></td><td></td></tr>
<tr><td rowspan="10">金属结构件</td><td>3</td><td colspan="2">主要结构件</td><td>无可见裂纹和明显变形</td><td></td><td></td></tr>
<tr><td>4</td><td colspan="2">主要连接螺栓</td><td>齐全，规格和预紧力达到使用说明书要求</td><td></td><td></td></tr>
<tr><td>5</td><td colspan="2">主要连接销轴</td><td>销轴符合出厂要求，连接可靠</td><td></td><td></td></tr>
<tr><td>6</td><td colspan="2">过道、平台、栏杆、踏板</td><td>符合《塔式起重机安全规程》（GB 5144）的规定</td><td></td><td></td></tr>
<tr><td>7</td><td colspan="2">梯子、护圈、休息平台</td><td>符合《塔式起重机安全规程》（GB 5144）的规定</td><td></td><td></td></tr>
<tr><td>8</td><td colspan="2">附着装置</td><td>设置位置和附着距离符合方案规定，结构形式正确，附墙与建筑物连接牢固</td><td></td><td></td></tr>
<tr><td>9</td><td colspan="2">附着杆</td><td>无明显变形，焊缝无裂纹</td><td></td><td></td></tr>
<tr><td>10</td><td rowspan="2">在空载，风速不大于3m/s状态下</td><td>独立状态塔身（或附着状态下最高附着点以上塔身）</td><td>塔身轴心线对支承面的垂直度≤4/1000</td><td></td><td></td></tr>
<tr><td>11</td><td>附着状态下最高附着点以下塔身</td><td>塔身轴心线对支承面的垂直度≤2/1000</td><td></td><td></td></tr>
<tr><td>12</td><td colspan="2">内爬式塔机的爬升框与支承钢梁、支承钢梁与建筑结构之间的连接</td><td>连接可靠</td><td></td><td></td></tr>
</table>

续表

机械检查项					
名称	序号	检查项目	要求	结果	备注
爬升与回转	13	平衡阀或液压锁与油缸间连接	应设平衡阀或液压锁，且与油缸用硬管连接		
	14	爬升装置防脱功能	自升式塔机在正常加节、降节作业时，应具有可靠的防止爬升装置在塔身支承中或油缸端头从其连接结构中自行（非人为操作）脱出的功能		
	15	回转限位器	对回转处不设集电器供电的塔机，应设置正反两个方向回转限位开关，开关动作时臂架旋转角度应不大于±540°		
起升系统	16	起重力矩限制器	灵敏可靠，限制值＜额定载荷110%，显示误差≤±5%		
	17*	起升高度限位器	对动臂变幅和小车变幅的塔机，当吊钩装置顶部升至起重臂下端的最小距离为800mm处时，应能立即停止起升运动		
	18	起重量限制器	灵敏可靠，限制值＜额定载荷110%，显示误差≤±5%		
变幅系统	19	小车断绳保护装置	双向均应设置		
	20	小车断轴保护装置	应设置		
	21	小车变幅检修挂篮	连接可靠		
	22	小车变幅限位和终端止挡装置	对小车变幅的塔机，应设置小车行程限位开关和终端缓冲装置。限位开关动作后应保证小车停车时其端部距缓冲装置最小距离为200mm		
	23	动臂式变幅限位和防臂架后翻装置	动臂变幅有最大和最小幅度限位器，限制范围符合使用说明书要求，防止臂架反弹后翻的装置牢固可靠		

续表

机械检查项					
名称	序号	检查项目	要求	结果	备注
机构及零部件	24	吊钩	钩体无裂纹、磨损、补焊，无危险截面，钩筋无塑性变形		
	25	吊钩防钢丝绳脱钩装置	应完整可靠		
	26	滑轮	滑轮应转动良好，出现下列情况应报废：①裂纹或轮缘破损；②滑轮绳槽壁厚磨损量达原壁厚的20%；③滑轮槽底的磨损量超过相应钢丝绳直径的25%		
	27	滑轮上的钢丝绳防脱装置	应完整、可靠，该装置与滑轮最外缘的间隙不应超过钢丝绳直径的20%		
	28	卷筒	卷筒壁不应有裂纹，筒壁磨损量不应大于原壁厚的10%；多层缠绕的卷筒，端部应有比最外层钢丝绳高出2倍钢丝绳直径的凸缘		
	29	卷筒上的钢丝绳防脱装置	卷筒上钢丝绳应排列有序，设有防钢丝绳脱槽装置，该装置与卷筒最外缘的间隙不应超过钢丝绳直径的20%		
	30	钢丝绳完好度	见钢丝绳检查项		
	31	钢丝绳端部固定	符合使用说明书规定		
	32	钢丝绳穿绕方式、润滑与干涉	穿绕正常，润滑良好，无干涉		
	33	制动器	起升、回转、变幅、行走机构都应配备制动器，制动器不应有裂纹、过度磨损、塑性变形、缺件等缺陷，调整适宜，制动平稳可靠		
	34	传动装置	固定牢固，运行平稳		
	35	有可能伤人的活动零部件外露部分	防护罩齐全		

续表

机械检查项					
名称	序号	检查项目	要求	结果	备注
电气及保护	36	紧急断电开关	非自动复位，有效，且便于司机操作		
	37	绝缘电阻	主电器和控制电路的对地绝缘电阻不应小于0.5MΩ		
	38	接地电阻	接地系统应便于复核检查，接地电阻不大于4Ω		
	39	塔机专用开关箱	单独设置并有警示标志		
	40	声响信号器	完好		
	41	保护零线	不得作为截流回路		
	42	电源电缆与电缆保护	无破损、老化，与金属接触处有绝缘材料隔离，移动电缆有电缆卷筒或其他防止磨损措施		
	43	障碍指示灯	塔顶高度大于30m，且高于周围建筑物时应安装，该指示灯的供电不应受停机的影响		
轨道	44	行走轨道端部止挡装置与缓冲	应设置		
	45	行走限位装置	制停后距止挡装置≤1m		
	46	防风夹轨器	应设置，有效		
	47	排障清轨板	清轨板与轨道之间的间隙不应大于5mm		
	48	钢轨接头位置及误差	支承在道木或路基箱上时，两侧错开≤1.5m；间隙≤4mm；高差≤2mm		
	49	轨距误差及轨距拉杆设置	<1/1000且最大应<6mm，相邻两根间距≤6m		
司机室	50	性能标牌（显示屏）	齐全、清晰		
	51	门窗和灭火器，雨刷等附属设施	齐全、有效		

续表

机械检查项					
名称	序号	检查项目	要求	结果	备注
其他	52	平衡重、压重	安装准确，牢固可靠		
	53	风速仪	臂架根部铰点高于50m时应设置		

钢丝绳检查项					
序号	检验项目	报废标准	实测	结果	备注
1	钢丝绳磨损量	钢丝绳实测直径相对于公称直径减小7%或更多时			
2	常用规格钢丝绳规定长度内达到报废标准的断丝数	钢制滑轮上工作的圆股钢丝绳，抗扭钢丝绳中断丝根数的控制标准参照《起重机钢丝绳保养、维护、检验和报废》(GB/T 5972)			
3	钢丝绳的变形	出现波浪形时，在钢丝绳长度不超过25*d*范围内。若波形幅度值达到4*d*/3或以上，则钢丝绳应报废			
		笼状畸变、绳股挤出或钢丝挤出变形严重的钢丝绳应报废			
		钢丝绳出现严重的扭结、压扁和弯折现象应报废			
		绳径局部严重增大或减小均应报废			

第三节　塔式起重机附着、顶升后检查

塔机每次附着、顶升后应由塔机安拆人员或专职检查人员共同进行自检，一般检查项目如表9-3、表9-4所示。

表 9-3　塔机顶升后主要自检项目

<table>
<tr><td colspan="2">顶升前高度　(m)</td><td colspan="2">顶升后高度　(m)</td></tr>
<tr><td rowspan="8">顶升之前检查</td><td colspan="2">标准节数量和型号是否正确</td><td></td></tr>
<tr><td colspan="2">标准节套架、平台等是否开焊、变形和裂纹</td><td></td></tr>
<tr><td colspan="2">套架滚轮转动是否灵活，与塔身的间隙是否合适</td><td></td></tr>
<tr><td colspan="2">液压系统压力是否达到要求，油路是否畅通，无泄漏</td><td></td></tr>
<tr><td colspan="2">塔身对支承面垂直度偏差是否小于 4‰</td><td></td></tr>
<tr><td colspan="2">电缆线是否放松到足够高度</td><td></td></tr>
<tr><td colspan="2">顶升套架和回转支承是否可靠连接</td><td></td></tr>
<tr><td colspan="2">内爬式塔机爬升横梁、支腿及梯架是否可靠连接</td><td></td></tr>
<tr><td rowspan="7">顶升之后检查</td><td colspan="2">塔身连接是否可靠，螺栓和销子是否齐全</td><td></td></tr>
<tr><td colspan="2">塔身与回转平台连接是否可靠，螺栓拧紧力矩是否达标</td><td></td></tr>
<tr><td colspan="2">套架是否降低到规定位置，电源是否接好</td><td></td></tr>
<tr><td colspan="2">塔身对支承面垂直度偏差是否小于 4‰</td><td></td></tr>
<tr><td colspan="2">顶升油缸是否放置在规定位置</td><td></td></tr>
<tr><td colspan="2">内爬式塔机爬升横梁和支腿是否可靠就位</td><td></td></tr>
<tr><td colspan="2">—</td><td></td></tr>
</table>

表 9-4　塔机附着后主要自检项目

<table>
<tr><td>附着道数</td><td></td><td>与下面一道附着间距</td><td>(m)</td><td>与建筑物水平附着距离</td><td>(m)</td></tr>
<tr><td rowspan="6">附着之前检查项目</td><td colspan="4">框架、锚杆、墙板等是否开焊、变形和裂纹</td><td></td></tr>
<tr><td colspan="4">锚杆长度和结构形式是符合附着要求</td><td></td></tr>
<tr><td colspan="4">建筑物上附着点布置和强度是否符合要求</td><td></td></tr>
<tr><td colspan="4">第一道附着以下高度不得大于说明书中规定</td><td></td></tr>
<tr><td colspan="4">附着之间距离符合要求</td><td></td></tr>
<tr><td colspan="4">最高附着点以上塔身轴线对支承面垂直度是否小于 4‰</td><td></td></tr>
</table>

续表

附着之后检查项目	附着框架安装位置是否符合规定要求	
	塔身与附着框架是否固定牢靠	
	框架、锚杆、墙板等各处螺栓、销轴是否齐全、正确、可靠	
	垫铁、楔块等零、部件齐全可靠	
	最高附着点以下塔身轴线对支承面垂直度是否小于 2‰	
	最高附着点以上塔身轴线对支承面垂直度是否小于 4‰	
	附着点以上塔机自由高度是否符合说明书要求	

第四节　载荷试验

一、空载试验

塔机空载状态下，起升、回转、变幅、运行各动作的操作试验。检查：

（1）操作系统、控制系统、联锁装置动作的准确性和灵活性；

（2）各行程限位器的动作准确性和可靠性；

（3）各机构中无相对运动部位是否有漏油现象，有相对运动部位的渗漏情况，各机构运动的平稳性，是否有爬行、震颤、冲击、过热、异常噪声等现象。

二、额定载荷试验

额定载荷试验按表 9-5 进行。每一工况试验不少于 3 次。各参数的测定值取为 3 次测量的算术平均值。

表 9-5　额定载荷试验

<table>
<tr><th rowspan="3">工况</th><th colspan="5">试验方法</th><th rowspan="3">实验目的</th></tr>
<tr><th rowspan="2">起升</th><th colspan="2">变幅</th><th rowspan="2">回转</th><th rowspan="2">运行</th></tr>
<tr><th>动臂变幅</th><th>小车变幅</th></tr>
<tr><td>最大幅度相应的额定起重量</td><td rowspan="3">在起升全程范围内以额定速度进行起升、下降，在每一起升、下降过程中进行不少于三次的正常制动</td><td>在最大幅度和最小幅度间，臂架以额定速度进行俯仰变幅</td><td>在最大幅度和最小幅度间，小车以额定速度进行两个方向变幅</td><td rowspan="2">以额定速度进行左右回转。对不能全回转的塔机，应超过最大回转角</td><td rowspan="2">以额定速度往复行走。臂架垂直于轨道，吊重离地500mm左右，往返运行不小于20m</td><td rowspan="2">测量各机构的运动速度；机构及司机室噪声；力矩限制器、起重量限制器精度</td></tr>
<tr><td>最大额定起重量相应的最大幅度</td><td></td><td>在最小幅度和应该起重量允许的最大幅度间，小车以额定速度进行两个方向变幅</td></tr>
<tr><td>具有多挡变速的起升机构，每挡速度允许的额定起重量</td><td colspan="4"></td><td>测量每挡工作速度</td></tr>
</table>

注 1. 对设计规定不能带载变幅的动臂式塔机，可不按本表规定进行带载变幅试验。
2. 对可变速的其他机构，应进行试验并测量各挡工作速度。

三、110%额定载荷动载试验

110%额定载荷动载试验按表 9-6 进行。每一工况试验不少于 3 次。每一次的动作停稳后再进行下一次启动。

表 9-6　110%额定载荷动载试验

<table>
<tr><th rowspan="3">工况</th><th colspan="5">试验方法</th><th rowspan="3">实验目的</th></tr>
<tr><th rowspan="2">起升</th><th colspan="2">变幅</th><th rowspan="2">回转</th><th rowspan="2">运行</th></tr>
<tr><th>动臂变幅</th><th>小车变幅</th></tr>
<tr><td>最大幅度相应额定起重量的110%</td><td rowspan="4">在起升全程范围内以额定速度进行起升、下降</td><td>在最大幅度和最小幅度间，臂架以额定速度进行俯仰变幅</td><td>在最大幅度和最小幅度间，小车以额定速度进行两个方向变幅</td><td rowspan="3">以额定速度进行左右回转。对不能全回转的塔机，应超过最大回转角</td><td rowspan="3">以额定速度往复行走。臂架垂直于轨道，吊重离地500mm左右，往返运行不小于20m</td><td rowspan="4">根据设计要求进行组合动作试验，并目测检查各机构运转的灵活性和制动器的可靠性。卸载后检查机构及结构各部件有无松动和破坏等异常现象</td></tr>
<tr><td>起吊最大额定起重量的110%，在该吊重相应的最大幅度时</td><td rowspan="2"></td><td rowspan="2">在最小幅度和应该起重量允许的最大幅度间，小车以额定速度进行两个方向变幅</td></tr>
<tr><td>在上两个幅度的中间幅度处，相应额定起重量的110%</td></tr>
<tr><td>具有多挡变速的起升机构，每挡速度允许的额定起重量的110%</td><td colspan="4"></td></tr>
</table>

注：对设计规定不能带载变幅的动臂式塔机，可不按本表规定进行带载变幅试验。

四、125%额定载荷静载试验

125%额定载荷静载试验按表 9-7 进行，试验时臂架分别位于与塔身呈 0°和 45°的两个方位。

表 9-7 125%额定载荷静载试验

工况	试验方法	实验目的
最大幅度相应额定起重量的 125%	起升额定载荷，离地 100～200mm，停稳后，逐次加载至 125%，测量载荷离地高度，停留 10 分钟后同一位置测量并进行比较	检查制动器可靠性，并在卸载后目测检查塔机是否出现可见裂纹、永久变形、油漆剥落、连接松动及其他可能对塔机性能和安全有影响的隐患
起吊最大额定起重量的 125%，在该吊重相应的最大幅度时		
在上两个幅度的中间幅度处，相应额定起重量的 125%		

注：1. 试验时不允许对制动器进行调整；

2. 试验时允许对力矩限制器、起重量限制器进行调整。试验后应重新将其调整到规定值。

第十章 塔式起重机安装、拆除的安全常识及操作规程

第一节 基本要求

（1）作业人员必须持证上岗，操作证件复印件盖章后交施工总包单位备案。

（2）塔机安拆用辅助起重设备应持监管部门颁发的检测合格证，并将合格证复印件盖章后交施工总包单位备案。

（3）作业人员进入施工现场必须戴合格的安全帽、系好下额带，锁好带扣。

（4）作业人员登高（2m 以上）作业时必须系合格的安全带，系挂牢固，穿防滑鞋。

（5）作业人员应已进行严格的体格检查，不合格者，不准进行塔机安拆作业。

（6）安拆塔机电路时，应断开电源后安拆，禁止带电作业。

（7）禁止在雨雪天气中进行塔机安拆作业。

（8）塔机司机及其他辅助起重机司机作业时，严禁收听任何有声电器及电话，严禁和其他人员交谈。

（9）禁止酒后作业，禁止作业中打闹和吸烟。

（10）信号工要穿有明显标识的衣服，两眼视力不得低于1.0，无色盲、听力障碍。

（11）安拆用各类工机具，应有检测合格证。

（12）塔机及辅助起重机应严格按照额定起重量性能表作业，严禁超载，严禁歪拉斜拽。

（13）作业时段应在白天，特殊情况需在夜间作业时，应专门配置充足的照明。

（14）作业人员必须了解辅助起重机性能、塔机性能、塔机安装程序、塔机各部件质量和正确吊点。

（15）塔机安装前，检查塔机电气线路的绝缘电阻值是否合格、各级漏电保护器是否灵敏、塔机基础地线组织是否小于 4Ω。

（16）塔机本机组人员应在场，同时当面交代本机械电气设备使用情况。

（17）固定式塔机塔身轴心线对支承面侧向垂直度≤4‰，行走或底架式塔机塔身轴心线对支承面侧向垂直度≤3‰，最高附着点以下塔身轴心线对支承面侧向垂直度≤2‰，最高附着点以上塔身轴心线对支承面侧向垂直度≤4‰。

（18）严格按塔机说明书规定进行塔机电气线路安拆。

（19）塔机接线端子必须按规定压牢，防止因接线松动引发火灾事故。

（20）塔机设置专用配电柜，不得在该配电柜上接其他用电设备。

（21）各起重机司机和信号工必须使用对讲机进行指令的接受和发出，确保对讲机的音质清晰，调频无干扰。

（22）吊装作业前必须进行试吊，吊绳套挂牢固，起重机缓缓起升，将吊绳绷紧稍停试吊，试吊高度为 200mm。试吊中，指挥信号工、挂钩工、司机必须协调配合。发现吊物重心偏移或其他物件粘连等情况时，必须立即停止起吊，采取措施并确认安全后方可起吊。

（23）吊装现场地面要平整坚实，松软的土层要夯实及加垫木，以保证辅助起重机稳定作业。

（24）塔机安拆、附着等过程中，需要搭设脚手架等工作平台的由施工总包单位设计并搭设，塔机安拆作业人员不得在无合规场地防护的地点强行作业。

（25）作业前，对各作业工种进行安全技术交底。

（26）作业前，安拆组组长对全员进行班前讲话，明确工作任务和注意要点。

（27）安拆组设专职安全员，对作业安全实时监护，对违反安全规定的人员，有权纠正或停止其工作，且专职安全员不得兼职其他工作。

（28）安拆组设专业电工从事电气安装、调试、拆卸等工作。

（29）现场应设立安全区域，并派专人监护，禁止非作业人员进入。

（30）合理安排作业人员，明确分工，责任落实到每个人。

（31）施工总包单位与塔机安拆单位签署安全协议，明确双方安全管理责任。

（32）统一指挥，一切程序都必须通过指挥实施。

（33）塔机安拆作业中如需动火、动焊作业，必须由总包单位统一审批，审批前应对作业点进行检查；动火、动焊前，应清理作业点及周围易燃、可燃物，配备灭火器具，明确现场看火人。

（34）作业前，施工总包单位应对所有作业人员进行教育、考核。

第二节　起重吊装

（1）严禁酒后作业。

（2）进入施工现场人员必须佩戴安全帽。

（3）吊装前检查起重设备和吊具，判断是否符合安全要求，不合要求的拒绝使用。

(4) 吊装作业人员、信号工必须经专门安全技术培训，持证上岗。

(5) 吊车作业要严格遵守操作规程，指挥信号要鲜明准确。

(6) 吊装时需临时封闭现场，并派专人负责交通安全。

(7) 信号工要穿有明显标识的衣服，两眼视力不得低于1.0，无色盲、听力障碍。

(8) 信号工高空指挥时，需戴安全带、穿防滑鞋。

(9) 参加吊装人员须经身体检查，年老体弱和患有高血压、心脏病、癫痫等不适合高空作业的疾病患者，不得从事高空作业。

(10) 大雨、大雾及风力四级以上（含四级）等恶劣天气，必须停止露天起重吊装作业。

(11) 作业前应检查被吊物、场地、作业空间等，确认安全后方可作业。

(12) 作业时应缓起、缓转、缓移，并用控制绳保持吊物平稳。

(13) 移动构件、设备时，构件、设备必须连接牢固，保持稳定。道路应坚实平整，作业人员必须听从统一指挥，协调一致。

(14) 码放构件的场地应坚实平整。码放后应支撑牢固、稳定。

(15) 司机作业时，严禁收听任何有声电器及电话，严禁和其他人员交谈。

(16) 司机和信号工必须使用对讲机进行指令的接受和发出，确保对讲机的音质清晰，调频无干扰。

(17) 试吊：吊绳套挂牢固，起重机缓缓起升，将吊绳绷紧稍停试吊，试吊高度为200mm。试吊中，指挥信号工、挂钩工、司机必须协调配合。发现吊物重心偏移或其他物件粘连等情况时，必须立即停止起吊，采取措施并确认安全后方可起吊。

（18）吊装现场地面要平整坚实，松软的土层要夯实及加垫木，以保证吊机稳定作业。

第三节　高处作业安全常识

高处作业，是从相对高度的概念出发的。凡在坠落高度基准面 2m 以上（含 2m）有可能坠落的高处进行的作业称为高处作业。坠落高度基准面是指发生坠落时通过最低坠落着落点的水平面。最低坠落着落点是指在作业位置可能坠落到的最低点。

高处作业基本上可以分为三大类，即临边作业、洞口作业及悬空作业。因此，对高处作业的安全技术措施在开工以前就须特别留意以下有关事项：

（1）技术措施及所需料具要完整地列入施工计划。

（2）进行技术教育和现场技术交底。

（3）所有安全标志、工具和设备等，在施工前逐一检查。

（4）做好对高处作业人员的培训考核等。

（5）高处作业人员要身穿紧扣工作服，脚穿防滑鞋，头戴安全帽，腰系安全带。

（6）遇到大雾、大雨和六级以上大风时，禁止进行高处作业。

第四节　正确使用劳动安全防护用品

（1）安全帽质量必须符合要求，不准使用缺衬、缺带及破损的安全帽。

（2）正确使用安全帽并扣好帽带，不准把安全帽抛、扔或坐、垫。

（3）安全带质量必须符合要求。

（4）安全带使用两年后，必须按规定抽验一次，对抽验不合格的，必须更换安全绳后才能使用。

（5）安全带应储存在干燥、通风的仓库内，不准接触高温、明火、强酸碱或尖锐的坚硬物体。

（6）安全带应高挂使用，不准将绳打结使用，使用3m以上长绳应加缓冲器（自锁钩用吊绳除外）。

（7）安全带上的各种部件不得任意拆除，更换新绳时要注意加绳套。

（8）凡高空作业和其他规定使用安全带的作业人员都必须使用安全带。

第五节　安全标志与安全色的基本知识

一、安全色

（1）红色：表示禁止、停止、危险以及消防设备的意思。凡是禁止、停止、消防和有危险的器件或环境均应涂以红色的标记作为警示信号。如信号灯、紧急按钮均用红色，分别表示“禁止通行”“禁止触动”等禁止的信息。

（2）黄色：一般用来标志注意、警告、危险。如“当心触电”“注意安全”等。

（3）蓝色：表示指令，要求人们必须遵守的规定。如“必须戴安全帽”“必须验电”。

（4）绿色：表示给人们提供允许、安全的信息。如“在此工作”“在此攀登”等。

（5）黑色：表示用来标注文字、符号和警示标志的图形等。

（6）白色：表示用于安全标志红、蓝、绿色的背景色，也可用于安全标志的文字和图形符号。

（7）黄色与黑色间隔条纹：表示用来标志警告、危险。如各种机械在工作或移动时容易碰撞的部位；移动式起重机的外伸腿、起重机的吊钩滑轮侧板、起重臂的顶端、四轮配重；平顶拖车的排障器及侧面栏杆；门式起重和门架下端。

（8）红色与白色间隔条纹：表示用来标志禁止通过、禁止穿越等。

在使用安全色时，为了提高安全色的辨认率，使其更明显醒目，常采用其他颜色作为背景，即对比色。红、蓝、绿色的对比色为白色，黄色的对比色为黑色，黑色与白色互为对比色。

二、安全标志

（1）禁止标志：圆形，背景为白色，红色圆边，中间为一红色斜杠，图像用黑色。一般常用的有“禁止烟火” “禁止启动”等。

（2）警告类标志：等边三角形，背景为黄色，边和图案都用黑色。一般常用的有“当心触电”“注意安全”等。

（3）指令类标志：圆形，背景为蓝色，图案及文字用白色。一般常用的有“必须戴安全帽”“必须戴护目镜”

（4）提示类标志：矩形，背景为绿色，图案及文字用白色。

安全标志应安装在光线充足的明显之处；高度应略高于人的视线，使人容易发现；一般不应安装于门窗及可移动的部位，也不宜安装在其他物体容易触及的部位；安全标志不宜在大面积或同一场所使用过多，通常应在白色光源的条件下使用，光线不足的地方应增设照明。安全标志一般用钢板、塑料等材料制成，同时也不应有反光现象。

第六节　消防知识

一、消防知识的基本概念

（一）防火

我国消防工作的方针是“以防为主，防消结合”。

“以防为主”就是要把预防火灾的工作放在首要地位，开展防火安全教育，提高人民群众对火灾的警惕性；健全防火组织，严密防火制度，进行防火检查，消除火灾隐患，贯彻建筑防火措施等。

“防消结合”就是在积极做好防火工作的同时，在组织上、思想上、物质上和技术上做好灭火战斗的准备。一旦发生火灾，就能迅速地赶赴现场，及时有效地将火灾扑灭。

（二）燃烧

燃烧，俗称“起火”　“着火”，是一种发光、发热的化学反应。

二、火灾和爆炸原因

发生火灾应具备的三个必要条件：可燃物、助燃物、火源或高温；燃烧要具备的三个充分条件：一定浓度、一定的含氧量、一定的着火能量。

可燃物是指能与空气中的氧或其他氧化剂起化学反应的物质，如汽油、塑料、棉花、木材、乙炔等。

助燃物是指能帮助可燃物燃烧的物质，又称氧化剂。

火源就是能引起可燃物燃烧的热能源，如明火、电火花、电弧、高温等，但不同的物质其燃点是不一样的。

三、火灾应急处理

（一）及时、准确地报警

当发生火灾时，应视火势情况，在向周围人员报警的同时向消防队报警，直接拨打119”火警电话，同时还要向单位领导和有关部门报告。电气起火应迅速切断电源。

（二）扑灭初起之火

此阶段是扑灭火灾的最佳时机。在报警的同时，要分秒必争，抓紧时间，力争把火灾消灭在初起阶段。

（三）火灾中的自救

火灾中的人员伤亡，多发生在楼上或因逃生困难或因烟气窒息或被迫跳楼或被烈火焚烧。火灾中的自救要注意以下几点：

（1）如果楼梯已经着火，但火势尚不猛烈时，这时可用湿棉被、湿毯子裹在身上，从火中冲过去。

（2）如果火势很大，则应寻找其他逃生途径，如利用阳台滑向下一层、跃向邻近房间、从屋顶逃生或顺着水管等落向地面。

（3）如果没有逃生之路，而所在房间离燃烧点还有一段距离，则可退居室内，关闭通往火区的所有门窗，有条件时还可向门窗洒水，或用碎布等塞住门缝，以延缓火势蔓延过程，等待救援。

（4）要设法发出求救信号，可向外打手势（夜间用手电）或抛出小的软的物件，避免叫喊时救援人员听不见。

（5）如果火势逼近，又无其他逃生途径时，也不要仓促跳楼，可在窗上系上绳子，也可临时将床单等撕扯成条连接起来，顺着绳子下滑。

（四）火灾中的疏散

疏散是将受火灾威胁的人和物资疏散到安全地点，以减少人员伤亡和物资损失。疏散时要注意以下几点：

（1）疏散人员要优先疏散老人、小孩和行走不便的病、残人员。

（2）疏散物资要优先疏散那些性质重要、价值大的原料、产品、设备、档案、资料等。

（3）对有爆炸危险的物品、设备也应优先疏散或采取安全措施。

（4）在燃烧区和其他建筑物之间堆放的可燃物，也必须优先疏散，因为它们可能成为火势蔓延的媒介。

四、灭火器的分类及使用方法

灭火器是由筒体、器头、喷嘴等部件组成，借助驱动压力可将所充装的灭火剂喷出，达到灭火的目的。灭火器由于结构简单、操作方便、轻便灵活、使用面广，是扑救初起火灾的重要消防器材。

（一）灭火器的分类

灭火器的种类很多，按其移动方式可分为手提式和推车式灭火器；按驱动灭火剂的动力来源可分为储气瓶式、储压式、化学反应式灭火器；按所充装的灭火剂则又可分为泡沫、干粉、卤代烷、二氧化碳、酸碱、清水灭火器等。

（二）常用灭火器（手提式）适应火灾及使用方法

1. 化学泡沫灭火器适应火灾及使用方法

化学泡沫灭火器适用于扑救一般B类火灾，如油制品、油脂等火灾，也可适用于A类火灾，但不能扑救B类火灾中的水溶性可燃、易燃液体的火灾，如醇、酯、醚、酮等物质火灾；也不能扑救带电设备及C类和D类火灾。

灭火时，可手提筒体上部的提环，迅速奔赴火场。这时应注意不得使灭火器过分倾斜，更不可横拿或颠倒，以免两种药剂混合而提前喷出。当距离着火点 10m 左右，即可将筒体颠倒过来，一只手紧握提环，另一只手扶住筒体的底圈，将射流对准燃烧物。在扑救可燃液体火灾时，如已呈流淌状燃烧，则将泡沫由远及近喷射，使泡沫完全覆盖在燃烧液面上；如在容器内燃烧，应将泡沫射向容器的内壁，使泡沫沿着内壁流淌，使其逐步覆盖着火液面。切忌直接对准液面喷射，以免由于射流的冲击，反而将燃烧的液体冲散或冲出容器，扩大燃烧范围。在扑救固体物质火灾时，应将射流对准燃烧最猛烈处。灭火时随着有效喷射距离的缩短，使用者应逐渐向燃烧区靠近，并始终将泡沫喷在燃烧物上，直到扑灭。使用时，灭火器应始终保持倒置状态，否则会中断喷射。

化学泡沫灭火器（手提式）存放的地方应选择干燥、阴凉、通风并取用方便之处，不可靠近高温或可能受到暴晒的地方，以防止碳酸分解而失效；冬季要采取防冻措施，以防止冻结；并应经常擦除灰尘、疏通喷嘴，使之保持通畅。

2. 空气泡沫灭火器适应的火灾和使用方法

空气泡沫灭火器适用范围基本上与化学泡沫灭火器相同。但抗溶泡沫灭火器还能扑救水溶性易燃、可燃液体的火灾，如醇、醚、酮等溶剂燃烧的初起火灾。

该灭火器的启动方式与内装储气瓶式干粉灭火器相同。使用时可手提或肩扛迅速奔到火场，在距燃烧物 6m 左右，拔出保险销，一只手握住开启压把，另一只手紧握喷枪，用力捏紧开启压把，打开密封或刺穿储气瓶密封片，空气泡沫即可从喷枪口喷出。灭火方法与手提式化学泡沫灭火器相同，但空气泡沫灭火器使用时，应使灭火器始终保持直立状态，切勿颠倒或横卧使用，否则会中断喷射。同时应一直紧握开启压把，不能松手，否则也会中断喷射。

3. 干粉灭火器适应的火灾和使用方法

干粉灭火器是以干粉为灭火剂、二氧化碳或氮气为驱动气体的灭火器。按充入的干粉灭火剂种类来分，有碳酸氢钠干粉灭火器（也称 BC 干粉灭火器）和磷酸、铵盐干粉灭火器（也称 ABC 干粉灭火器）两种。实际使用 ABC 干粉灭火器居多。干粉灭火器适用于扑救石油及其产品、油漆等易燃可燃液体、可燃气体、电气设备的初起火灾，工厂、仓库、机关、学校、商店、车辆、图书馆等单位可选用 ABC 干粉灭火器。

灭火时，可手提或肩扛灭火器快速奔赴火场，在距燃烧处 5m 左右，放下灭火器。如在室外，应选择在上风方向喷射。使用的干粉灭火器若是外挂式储气瓶的，操作者应一只手紧握喷枪，另一只手提起储气瓶上的开启提环。如果储气瓶的开启是手轮式的，则向逆时针方向旋开，并旋到最高位置，随即提起灭火器。当干粉喷出后，迅速对准火焰的根部扫射。使用的干粉灭火器若是内置式储气瓶的或者是储压式的，操作者应先将开启把上的保险销拔下，然后握住喷射软管前端喷嘴根部，另一只手将开启压把压下，打开灭火器进行喷射灭火。有喷射软管的灭火器或储压式灭火器，在使用时，一只手应始终压下压把，不能放开，否则会中断喷射。

干粉灭火器扑救可燃、易燃液体火灾时，应对准火焰根部扫射，如被扑救的液体火灾呈流淌燃烧时，应对准火焰根部由近及远，并左右扫射，直至把火焰全部扑灭。如果可燃液体在容器内燃烧，使用者应对准火焰根部左右晃动扫射，使喷射出的干粉覆盖整个容器开口表面；当火焰被赶出容器时，使用者仍应继续喷射，直至将火焰全部扑灭。在扑救容器内可燃液体火灾时，应注意不能将喷嘴直接对准液面喷射，防止喷流的冲击力使可燃液体溅出而扩大火势，造成灭火困难。如果当可燃液体在金属容器中燃烧时间过长，容器的壁温已高于扑救可燃液体的自燃点，此时极易造成灭火后再复燃的现象，若与泡沫类灭火器联用，则灭火效果更佳。

如果使用ABC干粉灭火器扑救固体可燃物火灾时，应对准燃烧最猛烈处喷射，并上下、左右扫射。如条件许可，使用者可提着灭火器沿着燃烧物的四周边走边喷，使干粉灭火剂均匀地喷在燃烧物的表面，直至将火焰全部扑灭。

第十一章 塔式起重机安装、拆卸常见事故原因及处置方法

第一节 常见事故原因

一、顶升事故

塔机顶升是塔机安拆工作环节中的危险性较大环节，在塔机事故抢险事故统计中数量处于首位。顶升过程中，由于塔机处于配平、液压缸独立支撑、套架与塔身处于滑动接触，是塔机非常脆弱的状态，整个顶升结构若发生任何非计划的失效或失误操作，都极有可能造成塔机彻底倾覆，并且伴随群死群伤。如图11-1所示。

造成顶升事故的主要原因种类有：

（一）连接部件非正常连接

（1）顶升横梁（爬爪）由于部件失效或认为操作不到位，使得顶升横梁未能与塔身上的支点按原始意愿进行有效连接，导致顶升过程中塔机上部结构突然下坠，巨大冲击力将塔机彻底毁坏并使其倾覆溃败。

（2）顶升步骤换步时的各种临时支架装置（如销轴、牛腿、螺栓）等因部件失效或操作不当而未能达到原始意愿进行有效连接，导致顶升过程中塔机上部结构突然下坠，巨大冲击力将塔机

图 11-1　顶升时挂靴不到位，造成塔机倾覆，7 人死亡

彻底毁坏并使其倾覆溃败。

（3）顶升后，标准节与回转台接口连接副未安装齐全就进行塔机回转运动，造成塔机上部结构倾覆。

（二）机械失效

（1）由于液压缸液压回路的锁止控制系统失效，造成塔机上部结构突然下坠，巨大冲击力将塔机彻底毁坏并倾覆溃败。

（2）波坦系列内塔身式顶升结构，在进行起升机构提、落套架时，因起升机构故障或吊索失效，导致套架下落冲击回转塔身，造成塔机倾斜甚至倾覆。

（三）配平失衡

（1）顶升过程中，塔机做回转、变幅等运动，使塔机上部结构失去平衡，使得塔机顶升套架结构毁坏、变形甚至塔机倾覆。

（2）在风力超标情况下顶升，造成塔机失衡，塔机顶升结构毁坏甚至塔机倾覆。如图 11-2 所示。

图 11-2　大风超限顶升时塔机顶升结构毁坏、塔机倾斜

二、配重错装事故

因贪图省事、工期或者是技术性失误，造成塔机平衡配重未按说明书要求顺序及数量安装，使得塔机整机力矩超限，最终造

成塔机倾覆，如图 11-3 所示。

图 11-3　未按说明书要求安装 1 块平衡臂配重，就安装起重臂造成塔机倾覆

三、辅助起重机事故

塔机安装涉及大量吊装作业，随着近年国内建筑现场越发复杂，塔机安拆往往涉及复杂甚至危大吊装工程，由于对吊装工程的技术设计不足甚至是超载，造成吊装事故，如图 11-4 所示，因汽车吊超载，汽车吊砸在塔身上，吊装的回转甩在地面，造成塔上安拆人员死亡。

四、基础事故

因地基承载力不足、塔机基础设计错误等原因，造成基础倾覆。

图 11-4　汽车吊超载事故

五、塔机垂直度违规纠偏事故

在正确安装前提下，有时因地基特殊，可能会造成基础浇筑后预埋腿接口高差超标，此时应及时测量发现，加装整节或修正垫片。但有些安装人员，将塔机安装完毕后才发现塔机倾斜超标，在塔机已安装完毕的情况下通过拆解塔机底部螺栓，导致塔机倾覆、司机死亡。如图 11-5 所示。

图 11-5　塔机垂直度违规纠偏，松开底部螺栓后塔机倾覆

六、塔机附着事故

塔机附着装置是塔机高度超过最大独立高度后的塔机关键结构件，常因连接部件安装不到位、销轴窜动而造成塔机倾覆。尤其是近年来由于现场复杂，附着结构形式往往超出塔机说明书中给出的较佳范围，出现异型角度、超长附着杆的情况，而有些单

位并未付出足够的技术力量进行设计计算及委托有资质的单位进行设计及加工，造成附着杆弯曲折断等事故。

第二节　塔机事故的处置

一、事故处置人员

一般概念上的所谓塔机事故，按照现今安全管控体系，已基本不允许塔机安拆作业队自行处理，一般地方均有专业塔机事故抢险队，出现事故应按规矩上报，由政府部门组织抢险队进行抢险。一般抢险队由专业公司负责，实质操作者即为塔机安拆工。

二、事故处理流程

塔机安装前的塔机安拆方案中，必须有应急预案，事发后相关人员应按应急预案规定流程逐级上报，现场人员着重处理伤者救援问题。

在抢救过程中，应以拯救人的生命为最高宗旨，积极投入伤员的救护工作，发生有人员伤亡时，立即拨打120或999急救电话，为伤员赢得抢救时间，同时在救护工作中，应注意以下事项：

（1）根据伤势情况采取相应急救措施，分别采取人工呼吸、心脏按压、止血、包扎、骨折临时固定等操作。

（2）根据伤势采用背、抱、扶及担架搬运等方法，将伤员送上救急车。

（3）根据情况需要，随时征调一切车辆进行救援，在最短时间内，将伤员送到最佳医院治疗。

（4）设置警戒线，保护现场，采取相应措施，防止发生二次伤害。

三、塔机事故抢险技术概述

塔机发生事故时，在抢险过程中面对的塔机状态已与正常塔机状态完全不同，对抢险的综合专业知识及经验积累提出了远超出正常塔机安拆的范围，而且抢险时没有过多时间进行细致和深入的理论计算，并非一般塔机安拆操作人员所能掌握，现仅介绍一些塔机事故抢险的基本概念。

（一）塔机彻底倾倒的情况

如图 11-1 所示，此类塔机已经全部或部分坠落到地面，或者部分部件悬在上空的情况，实际上发生二次伤害的可能性相对较低，因为一般塔机已经完全毁坏，一般也没必要考虑对塔机的破坏问题，往往通过气割分段、正常吊装，将塔机残骸拆除清理即可。

（二）塔机倾斜在空中的情况

此类情况是抢险难度最大的情况，如图 11-6、图 11-7 所示。

图 11-6　塔吊折臂倾斜

图 11-7　塔顶溃烂

此类塔机事故，首先需要专业理论知识和工作经验均丰富的技术人员快速分析后制订抢险方案，常用的技术方案概况如下：

(1) 对于轻微倾斜或变形的塔机，考虑是否对某些结构进行焊接加固，降低二次事故风险。

(2) 对于二次事故风险较大的情况，考虑是否可以通过多台大型辅助起重机，先扶稳塔机。

(3) 在消除二次伤害可能后，一般通过高空作业设备送抢险安拆工到相关部位做拆除处理，拆除顺序需专业人员经过力学分析及经验估计。

第三节 建筑施工现场急救知

现场急救是在施工现场发生伤害事故时，伤员送往医院救治前，在现场实施必要和及时的抢救措施，是医院治疗的前期准备。

一、建筑工地发生伤亡事故时应立即做好的三件事

（1）启动应急预案、有组织地抢救伤员、组织人员疏散、组织抢险救灾。

（2）保护事故现场不被破坏，如因抢救伤员等需要局部破坏现场时，应安排人员做好现场原始记录或拍照等。

（3）及时向单位领导报告，并按规定向上级和有关部门报告。发生火灾时及时拨打“119”火警电话，有人员伤亡时及时拨打“120”等急救电话。

二、现场抢救的原则

现场抢救必须做到“迅速、就地、准确、坚持”，其含义如下：

（1）“迅速”就是要争分夺秒、千方百计地使受害者脱离危险现场（触电者迅速脱离电源），并移放到安全地方，这是现场抢救的关键。

（2）“就地”就是要争取时间（时间就是生命），在现场（安全地方）就地进行抢救。

（3）“准确”就是抢救的方法、程序和施行的动作姿势要合适得当。

（4）“坚持”就是抢救者必须坚持到底、不轻易言弃，直到前来救护的医务人员判定触电者已经死亡、已再无法抢救时，方可停止抢救。

三、高处坠落伤员的急救

当发生下坠时，应立即将头前倾，下颌紧贴胸骨，应屈腿，同时尽可能抓握附近的物体，以尽量降低伤害。

万一施工人员从高处坠落，现场解救不可盲目，不然会导致伤情恶化，甚至危及生命。应首先观察其神志是否清醒，并察看伤员着地部位及伤势，做到心中有数。

伤员如昏迷，但心跳和呼吸存在，应立即将伤员的头偏向一侧，防止舌根后倒，影响呼吸。另外，还必须立即将伤者口中可能脱落的牙齿和积血清除，以免误入气管，引起窒息。对于无心跳和呼吸的伤员，应立即进行人工呼吸和胸外心脏按压，待心跳、呼吸好转后，将伤员平卧在平板上，及时送往医院抢救。

如发现伤员耳朵、鼻子出血，可能有脑颅损伤，千万不可用手帕、棉布或纱布去堵塞，以免造成颅内压力增高和细菌感染。如外伤出血，应立即用清洁布块压迫伤口止血，压迫无效时，可用布带或橡皮带等在出血的肢体近躯处捆扎，上肢出血结扎在臂上 1/2 处，下肢出血结扎在大腿上 2/3 处，直至不出血即可。注意每隔 25～40min 放松一次，每次放松 0.5～1min。

伤员如腰背部或下肢先着地，下肢有可能骨折，应将两下肢固定在一起，并应超过骨折的上下关节；上肢如骨折，应将上肢挪到胸侧，并固定在躯干上；如果怀疑脊柱骨折，搬运时千万注意要保持身体平伸位，不能让身体扭曲，然后由 3 人同时将伤员平托起来，即由一人托头及脊背，一人托臀部，一人托下肢，平稳运送，以防骨折部位不稳定，加重伤情。

腹部如有开放性伤口，应用清洁布或毛巾等覆盖伤口，不可将脱出物还原，以免感染。

抢救伤员时，无论哪种情况，应边抢救边就近送医院，并且应减少途中的颠簸，也不得翻动伤员。

四、坍塌事故中的伤员急救

（一）解除挤压、移动受害者

一旦坍塌事故发生，应尽快解除挤压，在解除压迫的过程中，切勿生拉硬拽，以免进一步伤害。如全身被埋，应先清除头部的覆盖物，并迅速清除口、鼻污物，保持呼吸畅通。

小心谨慎地移动伤员，最为可靠的移动方法是：

（1）双手握住伤员肩膀处的衣服。

（2）以双手腕支撑伤员的头部。

（3）拖拉伤员的衣服。

（二）现场抢救

1. 抢救休克的伤员。

（1）休克伤员的症状是皮肤苍白或发青，咬舌，口齿不清；发冷，皮肤潮湿或出汗，瞳孔放大，眼睛凹陷；恶心，颤抖，口渴；脉搏跳动加快。

（2）抢救方法：

①可把休克的伤员（头部、胸部、腹部或大腿处，骨折者除外）双腿抬高离地面0.2～0.3m，让其背部朝下躺着，再使用合适的物体把双腿垫起。这样，能使血液顺畅地流动，达到各器官维持生命所必需的程度。

②如果休克的伤员呼吸困难，应让其斜倚或侧卧，使其呼吸顺畅。

③如果伤员有一条腿受伤，可将另一条腿垫高，直至使其他器官获得维持生命所必需的血液。

④如果伤员出现呕吐，应让其侧卧，并给些水。

⑤如果出现呼吸、心跳停止者，应迅速采取心肺复苏法等进行抢救。

2. 抢救骨折者

（1）骨折包扎应包括包扎骨折处的肌肉、肌腱、血管和韧带。

（2）有的骨折容易发现，有的骨折在皮肤和肌肉里面不容易发现，应通过观察伤员的肢体组织有无变形和伤员自我感觉来判断。

（3）处理骨折的主要方法是把骨折断面加以固定，并在较长时间内保持良好的固定状态。简易的固定方法有：

①就地取材，如使用薄木板，笔直的棍棒等；

②护垫用布或毛巾，放于薄木板和伤口之间；

③两片薄木板之间用领带或布条系紧；

④不能用绷带正对伤口包扎。

3. 止血。

（1）对一般流血伤口的控制

①把伤口处的衣服移开；

②用无菌或消过毒的纱布，清洁干净后吸收性能好的材料放于受伤肢体部位，并系紧；

③如伤口在手上，应使用清洁干净、吸收性能好的材料止血。

（2）控制严重的出血：如果伤员伤口流血严重，应在伤口处进行直接挤压。这样能阻止动脉直接向伤口供血，如果血从下胳膊处的伤口流出，可直接挤压上胳膊处，即抓住伤员的胳膊上部，挤压内侧。如血从腿部的伤口流出，挤压点应在大腿根部。

五、机械伤害中的伤员急救

造成机械伤害的主要原因，可分为违章操作、违章指挥和机械设备缺陷等几种。

发生机械伤害后，在医护人员没有到来之前，应检查受伤者的伤势、心跳及呼吸情况，视不同情况采取不同的急救措施。

（1）机械伤害的伤员，应迅速小心地使伤员脱离致伤源，必要时，可拆卸机器，移出受伤的肢体。

（2）发生休克的伤员，应首先进行抢救。遇有呼吸、心跳停止者，可采取人工呼吸或胸外心脏按压法，使其恢复正常。

（3）骨折的伤员，应利用木板、竹片和绳布等捆绑骨折处的上下关节，固定骨折部位，也可将其上肢固定在身侧，下肢与下肢缚在一起。

（4）对伤口出血的伤员，应让其以头低脚高的姿势躺卧，使用消毒纱布或清洁织物覆盖伤口，用绷带较紧地包扎，以压迫止血，或者选择弹性好的橡皮管、橡皮带或三角巾、毛巾、带状布巾等进行包扎。对上肢出血者，捆绑在其上臂 1/2 处；对下肢出血者，捆绑在其大腿上 2/3 处，并每隔 25～40min 放松一次，每次放松 0.5～1min。

（5）对剧痛难忍者，应让其服用止痛药和镇痛剂，采取上述急救措施之后，要根据病情轻重，及时把伤员送往医院治疗。在转运途中，应尽量减少颠簸，并密切注意伤员的呼吸、脉搏及伤口等情况。

六、眼睛伤害救护

（1）眼睛有异物时，千万不要自行用力揉眼睛，应通过药水、泪水、清水冲洗，仍不能把异物冲掉时，才能扒开眼睑，仔细小心清除眼里异物，如仍无法清除异物或伤势较重时，应立即到医院治疗。

（2）当化学物质进入眼内时，应立即用大量的清水冲洗，冲洗液可以是凉开水、自来水、河水或井水。此时分秒必争最重要。冲洗时要扒开眼睑，使水能直接冲洗眼睛，要反复冲洗，时间至少 15min 以上。在无人协助的情况下，可用一盆水，双眼浸入水中，用手扒开眼睑，做睁眼、闭眼、转动眼球动作，一般冲洗30min。冲洗完毕后，立即到医院做必要的检查和治疗。

七、触电事故应急常识

（1）随意碰触电线很危险，如果发生触电，在很短的时间内就会造成生命危险。

（2）发现有人触电时，不要直接用手拖拉触电者，应首先迅速地拉电闸断电，现场无电闸时，使用木方等不导电材料将触电者拖离电源。

（3）根据触电者的状况进行人工急救（如心肺复苏），并迅速向工地负责人报告或报警。

八、中暑的急救措施

（1）夏季，在建筑工地上劳动最容易中暑，轻者全身疲乏无力，头晕、头痛、烦闷口渴、恶心、心慌；重者可能突然晕倒或昏迷不醒。

（2）最早发现有人中暑者应立即大声呼救，及时向有关人员报告，并根据情况立即采取正确方法施救。

（3）对轻症中暑者应立即进行急救。让病人平躺，并放在阴凉通风处，松解衣扣腰带，慢慢地给患者喝一些凉开（茶）水、淡盐水或西瓜汁等，可以给病人服用十滴水、仁丹、藿香正气片（水）等消暑药品。重症者，要及时送往医院治疗。

九、食物急性中毒的急救措施

在日常生活中要自觉注意防止食物中毒，不能食用变质、变味、发霉的食物，不能随便乱吃、喝不卫生的食品和饮料。

（1）最早发现有人食物中毒应立即大声呼救，及时向有关人员报告，并根据情况立即采取正确方法施救。

（2）排除未吸收的毒物。对神志清醒者催吐，喝微温水300～500mL，用压舌等刺激咽后壁或舌根部以催吐，如此反复直到吐出物为清亮液体为止。

（3）由于施工工地人多，容易造成集体食物中毒，如发现有工人集体发烧、呕吐、咳嗽等不良症状，就立即采取正确的方法施救。同时迅速向有关部门报告或报警，迅速联系救护单位，及时将中毒人员送医院治疗。

十、心肺复苏术

心肺复苏术是在建筑工地现场对呼吸骤停病人给予呼吸和循环支持所采取的急救，急救措施如下：

（1）畅通气道：托起患者的下颌，使病人的头向后仰，如口中有异物，应先将异物排除。

（2）口对口人工呼吸：握闭病人的鼻孔，深吸气后先连续快速向病人口内吹气4次，继之吹气频率为每分钟2～16次。如遇特殊情况（牙关紧闭或外伤），可采用口对鼻人工呼吸。

（3）胸外心脏按压：双手放在病人胸骨的下1/3段（剑突上两根指），有节奏地垂直向下按压胸骨干骨，成人按压的深度为胸骨下陷4～5cm为宜。

（4）胸外心脏按压和口对口吹气需要交替进行。最好有两个人同时参加急救，其中一个人按压心脏，另一个人口对口吹气。

第十二章　主要零部件及易损件的报废标准

一、结构件基本要求

（1）塔机主要承载结构件由于腐蚀或磨损而使结构的计算应力提高，当超过原计算应力的15％时应予报废。对无计算条件的当腐蚀深度达原厚度的10％时应予报废。

（2）塔机主要承载结构件如塔身、起重臂等，失去整体稳定性时应报废。如局部有损坏并可修复的，则修复后不能低于原结构的承载能力。

（3）塔机的结构件及焊缝出现裂纹时，应根据受力和裂纹情况采取加强或重新施焊等措施，并在使用中定期观察其发展。对无法消除裂纹影响的应予以报废。

（4）塔机主要承载结构件的正常工作年限按使用说明书要求或按使用说明书中规定的结构工作级别、应力循环等级、结构应力状态计算。若使用说明书末对正常工作年限、结构工作级别等作出规定，且不能得到塔机制造商确定的，则塔机主要承载结构件的正常使用不应超过1.25×10^{5}次工作循环。

二、结构报废标准

1. 结构腐蚀与磨损（表12-1）

表 12-1　结构腐蚀与磨损指标

项目	判别指标	要求
水平变幅塔机起重臂踏面磨损[1]	△>25%	报废
主弦杆[2]及其他重要金属结构件腐蚀	△>10%	报废

注：△——壁厚腐蚀与磨损尺寸占公称尺寸的百分比。
[1] 对平头式塔式起重机踏面判断指标宜按表中数值的 80%选取。
[2] 除起重臂踏面外的其他部位。

2. 结构变形（表 12-2）

表 12-2　结构变形指标

项目	判别指标	要求
主弦杆[1]	δ>3/1000	报废
塔身及动臂式起重臂腹杆	δ>18/1000	报废
水平变幅起重臂腹杆	δ>30/1000	报废

注：δ——结构杆件轴线偏离中心线的最大值与杆件长度的比值。
[1] 如构件横截面变形超过 5%，判断指标宜从严控制。

3. 销轴及轴孔磨损或变形（表 12-3）

表 12-3　销轴及轴孔磨损或变形

项目	判别指标	要求
起重臂及塔顶部件[1]	单个轴孔或销轴磨损及变形相对值>4%，绝对值>1.5mm 配对轴孔与销轴磨损及变形相对值>6.%，绝对值>2.2mn	报废
标准节部件	单个轴孔或销轴磨损及变形相对值>2%，绝对值>0.6mm 配对轴孔与销轴磨损及变形相对值>3%，绝对值>0.8mm	报废
拉杆及其他单向受力部件	单个轴孔或销轴磨损及变形相对值>5%，绝对值>2.2mm 配对轴孔与销轴磨损及变形相对值>7%，绝对值>3.3mm	报废

[1] 平头式塔式起重机起重臂销轴及轴孔磨损与变形判断指标宜按表中数值的 80%选取

三、吊钩

吊钩禁止补焊，有下列情况之一的应予报废：

1. 用20倍放大镜观察表面有裂纹；

2. 钩尾和螺纹部分等危险截面及钩筋有永久性变形；

3. 挂绳处截面磨损量超过原高度的10%：

（1）心轴磨损量超过其直径的5%；

（2）开口度比原尺寸增加15%。

四、卷筒和滑轮

有下列情况之一的应予以报废：

（1）裂纹或轮缘破损；

（2）卷筒壁磨损量达原壁厚的10%；

（3）滑轮绳槽壁厚磨损量达原壁厚的20%；

（4）滑轮槽底的磨损量超过相应钢丝绳直径的25%。

五、制动器

有下列情况之一的应予以报废：

（1）可见裂纹；

（2）制动块摩擦衬垫磨损量达原厚度的50%；

（3）制动轮表面磨损量达1.5～2mm；

（4）弹簧出现塑性变形；

（5）电磁铁杠杆系统空行程超过其额定行程的10%。

六、车轮

有下列情况之一的应予以报废：

（1）可见裂纹；

（2）车轮踏面厚度磨损量达原厚度的15%；

（3）车轮轮毂厚度磨损量达原厚度的50%。

七、钢丝绳

1. 钢丝绳安全使用的主要判定标准

①断丝的性质和数量；②绳端断丝；③断丝的局部聚集；④断丝的增加率；⑤绳股断裂；⑥绳径减小，包括从绳芯损坏所致的情况；⑦弹性降低；⑧外部和内部磨损；⑨外部和内部锈蚀；⑩变形；⑪由于受热或电弧的作用起的损坏；⑫永久伸长率。

所有的检验均应考虑上述各项因素，作为公认的特定标准。但钢丝绳的损坏通常是由多种综合因素造成的，主管人员应根据其累积效应判断原因并作出钢丝绳是报废还是继续使用的决定。

在所有的情况下，检验人员应调查研究是否因起重机工作异常引起钢丝绳损坏；如果是，则应在安装新钢丝绳之前，推荐采取消除导致工作异常的措施。

单项损坏程度应进行评定，并以专项报废标准的百分比表示。钢丝绳在任何的给定部位损坏的累积程度应将该部位记录的单项值相加来确定。当在任何的部位累积值达到100%时，该钢丝绳应报废。

2. 断丝的性质和数量

（1）起重机的总体设计不允许钢丝绳有无限长的使用寿命。

（2）对于6股和8股的钢丝绳，断丝通常发生在外表面。对于阻旋转钢丝绳，断丝大多发生在内部因而非可见断丝。表12-4和表12-5是把各种因素进行综合考虑后的断丝控制标准。

表 12-4　钢制滑轮上使用的单层股钢丝绳和平行捻密实钢丝绳中达到或超过报废标准的可见断丝数

钢丝绳类别号 RCN	外层股中承载钢丝的总数[a] n	可见断丝的数量[b]					
		在钢制滑轮和/或单层缠绕在卷筒上工作的钢丝绳区段（钢丝断裂随机分布）				多层缠绕在卷筒上工作的钢丝绳区段[c]	
		工作级别 Ml～M4 或未知级别[d]				所有工作级别	
		交互捻		同向捻		交互捻和同向捻	
		长度范围大于 $6d$[e]	长度范围大于 $30d$[e]	长度范围大于 $6d$[e]	长度范围大于 $30d$[e]	长度范围大于 $6d$[e]	长度范围大于 $30d$[e]
01	$n\leqslant 50$	2	4	1	2	4	8
02	$51\leqslant n\leqslant 75$	3	6	2	3	6	12
03	$76\leqslant n\leqslant 100$	4	8	2	4	8	16
04	$101\leqslant n\leqslant 120$	5	10	2	5	10	20
05	$121\leqslant n\leqslant 140$	6	11	3	6	12	22
06	$141\leqslant n\leqslant 160$	6	13	3	6	12	26
07	$161\leqslant n\leqslant 180$	7	14	4	7	14	28
08	$181\leqslant n\leqslant 200$	8	16	4	8	16	32
09	$201\leqslant n\leqslant 220$	9	18	4	9	18	36
10	$221\leqslant n\leqslant 240$	10	19	5	10	20	38
11	$241\leqslant n\leqslant 260$	10	21	5	10	20	42
12	$261\leqslant n\leqslant 280$	12	22	6	11	22	44
13	$281\leqslant n\leqslant 300$	12	24	6	12	24	48
	$n>300$	$0.04n$	$0.08n$	$0.02n$	$0.04n$	$0.08n$	$0.16n$

注：1. 具有外层股且每股钢丝数≤19 根的西鲁型（Seale）钢丝绳（例如 6×19 西鲁型），在表中被分列于两行，上面行构成为正常放置的外层股承载钢丝的数目。

2. 在多层缠绕卷筒区段上述数值也可适用于在滑轮工作的钢丝绳的其他区段，该滑轮是用合成材料制成的或具有合成材料轮衬。但不适用于在专门用合成材料制成的或以由合成材料轮衬组合的单层卷绕的滑轮工作的钢丝绳。

a. 本标准中的填充钢丝未被视为承载钢丝，因而不包含在 n 值中。

b. 一根断丝会有两个断头（按一根钢丝计数）。

c. 这些数值适用于在跃层区和由于缠入角影响重叠层之间产生干涉而损坏的区段（且并非仅在滑轮工作和不缠绕在卷筒上的钢丝绳的那些区段）。

d. 可将以上所列断丝数的两倍数值用于已知其工作级别为 M5～M8 的机构。参见《起重机和起重机械　钢丝绳选择　第一部分：总则》GB/T 24811.1—2009。

e. d 为钢丝绳公称直径。

表 12-5 在阻旋转钢丝绳中达到或超过报废标准的可见断丝数

钢丝绳类别号 RCN	钢丝绳外层股数和在外层股中承载钢丝总数[a] n	可见断丝数量[b]			
		在钢制滑轮和/或单层缠绕在卷筒上工作的钢丝绳区段		多层缠绕在卷筒上工作的钢丝绳区段[c]	
		长度范围大于 $6d$[e]	长度范围大于 $30d$[e]	长度范围大于 $6d$[e]	长度范围大于 $30d$[e]
21	4 股 $n\leqslant100$	2	4	2	4
22	3 股或 4 股 $n\geqslant100$	2	4	4	8
23	至少 11 个外层股				
24	$76\leqslant n\leqslant100$	2	4	4	8
25－2	$101\leqslant n\leqslant120$	2	4	5	10
26	$121\leqslant n\leqslant140$	2	4	6	11
27	$141\leqslant n\leqslant160$	3	6	6	13
28	$161\leqslant n\leqslant180$	4	7	7	14
29	$181\leqslant n\leqslant200$	4	8	8	16
30	$201\leqslant n\leqslant220$	4	9	9	18
31	$221\leqslant n\leqslant240$	5	10	10	19
32	$241\leqslant n\leqslant260$	5	10	10	21
33	$261\leqslant n\leqslant280$	6	11	11	22
34	$281\leqslant n\leqslant300$	6	12	12	24
35	$n>300$	6	12	12	24

注：1. 具有外层股的每股钢丝数≤19 根的西鲁型（Seale）钢丝绳（例如 18×19 西鲁型 WSC 型）在表中被放置在两行内，上面一行构成为正常放置的外层股承载钢丝的数目。

2. 在多层缠绕卷筒区段上述数值也可适用于在滑轮工作的钢丝绳的其他区段，该滑轮是用合成材料制成的或具有合成材料轮衬。它们不适用于在专门用合成材料制成的或以由合成材料内层组合的单层卷绕的滑轮工作的钢丝绳。

a. 本标准中的填充钢丝未被视为承载钢丝，因而不包含在 n 值中。

b. 一根断丝会有两个端头（计算时只算一根钢丝）。

c. 这些数值适用于在跃层区和由于缠入角影响重叠层之间产生干涉而损坏的区段（且并非仅在滑轮工作和不缠绕在卷筒上的钢丝绳的那些区段）。

d. d 为钢丝绳名义直径。

（3）谷部断丝可能指示钢丝绳内部的损坏，需要对该区段钢丝绳进行更周密的检验。当在一个捻距内发现两处或多处的谷部断丝时，钢丝绳应考虑报废。

（4）当制定阻旋转钢丝绳报废标准时，应考虑钢丝绳结构、使用长度和钢丝绳使用方式。有关钢丝绳的可见断丝数及其报废标准在表 12-5 中给出。

（5）应特别注意出现润滑油发干或变质现象的局部区域，参见图 12-1～图 12-2。

图 12-1　表面断丝

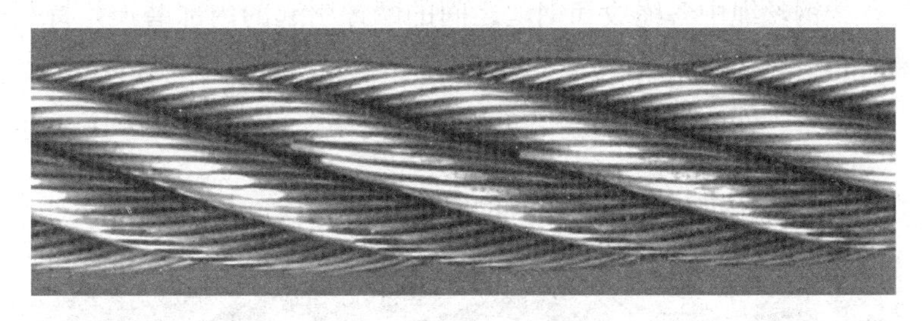

图 12-2　谷部断丝

3. 绳端断丝

绳端或其邻近的断丝，尽管数量很少但表明该处的应力很大，可能是绳端不正确的安装所致，应查明损坏的原因。为了继续使用，若剩余的长度足够，应将钢丝绳截短（截去绳端断丝部位）再造终端。否则，钢丝绳应报废。

4. 断丝的局部聚集

如断丝紧靠在一起形成局部聚集，则钢丝绳应报废。如这种断丝聚集在小于 $6d$ 的绳长范围内，或者集中在任一支绳股里，那么，即使断丝数比表 12-4 或表 12-5 列出的最大值小，钢丝绳也应予以报废。

5. 断丝的增加率

在某些使用场合，疲劳是引起钢丝绳损坏的主要原因，钢丝绳在使用一个时期之后才会出现断丝，而且断丝数将会随着时间的推移逐渐增加。在这种情况下，为了确定断丝的增加率，建议定期仔细检验并记录断丝数，以此为据可用以推定钢丝绳未来报废的日期。

6. 绳股断裂

如果整支绳股发生断裂，钢丝绳应立即报废。

7. 绳径因绳芯损坏而减小（图 12-3）

（1）由于绳芯的损坏引起钢丝绳直径减小的主要原因如下：

①内部的磨损和钢丝压痕；

②钢丝绳中各绳股和钢丝之间的摩擦引起的内部磨损，特别是当其受弯曲时尤甚；

③纤维绳芯的损坏；

④钢芯的断裂；

⑤阻旋转钢丝绳中内层股的断裂。

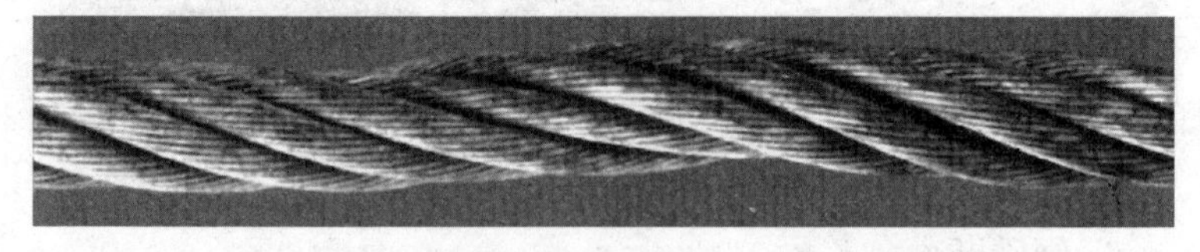

图 12-3　钢丝绳直径局部减小（绳股凹陷）

（2）如果这些因素引起阻旋转钢丝绳实测直径比钢丝绳公称直径减小 3%，或其他类型的钢丝绳减小 10%，即使没有可见断丝，钢丝绳也应报废。

注：通常新的钢丝绳实际直径大于钢丝绳公称直径。

（3）微小的损坏，特别当钢丝绳应力在各绳股中始终得以良好的平衡时，从通常的检验中不可能如此明显检出。然而，此种情况可能造成钢丝绳强度大大降低。因此，对任何细微的内部损坏均应采用内部检验程序查证。如果此种损坏被证实，钢丝绳应报废。

8. 外部磨损

钢丝绳外层绳股的钢丝表面的磨损，是由于其在压力作用下与滑轮和卷筒的绳槽接触摩擦造成的。这种现象在吊运载荷加速或减速运动时，在钢丝绳与滑轮接触部位特别明显。而且表现为外部钢丝绳被磨成平面状。

润滑不足或不正确的润滑以及灰尘和沙砾促使磨损加剧。

磨损使钢丝绳股的横截面积减小从而降低钢丝绳的强度，如果由外部的磨损使钢丝实际直径比其公称直径减少7%或更多时，即使无可见断丝，钢丝绳也应报废。参见图12-4、图12-5。

图12-4 外部磨损

图12-5 外部磨损放大

9. 弹性降低

（1）在某些情况下，通常与工作环境有关，钢丝绳的实际弹性显著降低，继续使用是不安全的。

（2）弹性降低较难发现，如果检验人员有任何怀疑，应征询钢丝绳专家的意见，然而，弹性降低通常还与下列各项有关：

①绳径的减小；②钢丝绳捻距的伸长；③由于各部分彼此压紧，引起钢丝之间和绳股之间缺乏空隙；④在绳股之间或绳股内部，出现细微的褐色粉末；⑤韧性降低。

虽未发现可见断丝，但钢丝绳手感会明显僵硬且直径减小，比单纯由于钢丝磨损使直径减小要更严重，这种状态会导致钢丝绳在动载作用下突然断裂，是钢丝绳立即报废的充分理由。

10. 外部和内部腐蚀

（1）一般情况

腐蚀在海洋和工业污染的大气中特别容易发生，它不仅会由于钢丝绳金属断面减小而导致钢丝绳的破断强度降低，而且严重破裂的不规则表面还会促使疲劳加速。严重的腐蚀能引起钢丝绳的弹性降低。

（2）外部腐蚀

外部钢丝的锈蚀通常可用目测发现。

由于腐蚀侵袭及钢材损失而引起的钢丝松弛，是钢丝绳立即报废的充分理。见图 12-6、图 12-7。

图 12-6　外部腐蚀

（3）内部腐蚀

①这种情况比时常随它发生的外部腐蚀更难发现，但是下列现象可供识别：

图 12-7　外部腐蚀放大

a. 钢丝绳直径的变化：钢丝绳在绕过滑轮的弯曲部位，通常会发生直径减小，但静止段的钢丝绳由于外层绳股锈蚀而引起绳径增加并非罕见；

b. 钢丝绳的外层绳股间的空隙减小，还经常伴随出现绳股之间或绳股内部的断丝。

②如果有任何内部腐蚀的迹象，应由主管员对钢丝绳进行内部检验。一经确认有严重的内部腐蚀，钢丝绳应立即报废。参见图 12-8。

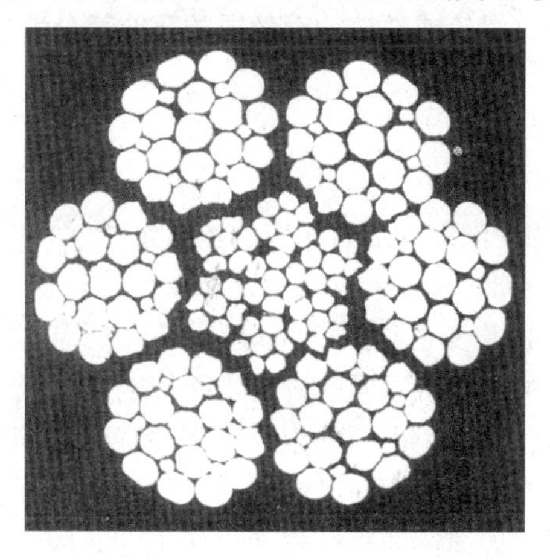

图 12-8　内部腐蚀

11. 变形

(1) 一般情况

钢丝绳失去它的正常形状而产生可见的畸形称为“变形”，这种变形会导致钢丝绳内部应力分布不均匀。

(2) 波浪形

波浪形是一种变形，它使钢丝绳无论在承载还是在卸载状态下，其纵向轴线呈螺旋线形状。这种变形不一定导致强度的损失，但变形严重时，可能产生跳动造成钢丝绳传动不规则。长期工作之后，会引起磨损加剧和断丝。参见图 12-9。

图 12-9 波浪形

在出现波浪的情况下，如果绕过滑轮或卷筒的钢丝绳在任何荷载状态下不弯曲的直线部分满足以下条件：

$$d_1 > 4d/3$$

或如果绕过滑轮或卷筒的钢丝绳的弯曲部分满足以下条件：

$$d_1 > 1.1d$$

则钢丝绳均应报废。

式中 d——为钢丝绳公称直径；

d_1——为钢丝绳变形后相应的包络直径。

(3) 笼状畸形

篮形或笼状畸变也称“灯笼形”，是由于绳芯和外层绳股的长度不同产生的结果。不同的机构均能产生这种畸变。

例如当钢丝绳以很大的偏角绕入滑轮或者卷筒时，它首先接触滑轮的轮缘或卷筒绳槽间，然后向下滚动落入绳槽的底部。这个特性导致对外层绳股的散开程度大于绳芯，因而使钢丝绳股和绳芯间产生长度差。

在这两种情况下，滑轮和卷筒均能使松散的外层股移位，并使长度差集中在钢丝绳缠绕系统内某个位置上出现篮形或笼状畸变。有笼状畸变的钢丝绳应立即报废。参见图 12-10。

图 12-10　笼状畸变

（4）绳芯或绳股挤出/扭曲

这一钢丝绳失衡现象表现为外层绳股之间的绳芯（对阻旋转钢丝绳而言则为钢丝绳中心）挤出（隆起），或钢丝绳外层股或绳股有绳芯挤出（隆起）的一种篮形或笼状畸变的特殊形式。有绳芯或绳股挤出（隆起）或扭曲的钢丝绳应立即报废。参见图 12-11～图 12-13。

图 12-11　单层股钢丝绳绳芯挤出

图 12-12 绳股挤出/扭曲

图 12-13　阻旋转钢丝绳内部的绳股突出

（5）钢丝挤出

钢丝挤出是一些钢丝或钢丝束在钢丝绳背对滑轮槽的一侧拱起形成环状的变形，有钢丝挤出的钢丝绳应立即报废。参见图12-14。

图 12-14　钢丝绳挤出

（6）绳径局部增大

钢丝绳直径发生局部增大，并能波及相当长的一段钢丝绳，这种情况通常与绳芯的畸变有关（在特殊环境中，纤维芯由于受潮而膨胀），结果使外层绳股受力不均衡，造成绳股错位。如果这种情况使钢丝绳实际直径增加 5%以上，钢丝绳应立即报废。

参见图 12-15。

图 12-15　由于绳芯扭曲变形使局部的钢丝绳直径增大

（7）局部压扁

通过滑轮部分压扁的钢丝绳将会很快损坏，表现为断丝并可能损坏滑轮，如此情况的钢丝绳应立即报废。位于固定索具中的钢丝绳压扁部位会加速腐蚀，如果继续使用，应按规定的缩短周期对其进行检查。参见图 12-16、图 12-17。

图 12-16　局部压扁（一）

图 12-17　局部压扁（二）

（8）扭结

扭结是由于钢丝绳呈环状在不允许绕其轴线转动的情况下被绷紧而造成的一种变形。其结果是出现捻距不均而引起过度磨损，严重时钢丝绳将产生扭曲，以致仅存极小的强度。有扭结的钢丝绳应立即报废。参见图 12-18～图 12-20。

图 12-18　扭结（正向）

图 12-19　扭结（逆向）

图 12-20　扭结

（9）弯折

弯折是由外界影响因素引起的钢丝绳的角度变形。有严重弯折的钢丝绳类似钢丝绳的局部压扁，应按局部压扁的要求处理。

12. 受热或电弧引起的损坏

钢丝绳因异常的热影响作用在外表出现可识别的颜色变化时，应立即报废。

第十三章　起重吊运指挥信号

第一节　名词术语

通用手势信号——指各种类型的起重机在起重吊运中普遍适用的指挥手势。

专用手势信号——指具有特殊的起升、变幅、回转机构的起重机单独使用的指挥手势。

吊钩（包括吊环、电磁吸盘、抓斗等）——指空钩以及负有载荷的吊钩。

起重机“前进”或“后退”——“前进”指起重机向指挥人员开来；“后退”指起重机离开指挥人员。

前、后、左、右在指挥语言中，均以司机所在位置为基准。

音响符号：

“——”表示大于一秒钟的长声符号。

“●”　表示小于一秒钟的短声符号。

“○”　表示停顿的符号。

第二节　指挥人员使用的信号

一、手势信号

（一）通用手势信号

（1）“预备”（注意）：手臂伸直，置于头上方，五指自然伸开，手心朝前保持不动（图 13-1）。

（2）“要主钩”：单手自然握拳，置于头上，轻触头顶（图 13-2）。

（3）“要副钩”：一只手握拳，小臂向上不动，另一只手伸出，手心轻触前只手的肘关节（图 13-3）。

（4）“吊钩上升”：小臂向侧上方伸直，五指自然伸开，高于肩部，以腕部为轴转动（图 13-4）。

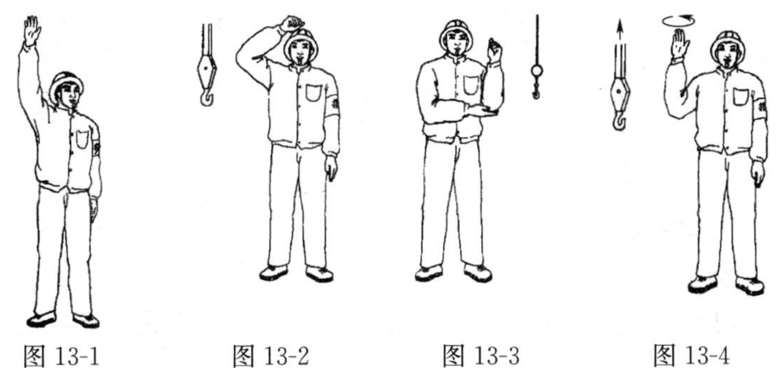

图 13-1　　图 13-2　　图 13-3　　图 13-4

（5）“吊钩下降”：手臂伸向侧前下方，与身体夹角约为 30°，五指自然伸开，以腕部为轴转动（图 13-5）。

（6）“吊钩水平移动”：小臂向侧上方伸直，五指并拢，手心朝外，朝负载应运行的方向，向下挥动到与肩相平的位置（图13-6）。

（7）“吊钩微微上升”：小臂伸向侧前上方，手心朝上高于肩部，以腕部为轴，重复向上摆动手掌（图 13-7）。

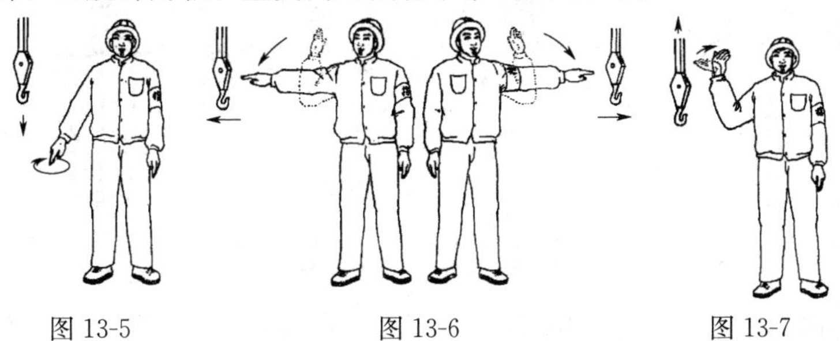

图 13-5　　图 13-6　　图 13-7

（8）“吊钩微微下落”：手臂伸向侧前下方，与身体夹角约为 30°，手心朝下，以腕部为轴，重复向下摆动手掌（图 13-8）。

(9)“吊钩水平微微移动”：小臂向侧上方自然伸出，五指并拢，手心朝外，朝负载应运行的方向，重复做缓慢的水平运动（图 13-9）。

(10)“微动范围”：双小臂曲起，伸向一侧，五指伸直，手心相对，其间距与负载所要移动的距离接近（图 13-10）。

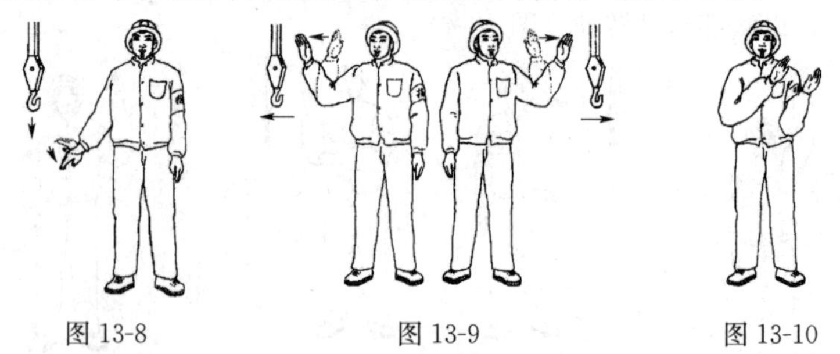

图 13-8　　图 13-9　　图 13-10

(11)“指示降落方位”：五指伸直，指出负载应降落的位置（图 13-11）。

(12)“停止”：小臂水平置于胸前，五指伸开，手心朝下，水平挥向一侧（图 13-12）。

(13)“紧急停止”：两小臂水平置于胸前，五指伸开，手心朝下，同时水平挥向两侧（图 13-13）。

(14)“工作结束”：双手五指伸开，在额前交叉（图13-14）。

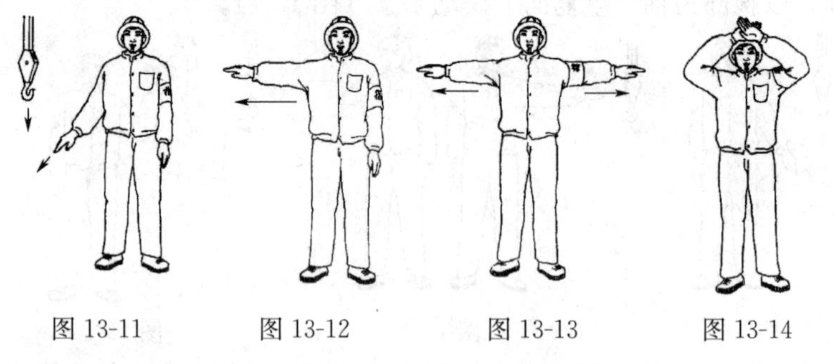

图 13-11　　图 13-12　　图 13-13　　图 13-14

（二）专用手势信号

（1）“升臂”：手臂向一侧水平伸直，拇指朝上，余指握拢，小臂向上摆动（图 13-15）。

（2）“降臂”：手臂向一侧水平伸直，拇指朝下，余指握拢，小臂向下摆动（图 13-16）。

（3）“转臂”：手臂水平伸直，指向应转臂的方向，拇指伸出，余指握拢，以腕部为轴转动（图 13-17）。

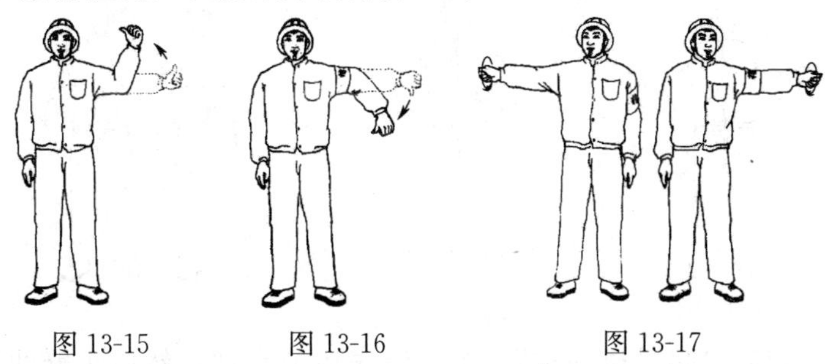

图 13-15　　图 13-16　　图 13-17

（4）“微微伸臂”：一只小臂置于胸前一侧，五指伸直，手心朝下，保持不动。另一手的拇指对着前手手心，余指握拢，做上下移动（图 13-18）。

（5）“微微降臂”：一只小臂置于胸前的一侧，五指伸直，手心朝上，保持不动，另一只手的拇指对着前手心，余指握拢，做上下移动（图 13-19）。

（6）“微微转臂”：一只小臂向前平伸，手心自然朝向内侧。另一只手的拇指指向前只手的手心，余指握拢做转动（图 13-20）。

（7）“伸臂”：两手分别握拳，拳心朝上，拇指分别指向两侧，做相斥运动。（图 13-21）。

（8）“缩臂”：两手分别握拳，拳心朝下，拇指对指，做相向运动（图 13-22）。

（9）“履带起重机回转”：一只小臂水平前伸，五指自然伸出不动。另一只小臂在胸前做水平重复摆动（图 13-23）。

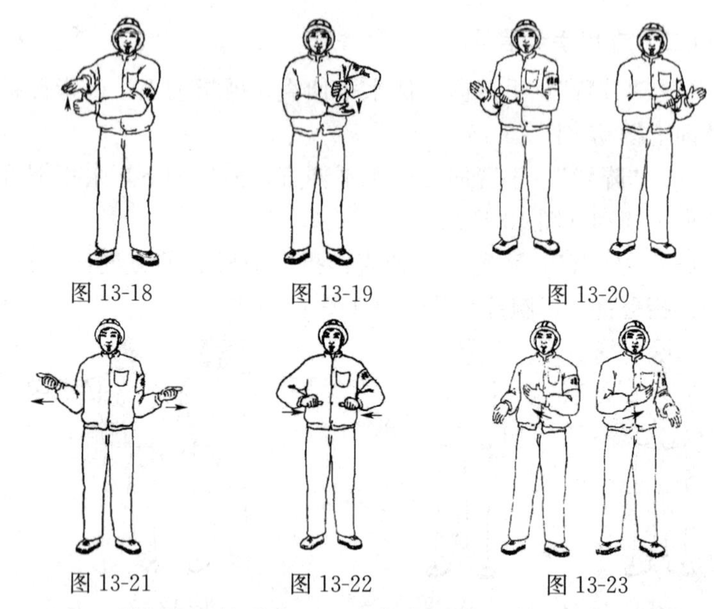

图 13-18　　图 13-19　　图 13-20

图 13-21　　图 13-22　　图 13-23

（10）“起重机前进”：双手臂先后前平伸，然后小臂曲起，五指并拢，手心对着自己，做前后运动（图 13-24）。

（11）“起重机后退”：双小臂向上曲起，五指并拢，手心朝向起重机，做前后运动（图 13-25）。

（12）“抓取”（吸取）：两小臂分别置于侧前方，手心相对，由两侧向中间摆动（图 13-26）。

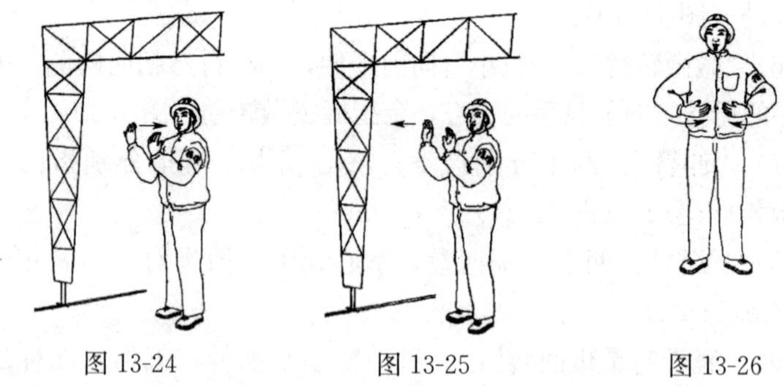

图 13-24　　图 13-25　　图 13-26

（13）“释放”：两小臂分别置于侧前方，手心朝外，两臂分别向两侧摆动（图 13-27）。

（14）“翻转”：一小臂向前曲起，手心朝上，另一小臂向前伸出，手心朝下，双手同时进行翻转（图 13-28）。

（三）船用起重机（或双机吊运）专用的手势信号

（1）“微速起钩”：两小臂水平伸出侧前方，五指伸开，手心朝上，以腕部为轴，向上摆动。当要求双机以不同的速度起升时，指挥起升速度快的一方，手要高于另一只手（图 13-29）。

（2）“慢速起钩”：两小臂水平伸向前侧方，五指伸开，手心朝上，小臂以肘部为轴向上摆动。当要求双机以不同的速度起升时，指挥起升速度快的一方，手要高于另一只手（图 13-30）。

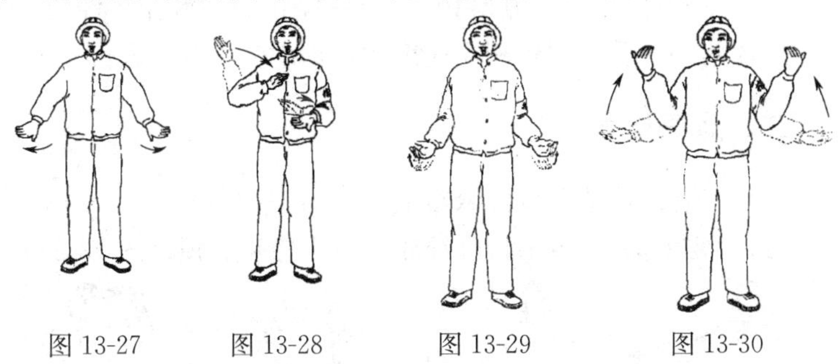

图 13-27　　图 13-28　　图 13-29　　图 13-30

（3）“全速起钩”：两臂下垂，五指伸开，手心朝上，全臂向上挥动（图 13-31）。

（4）“微速落钩”：两小臂水平伸向侧前方，五指伸开，手心朝下，手以腕部为轴向下摆动。当要求双机以不同的速度降落时，指挥降落速度快的一方，手要低于另一只手（图 13-32）。

（5）“慢速落钩”：两小臂水平伸向前侧方，五指伸开，手心朝下，小臂以肘部为轴向下摆动。当要求双机以不同的速度降落时，指挥降落速度快的一方，手要低于另一只手（图 13-33）。

（6）“全速落钩”：两臂伸向侧上方，五指伸出，手心朝下，全臂向下挥动（图 13-34）。

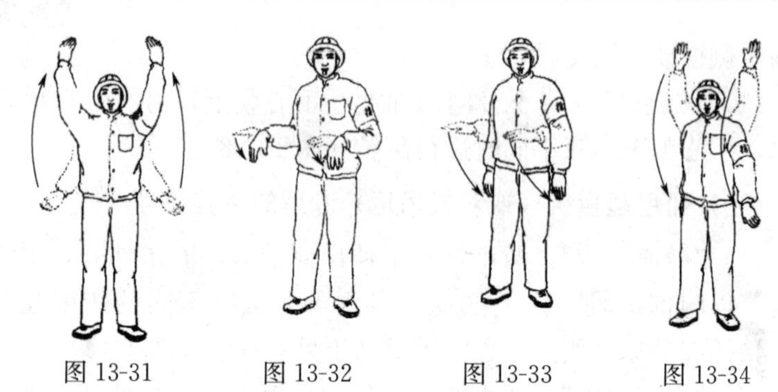

图 13-31　　图 13-32　　图 13-33　　图 13-34

（7）“一方停止，一方起钩”：指挥停止的手臂作“停止”手势；指挥起钩的手臂侧作相应速度的起钩手势（图 13-35）。

（8）“一方停止，一方落钩”：指挥停止的手臂作“停止”手势，指挥落钩的手臂则作相应速度的落钩手势（图 13-36）。

二、旗语信号

（1）“预备”：单手持红绿旗上举（图 13-37）。

（2）“要主钩”：单手持红绿旗，旗头轻触头顶（图 13-38）。

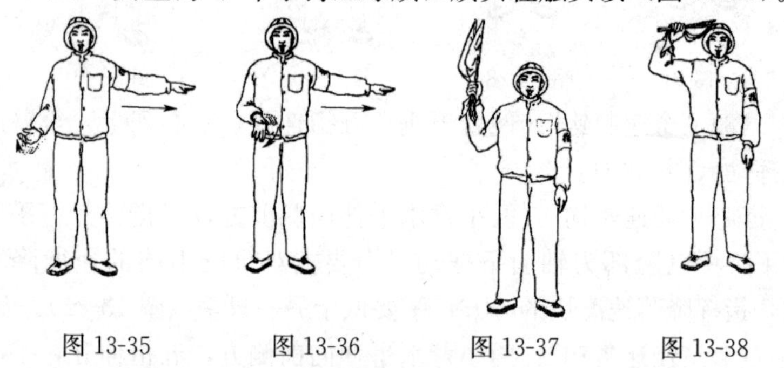

图 13-35　　图 13-36　　图 13-37　　图 13-38

（3）“要副钩”：一只手握拳，小臂向上不动，另一只手拢红绿旗，旗头轻触前只手的肘关节（图 13-39）。

（4）“吊钩上升”：绿旗上举，红旗自然放下（图 13-40）。

（5）“吊钩下降”：绿旗拢起下指，红旗自然放下（图 13-41）。

（6）“吊钩微微上升”：绿旗上举，红旗拢起横在绿旗上，互相垂直（图 13-42）。

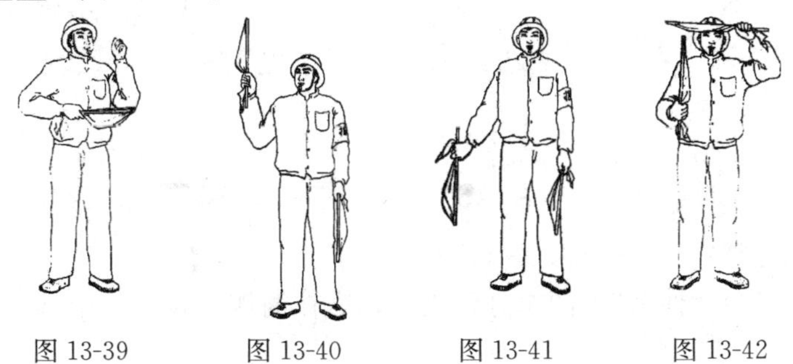

图 13-39　　图 13-40　　图 13-41　　图 13-42

（7）“吊钩微微下降”：绿旗拢起下指，红旗横在绿旗下，互相垂直（图 13-43）。

（8）“升臂”：红旗上举，绿旗自然放下（图 13-44）。

（9）“降臂”：红旗拢起下指，绿旗自然放下（图 13-45）。

（10）“转臂”：红旗拢起，水平指向应转臂的方向（图 13-46）。

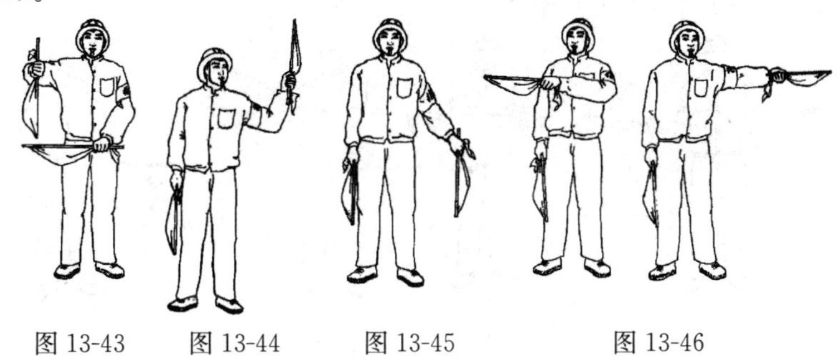

图 13-43　　图 13-44　　图 13-45　　图 13-46

（11）“微微升臂”：红旗上举，绿旗拢起横在红旗上，互相垂直（图 13-47）。

（12）“微微降臂”：红旗拢起下指，绿旗横在红旗下，互相垂直（图 13-48）。

（13）“微微转臂”：红旗拢起，横在腹前，指向应转臂的方向；绿旗拢起，竖在红旗前，互相垂直（图 13-49）。

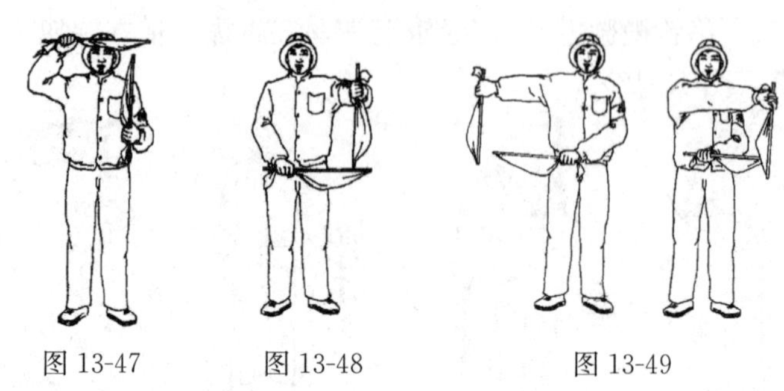

图 13-47　　图 13-48　　图 13-49

(14)“伸臂”：两旗分别拢起，横在两侧，旗头外指（图 13-50)。

(15)“缩臂”：两旗分别拢起，横在胸前，旗头对指（图 13-51)。

(16)“微动范围”：两手分别拢旗，伸向一侧，其间距与负载所要移动的距离接近（图 13-52)。

(17)“指示降落方位”：单手拢绿旗，指向负载应降落的位置，旗头进行转动（图 13-53)。

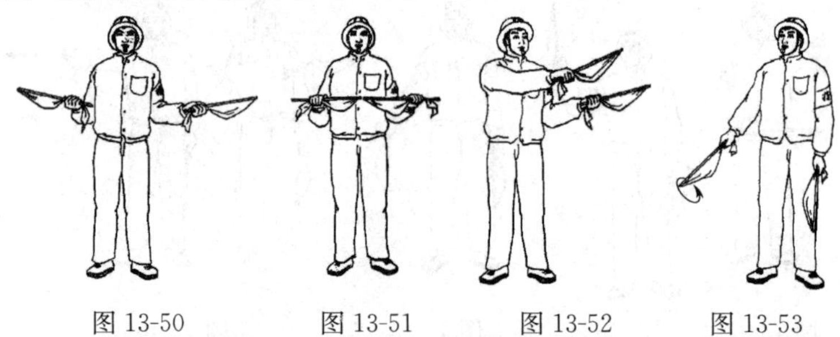

图 13-50　　图 13-51　　图 13-52　　图 13-53

(18)“履带起重机回转”：一只手拢旗，水平指向侧前方，另只手持旗，水平重复挥动（图 13-54)。

(19)“起重机前进”：两旗分别拢起，向前上方伸出，旗头由前上方向后摆动（图 13-55)。

(20)“起重机后退”：两旗分别拢起，向前伸出，旗头由前方向下摆动（图 13-56)。

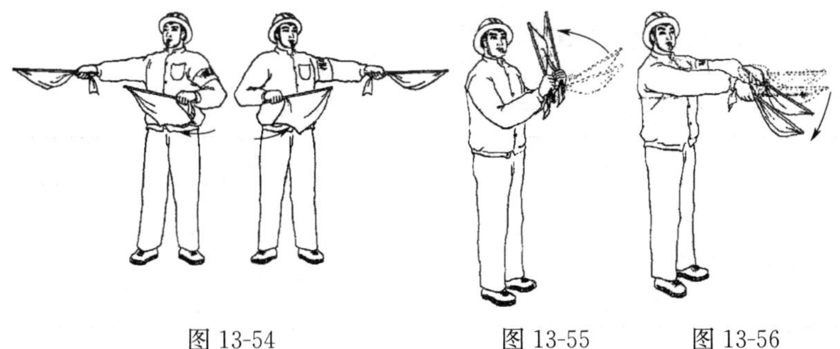

图 13-54　　图 13-55　　图 13-56

（21）“停止”：单旗左右摆动，另一面旗自然放下（图 13-57）。

（22）“紧急停止”：双手分别持旗，同时左右摆动（图 13-58）。

（23）“工作结束”：两旗拢起，在额前交叉（图 13-59）。

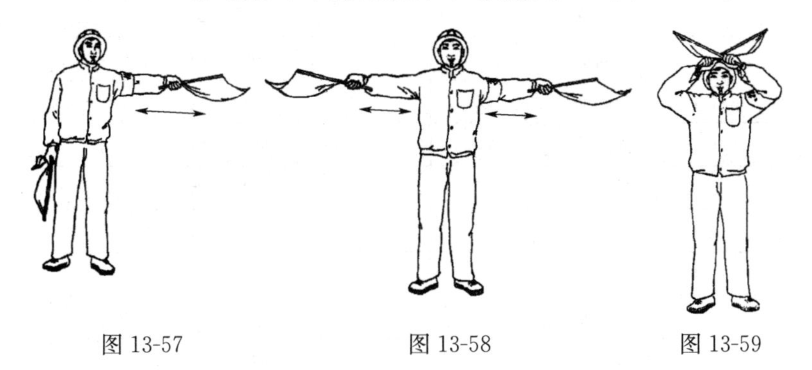

图 13-57　　图 13-58　　图 13-59

三、音响信号

（1）“预备”、“停止”：一长声——

（2）“上升”：二短声●●

（3）“下降”：三短声●●●

（4）“微动”：断续短声●○●○●○●

（5）“紧急停止”：急促的长声——　——　——

四、起重吊运指挥语言

(1) 开始、停止工作的语言

起重机的状态	指挥语言
开始工作	开　　始
停止和紧急停止	停
工作结束	结　　束

(2) 吊钩移动语言

吊钩的移动	指挥语言
正常上升	上　　升
微微上升	上升一点
正常下降	下　　降
微微下降	下降一点
正常向前	向　　前
微微向前	向前一点
正常向后	向　　后
微微向后	向后一点
正常向右	向　　右
微微向右	向右一点
正常向左	向　　左
微微向左	向左一点

(3) 转台回转语言

转台的回转	指挥语言
正常右转	右　　转
微微右转	右转一点
正常左转	左　　传
微微左转	左转一点

（4）臂架移动语言

臂架的移动	指挥语言
正常伸长	伸　　长
微微伸长	伸长一点
正常缩回	缩　　回
微微缩回	缩回一点
正常升臂	升　　臂
微微升臂	升一点臂
正常降臂	降　　臂
微微降臂	降一点臂

第三节　司机使用的音响信号

（1）“明白”——服从指挥：一短声●

（2）“重复”——请求重新发出信号：二短声●●

（3）“注意”：长声————

第四节　信号的配合应用

一、指挥人员使用音响信号与手势或旗语信号的配合

（1）在发出“上升”音响时，可分别与“吊钩上升”“升臂”“伸臂”“抓取”手势或旗语相配合。

（2）在发出“下降”音响时，可分别与“吊钩下降”“降臂”“缩臂”“释放”手势或旗语相配合。

（3）在发出“微动”音响时，可分别与“吊钩微微上升”

“吊钩微微下降”“吊钩水平微微移动”“微微升臂”“微微降臂”手势或旗语相配合。

（4）在发出“紧急停止”音响时，可与“紧急停止”手势或旗语相配合。

（5）在发出音响信号时，均可与上述未规定的手势或旗语相配合。

二、指挥人员与司机之间的配合

（1）指挥人员发出“预备”信号时，要目视司机，司机接到信号在开始工作前，应回答“明白”信号。当指挥人员听到回答信号后，方可进行指挥。

（2）指挥人员在发出“要主钩”“要副钩”“微动范围”手势或旗语时，要目视司机，同时可发出“预备”音响信号，司机接到信号后，要准确操作。

（3）指挥人员在发出“工作结束”的手势或旗语时，要目视司机，同时可发出“停止”音响信号，司机接到信号后，应回答“明白”信号方可离开岗位。

（4）指挥人员对起重机械要求微微移动时，可根据需要，重复给出信号。司机应按信号要求，缓慢平稳操纵设备。除此之外，如无特殊需求（如船用起重机专用手势信号），其他指挥信号，指挥人员都应一次性给出。司机在接到下一信号前，必须按原指挥信号要求操纵设备。

第五节　对指挥人员和司机的基本要求

一、对使用信号的基本规定

（1）指挥人员使用手势信号均以本人的手心、手指或手臂表示吊钩、臂杆和机械位移的运动方向。

（2）指挥人员使用旗语信号均以指挥旗的旗头表示吊钩、臂杆和机械位移的运动方向。

（3）在同时指挥臂杆和吊钩时，指挥人员必须分别用左手指挥臂杆，右手指挥吊钩。当持旗指挥时，一般左手持红旗指挥臂杆，右手持绿旗指挥吊钩。

（4）当两台或两台以上起重机同时在距离较近的工作区域内工作时，指挥人员使用音响信号的音调应有明显区别，并要配合手势或旗语指挥，严禁单独使用相同音调的音响指挥。

（5）当两台或两台以上起重机同时在距离较近的工作区域内工作时，司机发出的音响应有明显区别。

（6）指挥人员用“起重吊运指挥语言”指挥时，应讲普通话。

二、指挥人员的职责及其要求

（1）指挥人员应根据本标准的信号要求与起重机司机进行联系。

（2）指挥人员发出的指挥信号必须清晰、准确。

（3）指挥人员应站在使司机看清指挥信号的安全位置上。当跟随负载运行指挥时，应随时指挥负载避开人员和障碍物。

（4）指挥人员不能同时看清司机和负载时，必须增设中间指挥人员以便逐级传递信号，当发现错传信号时，应立即发出停止信号。

（5）负载降落前，指挥人员必须确认降落区域安全时，方可发出降落信号。

（6）当多人绑挂同一负载时，起吊前，应先呼唤应答，确认绑挂无误后方可由一人负责指挥。

（7）同时用两台起重机吊运同一负载时，指挥人员应双手分别指挥各台起重机，以确保同步吊运。

（8）在开始起吊负载时，应先用“微动”信号指挥。待负载离开地面100～200mm稳妥后，再用正常速度指挥。必要时，在负载降落前，也应使用“微动”信号指挥。

（9）指挥人员应佩戴鲜明的标志，如标有“指挥”字样的臂章、特殊颜色的安全帽、工作服等。

（10）指挥人员所戴手套的手心和手背要易于辨别。

三、起重机司机的职责及其要求

（1）司机必须听从指挥人员的指挥，当指挥信号不明时，司机应发出“重复”信号询问，明确指挥意图后，方可开车。

（2）司机必须熟练掌握标准规定的通用手势信号和有关的各种指挥信号，并与指挥人员密切配合。

（3）当指挥人员所发信号违反本标准的规定时，司机有权拒绝执行。

（4）司机在开车前必须鸣铃示警，必要时，在吊运中也要鸣铃，通知受负载威胁的地面人员撤离。

（5）在吊运过程中，司机对任何人发出的“紧急停止”信号都应服从。

第六节　管理方面的有关规定

（1）对起重机司机和指挥人员，必须由有关部门进行安全技术培训，经考试合格，取得合格证后方能操作或指挥。

（2）音响信号是手势信号或旗语的辅助信号，使用单位可根据工作需要确定是否采用。

（3）指挥旗颜色为红、绿色。应采用不易褪色、不易产生褶皱的材料。其规定：面幅应为400mm×500mm，旗杆直径应为25mm，旗杆长度应为500mm。

（4）上述规定的指挥信号是各类起重机使用的基本信号，如不能满足需要，使用单位可根据具体情况，适当增补，但增补的信号不得与上述标准有抵触。

附录一　塔式起重机安装、拆卸相关法规有关规定

《中华人民共和国安全生产法》（2014 版）有关规定

《中华人民共和国安全生产法》是为了加强安全生产监督管理，防止和减少生产安全事故，保障人民群众生命和财产安全，促进经济发展而制定。

由中华人民共和国第九届全国人民代表大会常务委员会第二十八次会议于 2002 年 6 月 29 日通过公布，自 2002 年 11 月 1 日起施行。

2014 年 8 月 31 日第十二届全国人民代表大会常务委员会第十次会议通过全国人民代表大会常务委员会关于修订《中华人民共和国安全生产法》的决定，自 2014 年 12 月 1 日起施行。

第二十七条　生产经营单位的特种作业人员必须按照国家有关规定经专门的安全作业培训，取得相应资格，方可上岗作业。

第三十二条　生产经营单位应当在有较大危险因素的生产经营场所和有关设施、设备上，设置明显的安全警示标志。

第三十三条　设备的设计、制造、安装、使用、检测、维修、改造和报废，应当符合国家标准或者行业标准。

生产经营单位必须对安全设备进行经常性维护、保养，并定期检测，保证正常运转。维护、保养、检测应当做好记录，并由有关人员签字。

第四十条 生产经营单位进行爆破、吊装以及国务院安全生产监督管理部门会同国务院有关部门规定的其他危险作业，应当安排专门人员进行现场安全管理，确保操作规程的遵守和安全措施的落实。

第四十九条 生产经营单位与从业人员订立的劳动合同，应当载明有关保障从业人员劳动安全、防止职业危害的事项，以及依法为从业人员办理工伤保险的事项。

生产经营单位不得以任何形式与从业人员订立协议，免除或者减轻其对从业人员因生产安全事故伤亡依法应承担的责任。

第五十条 生产经营单位的从业人员有权了解其作业场所和工作岗位存在的危险因素、防范措施及事故应急措施，有权对本单位的安全生产工作提出建议。

第五十一条 从业人员有权对本单位安全生产工作中存在的问题提出批评、检举、控告；有权拒绝违章指挥和强令冒险作业。

生产经营单位不得因从业人员对本单位安全生产工作提出批评、检举、控告或者拒绝违章指挥、强令冒险作业而降低其工资、福利等待遇或者解除与其订立的劳动合同。

第五十二条 从业人员发现直接危及人身安全的紧急情况时，有权停止作业或者在采取可能的应急措施后撤离作业场所。

生产经营单位不得因从业人员在前款紧急情况下停止作业或者采取紧急撤离措施而降低其工资、福利等待遇或者解除与其订立的劳动合同。

第五十三条 因生产安全事故受到损害的从业人员，除依法享有工伤保险外，依照有关民事法律尚有获得赔偿权利的，有权向本单位提出赔偿要求。

第五十四条 从业人员在作业过程中，应当严格遵守本单位的安全生产规章制度和操作规程，服从管理，正确佩戴和使用劳动防护用品。

第五十五条　从业人员应当接受安全生产教育和培训，掌握本职工作所需的安全生产知识，提高安全生产技能，增强事故预防和应急处理能力。

第五十六条　从业人员发现事故隐患或者其他不安全因素，应当立即向现场安全生产管理人员或者本单位负责人报告；接到报告的人员应当及时予以处理。

《特种设备安全监察条例》（2009年修订）的有关规定

《特种设备安全监察条例》（国务院令第373号）是由朱镕基总理签署，于2003年3月11日公布的国家法规，自2003年6月1日起施行。

依《国务院关于修改〈特种设备安全监察条例〉的决定》（国务院令第549号）修订，修订版于2009年1月24日公布，自2009年5月1日起施行。

第三条　特种设备的生产（含设计、制造、安装、改造、维修，下同）、使用、检验检测及其监督检查，应当遵守本条例，但本条例另有规定的除外。

军事装备、核设施、航空航天器、铁路机车、海上设施和船舶以及矿山井下使用的特种设备、民用机场专用设备的安全监察不适用本条例。

房屋建筑工地和市政工程工地用起重机械、场（厂）内专用机动车辆的安装、使用的监督管理，由建设行政主管部门依照有关法律、法规的规定执行。

第二十五条　特种设备在投入使用前或者投入使用后30日内，特种设备使用单位应当向直辖市或者设区的（市的）特种设备安全监督管理部门登记。登记标志应当置于或者附着于该特种设备的显著位置。

第二十六条 特种设备使用单位应当建立特种设备安全技术档案。安全技术档案应当包括以下内容：

（一）特种设备的设计文件、制造单位、产品质量合格证明、使用维护说明等文件以及安装技术文件和资料；

（二）特种设备的定期检验和定期自行检查的记录；

（三）特种设备的日常使用状况记录；

（四）特种设备及其安全附件、安全保护装置、测量调控装置及有关附属仪器仪表的日常维护保养记录；

（五）特种设备运行故障和事故记录；

（六）高耗能特种设备的能效测试报告、能耗状况记录以及节能改造技术资料。

第二十七条 特种设备使用单位应当对在用特种设备进行经常性日常维护保养，并定期自行检查。

特种设备使用单位对在用特种设备应当至少每月进行一次自行检查，并作出记录。特种设备使用单位对在用特种设备进行自行检查和日常维护保养时发现异常情况的，应当及时处理。

特种设备使用单位应当对在用特种设备的安全附件、安全保护装置、测量调控装置及有关附属仪器仪表进行定期校验、检修，并作出记录。

锅炉使用单位应当按照安全技术规范的要求进行锅炉水（介）质处理，并接受特种设备检验检测机构实施的水（介）质处理定期检验。

从事锅炉清洗的单位，应当按照安全技术规范的要求进行锅炉清洗，并接受特种设备检验检测机构实施的锅炉清洗过程的监督检验。

第二十八条 特种设备使用单位应当按照安全技术规范的定期检验要求，在安全检验合格有效期届满前 1 个月向特种设备检验检测机构提出定期检验要求。

检验检测机构接到定期检验要求后，应当按照安全技术规范的要求及时进行安全性能检验和能效测试。

未经定期检验或者检验不合格的特种设备，不得继续使用。

第二十九条 特种设备出现故障或者发生异常情况，使用单位应当对其进行全面检查，消除事故隐患后，方可重新投入使用。

特种设备不符合能效指标的，特种设备使用单位应当采取相应措施进行整改。

第三十八条 锅炉、压力容器、电梯、起重机械、客运索道、大型游乐设施、场（厂）内专用机动车辆的作业人员及其相关管理人员（以下统称特种设备作业人员），应当按照国家有关规定经特种设备安全监督管理部门考核合格，取得国家统一格式的特种作业人员证书，方可从事相应的作业或者管理工作。

第三十九条 特种设备使用单位应当对特种设备作业人员进行特种设备安全、节能教育和培训，保证特种设备作业人员具备必要的特种设备安全、节能知识。

特种设备作业人员在作业中应当严格执行特种设备的操作规程和有关的安全规章制度。

第四十条 特种设备作业人员在作业过程中发现事故隐患或者其他不安全因素，应当立即向现场安全管理人员和单位有关负责人报告。

第六十一条 有下列情形之一的，为特别重大事故：

（一）特种设备事故造成30人以上死亡，或者100人以上重伤（包括急性工业中毒，下同），或者1亿元以上直接经济损失的；

（二）600兆瓦以上锅炉爆炸的；

（三）压力容器、压力管道有毒介质泄漏，造成15万人以上转移的；

（四）客运索道、大型游乐设施高空滞留 100 人以上并且时间在 48 小时以上的。

第六十二条 有下列情形之一的，为重大事故：

（一）特种设备事故造成 10 人以上 30 人以下死亡，或者 50 人以上 100 人以下重伤，或者 5000 万元以上 1 亿元以下直接经济损失的；

（二）600 兆瓦以上锅炉因安全故障中断运行 240 小时以上的；

（三）压力容器、压力管道有毒介质泄漏，造成 5 万人以上 15 万人以下转移的；

（四）客运索道、大型游乐设施高空滞留 100 人以上并且时间在 24 小时以上 48 小时以下的。

第六十三条 有下列情形之一的，为较大事故：

（一）特种设备事故造成 3 人以上 10 人以下死亡，或者 10 人以上 50 人以下重伤，或者 1000 万元以上 5000 万元以下直接经济损失的；

（二）锅炉、压力容器、压力管道爆炸的；

（三）压力容器、压力管道有毒介质泄漏，造成 1 万人以上 5 万人以下转移的；

（四）起重机械整体倾覆的；

（五）客运索道、大型游乐设施高空滞留人员 12 小时以上的。

第六十四条 有下列情形之一的，为一般事故：

（一）特种设备事故造成 3 人以下死亡，或者 10 人以下重伤，或者 1 万元以上 1000 万元以下直接经济损失的；

（二）压力容器、压力管道有毒介质泄漏，造成 500 人以上 1 万人以下转移的；

（三）电梯轿厢滞留人员 2 小时以上的；

（四）起重机械主要受力结构件折断或者起升机构坠落的；

（五）客运索道高空滞留人员 3.5 小时以上 12 小时以下的；

（六）大型游乐设施高空滞留人员 1 小时以上 12 小时以下的。

除前款规定外，国务院特种设备安全监督管理部门可以对一般事故的其他情形做出补充规定。

第六十五条　特种设备安全监督管理部门应当制定特种设备应急预案。特种设备使用单位应当制定事故应急专项预案，并定期进行事故应急演练。

压力容器、压力管道发生爆炸或者泄漏，在抢险救援时应当区分介质特性，严格按照相关预案规定程序处理，防止二次爆炸。

第六十六条　特种设备事故发生后，事故发生单位应当立即启动事故应急预案，组织抢救，防止事故扩大，减少人员伤亡和财产损失，并及时向事故发生地县以上特种设备安全监督管理部门和有关部门报告。

县以上特种设备安全监督管理部门接到事故报告，应当尽快核实有关情况，立即向所在地人民政府报告，并逐级上报事故情况。必要时，特种设备安全监督管理部门可以越级上报事故情况。对特别重大事故、重大事故，国务院特种设备安全监督管理部门应当立即报告国务院并通报国务院安全生产监督管理部门等有关部门。

第六十七条　特别重大事故由国务院或者国务院授权有关部门组织事故调查组进行调查。

重大事故由国务院特种设备安全监督管理部门会同有关部门组织事故调查组进行调查。

较大事故由省、自治区、直辖市特种设备安全监督管理部门会同有关部门组织事故调查组进行调查。

一般事故由设区的（市的）特种设备安全监督管理部门会同有关部门组织事故调查组进行调查。

《建设工程安全生产管理条例》的有关规定

中华人民共和国国务院令第 393 号《建设工程安全生产管理条例》自 2004 年 2 月 1 日起施行。

第十五条 为建设工程提供机械设备和配件的单位，应当按照安全施工的要求配备齐全有效的保险、限位等安全设施和装置。

第十六条 出租的机械设备和施工机具及配件，应当具有生产（制造）许可证、产品合格证。

出租单位应当对出租的机械设备和施工机具及配件的安全性能进行检测，在签订租赁协议时，应当出具检测合格证明。

禁止出租检测不合格的机械设备和施工机具及配件。

第十七条 在施工现场安装、拆卸施工起重机械和整体提升脚手架、模板等自升式架设设施，必须由具有相应资质的单位承担。

安装、拆卸施工起重机械和整体提升脚手架、模板等自升式架设设施，应当编制拆装方案、制定安全施工措施，并由专业技术人员现场监督。

施工起重机械和整体提升脚手架、模板等自升式架设设施安装完毕后，安装单位应当自检，出具自检合格证明，并向施工单位进行安全使用说明，办理验收手续并签字。

第十八条 施工起重机械和整体提升脚手架、模板等自升式架设设施的使用达到国家规定的检验检测期限的，必须经具有专业资质的检验检测机构检测。经检测不合格的，不得继续使用。

第二十五条 垂直运输机械作业人员、安装拆卸工、爆破作业人员、起重信号工、登高架设作业人员等特种作业人员，必须按照国家有关规定经过专门的安全作业培训，并取得特种作业操作资格证书后，方可上岗作业。

《建筑起重机械安全监督管理规定》

（建设部令第166号）

第一条　为了加强建筑起重机械的安全监督管理，防止和减少生产安全事故，保障人民群众生命和财产安全，依据《建设工程安全生产管理条例》《特种设备安全监察条例》《安全生产许可证条例》，制定本规定。

第二条　建筑起重机械的租赁、安装、拆卸、使用及其监督管理，适用本规定。

本规定所称建筑起重机械，是指纳入特种设备目录，在房屋建筑工地和市政工程工地安装、拆卸、使用的起重机械。

第三条　国务院建设主管部门对全国建筑起重机械的租赁、安装、拆卸、使用实施监督管理。

县级以上地方人民政府建设主管部门对本行政区域内的建筑起重机械的租赁、安装、拆卸、使用实施监督管理。

第四条　出租单位出租的建筑起重机械和使用单位购置、租赁、使用的建筑起重机械应当具有特种设备制造许可证、产品合格证、制造监督检验证明。

第五条　出租单位在建筑起重机械首次出租前，自购建筑起重机械的使用单位在建筑起重机械首次安装前，应当持建筑起重机械特种设备制造许可证、产品合格证和制造监督检验证明到本单位工商注册所在地县级以上地方人民政府建设主管部门办理备案。

第六条　出租单位应当在签订的建筑起重机械租赁合同中明

确租赁双方的安全责任，并出具建筑起重机械特种设备制造许可证、产品合格证、制造监督检验证明、备案证明和自检合格证明，提交安装使用说明书。

第七条 有下列情形之一的建筑起重机械，不得出租、使用：

（一）属国家明令淘汰或者禁止使用的；

（二）超过安全技术标准或者制造厂家规定的使用年限的；

（三）经检验达不到安全技术标准规定的；

（四）没有完整安全技术档案的；

（五）没有齐全有效的安全保护装置的。

第八条 建筑起重机械有本规定第七条第（一）、（二）、（三）项情形之一的，出租单位或者自购建筑起重机械的使用单位应当予以报废，并向原备案机关办理注销手续。

第九条 出租单位、自购建筑起重机械的使用单位，应当建立建筑起重机械安全技术档案。

建筑起重机械安全技术档案应当包括以下资料：

（一）购销合同、制造许可证、产品合格证、制造监督检验证明、安装使用说明书、备案证明等原始资料；

（二）定期检验报告、定期自行检查记录、定期维护保养记录、维修和技术改造记录、运行故障和生产安全事故记录、累计运转记录等运行资料；

（三）历次安装验收资料。

第十条 从事建筑起重机械安装、拆卸活动的单位（以下简称安装单位）应当依法取得建设主管部门颁发的相应资质和建筑施工企业安全生产许可证，并在其资质许可范围内承揽建筑起重机械安装、拆卸工程。

第十一条 建筑起重机械使用单位和安装单位应当在签订的建筑起重机械安装、拆卸合同中明确双方的安全生产责任。

实行施工总承包的，施工总承包单位应当与安装单位签订建筑起重机械安装、拆卸工程安全协议书。

第十二条　安装单位应当履行下列安全职责：

（一）按照安全技术标准及建筑起重机械性能要求，编制建筑起重机械安装、拆卸工程专项施工方案，并由本单位技术负责人签字；

（二）按照安全技术标准及安装使用说明书等检查建筑起重机械及现场施工条件；

（三）组织安全施工技术交底并签字确认；

（四）制定建筑起重机械安装、拆卸工程生产安全事故应急救援预案；

（五）将建筑起重机械安装、拆卸工程专项施工方案，安装、拆卸人员名单，安装、拆卸时间等材料报施工总承包单位和监理单位审核后，告知工程所在地县级以上地方人民政府建设主管部门。

第十三条　安装单位应当按照建筑起重机械安装、拆卸工程专项施工方案及安全操作规程组织安装、拆卸作业。

安装单位的专业技术人员、专职安全生产管理人员应当进行现场监督，技术负责人应当定期巡查。

第十四条　建筑起重机械安装完毕后，安装单位应当按照安全技术标准及安装使用说明书的有关要求对建筑起重机械进行自检、调试和试运转。自检合格的，应当出具自检合格证明，并向使用单位进行安全使用说明。

第十五条　安装单位应当建立建筑起重机械安装、拆卸工程档案。

建筑起重机械安装、拆卸工程档案应当包括以下资料：

（一）安装、拆卸工程合同及安全协议书；

（二）安装、拆卸工程专项施工方案；

（三）安全施工技术交底的有关资料；

（四）安装工程验收资料；

（五）安装、拆卸工程生产安全事故应急救援预案。

第十六条 建筑起重机械安装完毕后，使用单位应当组织出租、安装、监理等有关单位进行验收，或者委托具有相应资质的检验检测机构进行验收。建筑起重机械经验收合格后方可投入使用，未经验收或者验收不合格的不得使用。

实行施工总承包的，由施工总承包单位组织验收。

建筑起重机械在验收前应当经有相应资质的检验检测机构监督检验合格。

检验检测机构和检验检测人员对检验检测结果、鉴定结论依法承担法律责任。

第十七条 使用单位应当自建筑起重机械安装验收合格之日起 30 日内，将建筑起重机械安装验收资料、建筑起重机械安全管理制度、特种作业人员名单等，向工程所在地县级以上地方人民政府建设主管部门办理建筑起重机械使用登记。登记标志置于或者附着于该设备的显著位置。

第十八条 使用单位应当履行下列安全职责：

（一）根据不同施工阶段、周围环境以及季节、气候的变化，对建筑起重机械采取相应的安全防护措施；

（二）制定建筑起重机械生产安全事故应急救援预案；

（三）在建筑起重机械活动范围内设置明显的安全警示标志，对集中作业区做好安全防护；

（四）设置相应的设备管理机构或者配备专职的设备管理人员；

（五）指定专职设备管理人员、专职安全生产管理人员进行现场监督检查；

（六）建筑起重机械出现故障或者发生异常情况的，立即停止使用，消除故障和事故隐患后，方可重新投入使用。

第十九条 使用单位应当对在用的建筑起重机械及其安全保护装置、吊具、索具等进行经常性和定期性的检查、维护和保养，并做好记录。

使用单位在建筑起重机械租期结束后，应当将定期检查、维护和保养记录移交出租单位。

建筑起重机械租赁合同对建筑起重机械的检查、维护、保养另有约定的，从其约定。

第二十条 建筑起重机械在使用过程中需要附着的，使用单位应当委托原安装单位或者具有相应资质的安装单位按照专项施工方案实施，并按照本规定第十六条规定组织验收。验收合格后方可投入使用。

建筑起重机械在使用过程中需要顶升的，使用单位委托原安装单位或者具有相应资质的安装单位按照专项施工方案实施后可投入使用。

禁止擅自在建筑起重机械上安装非原制造厂制造的标准节和附着装置。

第二十一条 施工总承包单位应当履行下列安全职责：

（一）向安装单位提供拟安装设备位置的基础施工资料，确保建筑起重机械进场安装、拆卸所需的施工条件；

（二）审核建筑起重机械的特种设备制造许可证、产品合格证、制造监督检验证明、备案证明等文件；

（三）审核安装单位、使用单位的资质证书、安全生产许可证和特种作业人员的特种作业操作资格证书；

（四）审核安装单位制定的建筑起重机械安装、拆卸工程专项施工方案和生产安全事故应急救援预案；

（五）审核使用单位制定的建筑起重机械生产安全事故应急救援预案；

（六）指定专职安全生产管理人员监督检查建筑起重机械安装、拆卸、使用情况；

（七）施工现场有多台塔式起重机作业时，应当组织制定并实施防止塔式起重机相互碰撞的安全措施。

第二十二条 监理单位应当履行下列安全职责：

（一）审核建筑起重机械特种设备制造许可证、产品合格证、制造监督检验证明、备案证明等文件；

（二）审核建筑起重机械安装单位、使用单位的资质证书、安全生产许可证和特种作业人员的特种作业操作资格证书；

（三）审核建筑起重机械安装、拆卸工程专项施工方案；

（四）监督安装单位执行建筑起重机械安装、拆卸工程专项施工方案情况；

（五）监督检查建筑起重机械的使用情况；

（六）发现存在生产安全事故隐患的，应当要求安装单位、使用单位限期整改，对安装单位、使用单位拒不整改的，及时向建设单位报告。

第二十三条 依法发包给两个及两个以上施工单位的工程，不同施工单位在同一施工现场使用多台塔式起重机作业时，建设单位应当协调组织制定防止塔式起重机相互碰撞的安全措施。

安装单位、使用单位拒不整改生产安全事故隐患的，建设单位接到监理单位报告后，应当责令安装单位、使用单位立即停工整改。

第二十四条 建筑起重机械特种作业人员应当遵守建筑起重机械安全操作规程和安全管理制度，在作业中有权拒绝违章指挥和强令冒险作业，有权在发生危及人身安全的紧急情况时立即停止作业或者采取必要的应急措施后撤离危险区域。

第二十五条 建筑起重机械安装拆卸工、起重信号工、起重司机、司索工等特种作业人员应当经建设主管部门考核合格，并取得特种作业操作资格证书后，方可上岗作业。

省、自治区、直辖市人民政府建设主管部门负责组织实施建筑施工企业特种作业人员的考核。

特种作业人员的特种作业操作资格证书由国务院建设主管部门规定统一的样式。

第二十六条 建设主管部门履行安全监督检查职责时，有权采取下列措施：

（一）要求被检查的单位提供有关建筑起重机械的文件和资料；

（二）进入被检查单位和被检查单位的施工现场进行检查；

（三）对检查中发现的建筑起重机械生产安全事故隐患，责令立即排除；重大生产安全事故隐患排除前或者排除过程中无法保证安全的，责令从危险区域撤出作业人员或者暂时停止施工。

第二十七条 负责办理备案或者登记的建设主管部门应当建立本行政区域内的建筑起重机械档案，按照有关规定对建筑起重机械进行统一编号，并定期向社会公布建筑起重机械的安全状况。

第二十八条 违反本规定，出租单位、自购建筑起重机械的使用单位，有下列行为之一的，由县级以上地方人民政府建设主管部门责令限期改正，予以警告，并处以5000元以上1万元以下罚款：

（一）未按照规定办理备案的；

（二）未按照规定办理注销手续的；

（三）未按照规定建立建筑起重机械安全技术档案的。

第二十九条 违反本规定，安装单位有下列行为之一的，由县级以上地方人民政府建设主管部门责令限期改正，予以警告，并处以5000元以上3万元以下罚款：

（一）未履行第十二条第（二）、（四）、（五）项安全职责的；

（二）未按照规定建立建筑起重机械安装、拆卸工程档案的；

（三）未按照建筑起重机械安装、拆卸工程专项施工方案及安全操作规程组织安装、拆卸作业的。

第三十条 违反本规定，使用单位有下列行为之一的，由县级以上地方人民政府建设主管部门责令限期改正，予以警告，并处以 5000 元以上 3 万元以下罚款：

（一）未履行第十八条第（一）、（二）、（四）、（六）项安全职责的；

（二）未指定专职设备管理人员进行现场监督检查的；

（三）擅自在建筑起重机械上安装非原制造厂制造的标准节和附着装置的。

第三十一条 违反本规定，施工总承包单位未履行第二十一条第（一）、（三）、（四）、（五）、（七）项安全职责的，由县级以上地方人民政府建设主管部门责令限期改正，予以警告，并处以 5000 元以上 3 万元以下罚款。

第三十二条 违反本规定，监理单位未履行第二十二条第（一）、（二）、（四）、（五）项安全职责的，由县级以上地方人民政府建设主管部门责令限期改正，予以警告，并处以 5000 元以上 3 万元以下罚款。

第三十三条 违反本规定，建设单位有下列行为之一的，由县级以上地方人民政府建设主管部门责令限期改正，予以警告，并处以 5000 元以上 3 万元以下罚款；逾期未改的，责令停止施工：

（一）未按照规定协调组织制定防止多台塔式起重机相互碰撞的安全措施的；

（二）接到监理单位报告后，未责令安装单位、使用单位立即停工整改的。

第三十四条 违反本规定，建设主管部门的工作人员有下列行为之一的，依法给予处分；构成犯罪的，依法追究刑事责任：

（一）发现违反本规定的违法行为不依法查处的；

（二）发现在用的建筑起重机械存在严重生产安全事故隐患不依法处理的；

（三）不依法履行监督管理职责的其他行为。

《建筑施工特种作业人员管理规定》

（建质［2008］75号）

第一章 总 则

第一条 为加强对建筑施工特种作业人员的管理，防止和减少生产安全事故，根据《安全生产许可证条例》《建筑起重机械安全监督管理规定》等法规规章，制定本规定。

第二条 建筑施工特种作业人员的考核、发证、从业和监督管理，适用本规定。本规定所称建筑施工特种作业人员是指在房屋建筑工程和市政工程施工活动中，从事可能对本人、他人及周围设备设施的安全造成重大危害的作业人员。

第三条 建筑施工特种作业包括：

（一）建筑电工；

（二）建筑架子工；

（三）建筑起重信号司索工；

（四）建筑起重机械司机；

（五）建筑起重机械安装拆卸工；

（六）高处作业吊篮安装拆卸工；

（七）经省级以上人民政府建设主管部门认定的其他特种作业。

第四条 建筑施工特种作业人员必须经建设主管部门考核合格，取得建筑施工特种作业人员操作资格证书（以下简称“资格证书”），方可上岗从事相应作业。

第五条 国务院建设主管部门负责全国建筑施工特种作业人员的监督管理工作。

省、自治区、直辖市人民政府建设主管部门负责本行政区域内建筑施工特种作业人员的监督管理工作。

第二章 考 核

第六条 建筑施工特种作业人员的考核发证工作，由省、自治区、直辖市人民政府建设主管部门或其委托的考核发证机构（以下简称“考核发证机关”）负责组织实施。

第七条 考核发证机关应当在办公场所公布建筑施工特种作业人员申请条件、申请程序、工作时限、收费依据和标准等事项。

考核发证机关应当在考核前在机关网站或新闻媒体上公布考核科目、考核地点、考核时间和监督电话等事项。

第八条 申请从事建筑施工特种作业的人员，应当具备下列基本条件：

（一）年满18周岁且符合相关工种规定的年龄要求；

（二）经医院体检合格且无妨碍从事相应特种作业的疾病和生理缺陷；

（三）初中及以上学历；

（四）符合相应特种作业需要的其他条件。

第九条 符合本规定第八条规定的人员应当向本人户籍所在地或者从业所在地考核发证机关提出申请，并提交相关证明材料。

第十条 考核发证机关应当自收到申请人提交的申请材料之日起5个工作日内依法作出受理或者不予受理的决定。

对于受理的申请，考核发证机关应当及时向申请人核发准考证。

第十一条　建筑施工特种作业人员的考核内容应当包括安全技术理论和实际操作。

考核大纲由国务院建设主管部门制定。

第十二条　考核发证机关应当自考核结束之日起10个工作日内公布考核成绩。

第十三条　考核发证机关对于考核合格的，应当自考核结果公布之日起10个工作日内颁发资格证书；对于考核不合格的，应当通知申请人并说明理由。

第十四条　资格证书应当采用国务院建设主管部门规定的统一样式，由考核发证机关编号后签发。资格证书在全国通用。

第三章　从　业

第十五条　持有资格证书的人员，应当受聘于建筑施工企业或者建筑起重机械出租单位（以下简称用人单位），方可从事相应的特种作业。

第十六条　用人单位对于首次取得资格证书的人员，应当在其正式上岗前安排不少于3个月的实习操作。

第十七条　建筑施工特种作业人员应当严格按照安全技术标准、规范和规程进行作业，正确佩戴和使用安全防护用品，并按规定对作业工具和设备进行维护保养。建筑施工特种作业人员应当参加年度安全教育培训或者继续教育，每年不得少于24小时。

第十八条　在施工中发生危及人身安全的紧急情况时，建筑施工特种作业人员有权立即停止作业或者撤离危险区域，并向施工现场专职安全生产管理人员和项目负责人报告。

第十九条　用人单位应当履行下列职责：

（一）与持有效资格证书的特种作业人员订立劳动合同；

（二）制定并落实本单位特种作业安全操作规程和有关安全管理制度；

（三）书面告知特种作业人员违章操作的危害；

（四）向特种作业人员提供齐全、合格的安全防护用品和安全的作业条件；

（五）按规定组织特种作业人员参加年度安全教育培训或者继续教育，培训时间不少于24小时；

（六）建立本单位特种作业人员管理档案；

（七）查处特种作业人员违章行为并记录在档；

（八）法律法规及有关规定明确的其他职责。

第二十条 任何单位和个人不得非法涂改、倒卖、出租、出借或者以其他形式转让资格证书。

第二十一条 建筑施工特种作业人员变动工作单位，任何单位和个人不得以任何理由非法扣押其资格证书。

第四章 延期复核

第二十二条 资格证书有效期为两年。有效期满需要延期的，建筑施工特种作业人员应当于期满前3个月内向原考核发证机关申请办理延期复核手续。延期复核合格的，资格证书有效期延期2年。

第二十三条 建筑施工特种作业人员申请延期复核，应当提交下列材料：

（一）身份证（原件和复印件）；

（二）体检合格证明；

（三）年度安全教育培训证明或者继续教育证明；

（四）用人单位出具的特种作业人员管理档案记录；

（五）考核发证机关规定提交的其他资料。

第二十四条 建筑施工特种作业人员在资格证书有效期内，有下列情形之一的，延期复核结果为不合格：

（一）超过相关工种规定年龄要求的；

（二）身体健康状况不再适应相应特种作业岗位的；

（三）对生产安全事故负有责任的；

（四）2 年内违章操作记录达 3 次（含 3 次）以上的；

（五）未按规定参加年度安全教育培训或者继续教育的；

（六）考核发证机关规定的其他情形。

第二十五条 考核发证机关在收到建筑施工特种作业人员提交的延期复核资料后，应当根据以下情况分别作出处理：

（一）对于属于本规定第二十四条情形之一的，自收到延期复核资料之日起 5 个工作日内作出不予延期决定，并说明理由；

（二）对于提交资料齐全且无本规定第二十四条情形的，自受理之日起 10 个工作日内办理准予延期复核手续，并在证书上注明延期复核合格，并加盖延期复核专用章。

第二十六条 考核发证机关应当在资格证书有效期满前按本规定第二十五条作出决定；逾期未作出决定的，视为延期复核合格。

第五章 监督管理

第二十七条 考核发证机关应当制定建筑施工特种作业人员考核发证管理制度，建立本地区建筑施工特种作业人员档案。

县级以上地方人民政府建设主管部门应当监督检查建筑施工特种作业人员从业活动，查处违章作业行为并记录在档。

第二十八条 考核发证机关应当在每年年底向国务院建设主管部门报送建筑施工特种作业人员考核发证和延期复核情况的年度统计信息资料。

第二十九条 有下列情形之一的，考核发证机关应当撤销资格证书：

（一）持证人弄虚作假骗取资格证书或者办理延期复核手续的；

（二）考核发证机关工作人员违法核发资格证书的；

（三）考核发证机关规定应当撤销资格证书的其他情形。

第三十条 有下列情形之一的，考核发证机关应当注销资格证书：

（一）依法不予延期的；

（二）持证人逾期未申请办理延期复核手续的；

（三）持证人死亡或者不具有完全民事行为能力的；

（四）考核发证机关规定应当注销的其他情形。

第六章　附　则

第三十一条　省、自治区、直辖市人民政府建设主管部门可结合本地区实际情况制定实施细则，并报国务院建设主管部门备案。

《危险性较大的分部分项工程安全管理规定》

（住建部令第 37 号）

《危险性较大的分部分项工程安全管理规定》已经 2018 年 2 月 12 日第 37 次部常务会议审议通过，现予发布，自 2018 年 6 月 1 日起施行。

第一章　总则

第一条　为加强对房屋建筑和市政基础设施工程中危险性较大的分部分项工程安全管理，有效防范生产安全事故，依据《中华人民共和国建筑法》《中华人民共和国安全生产法》《建设工程安全生产管理条例》等法律法规，制定本规定。

第二条　本规定适用于房屋建筑和市政基础设施工程中危险性较大的分部分项工程安全管理。

第三条　本规定所称危险性较大的分部分项工程（以下简称“危大工程”），是指房屋建筑和市政基础设施工程在施工过程中，容易导致人员群死群伤或者造成重大经济损失的分部分项工程。

危大工程及超过一定规模的危大工程范围由国务院住房城乡建设主管部门制定。

省级住房城乡建设主管部门可以结合本地区实际情况，补充本地区危大工程范围。

第四条 国务院住房城乡建设主管部门负责全国危大工程安全管理的指导监督。

县级以上地方人民政府住房城乡建设主管部门负责本行政区域内危大工程的安全监督管理。

第二章 前期保障

第五条 建设单位应当依法提供真实、准确、完整的工程地质、水文地质和工程周边环境等资料。

第六条 勘察单位应当根据工程实际及工程周边环境资料，在勘察文件中说明地质条件可能造成的工程风险。

设计单位应当在设计文件中注明涉及危大工程的重点部位和环节，提出保障工程周边环境安全和工程施工安全的意见，必要时进行专项设计。

第七条 建设单位应当组织勘察、设计等单位在施工招标文件中列出危大工程清单，要求施工单位在投标时补充完善危大工程清单并明确相应的安全管理措施。

第八条 建设单位应当按照施工合同约定及时支付危大工程施工技术措施费以及相应的安全防护文明施工措施费，保障危大工程施工安全。

第九条 建设单位在申请办理安全监督手续时，应当提交危大工程清单及其安全管理措施等资料。

第三章 专项施工方案

第十条 施工单位应当在危大工程施工前组织工程技术人员编制专项施工方案。

实行施工总承包的，专项施工方案应当由施工总承包单位组织编制。危大工程实行分包的，专项施工方案可以由相关专业分包单位组织编制。

第十一条 专项施工方案应当由施工单位技术负责人审核签字、加盖单位公章，并由总监理工程师审查签字、加盖执业印章后方可实施。

危大工程实行分包并由分包单位编制专项施工方案的，专项施工方案应当由总承包单位技术负责人及分包单位技术负责人共同审核签字并加盖单位公章。

第十二条 对于超过一定规模的危大工程，施工单位应当组织召开专家论证会对专项施工方案进行论证。实行施工总承包的，由施工总承包单位组织召开专家论证会。专家论证前专项施工方案应当通过施工单位审核和总监理工程师审查。

专家应当从地方人民政府住房城乡建设主管部门建立的专家库中选取，符合专业要求且人数不得少于5名。与本工程有利害关系的人员不得以专家身份参加专家论证会。

第十三条 专家论证会后，应当形成论证报告，对专项施工方案提出通过、修改后通过或者不通过的一致意见。专家对论证报告负责并签字确认。

专项施工方案经论证需修改后通过的，施工单位应当根据论证报告修改完善后，重新履行本规定第十一条的程序。

专项施工方案经论证不通过的，施工单位修改后应当按照本规定的要求重新组织专家论证。

第四章 现场安全管理

第十四条 施工单位应当在施工现场显著位置公告危大工程名称、施工时间和具体责任人员，并在危险区域设置安全警示标志。

第十五条 专项施工方案实施前，编制人员或者项目技术负责人应当向施工现场管理人员进行方案交底。

施工现场管理人员应当向作业人员进行安全技术交底，并由双方和项目专职安全生产管理人员共同签字确认。

第十六条 施工单位应当严格按照专项施工方案组织施工，不得擅自修改专项施工方案。

因规划调整、设计变更等原因确需调整的，修改后的专项施工方案应当按照本规定重新审核和论证。涉及资金或者工期调整的，建设单位应当按照约定予以调整。

第十七条 施工单位应当对危大工程施工作业人员进行登记，项目负责人应当在施工现场履职。

项目专职安全生产管理人员应当对专项施工方案实施情况进行现场监督，对未按照专项施工方案施工的，应当要求立即整改，并及时报告项目负责人，项目负责人应当及时组织限期整改。

施工单位应当按照规定对危大工程进行施工监测和安全巡视，发现危及人身安全的紧急情况，应当立即组织作业人员撤离危险区域。

第十八条 监理单位应当结合危大工程专项施工方案编制监理实施细则，并对危大工程施工实施专项巡视检查。

第十九条 监理单位发现施工单位未按照专项施工方案施工的，应当要求其进行整改；情节严重的，应当要求其暂停施工，并及时报告建设单位。施工单位拒不整改或者不停止施工的，监理单位应当及时报告建设单位和工程所在地住房城乡建设主管部门。

第二十条 对于按照规定需要进行第三方监测的危大工程，建设单位应当委托具有相应勘察资质的单位进行监测。

监测单位应当编制监测方案。监测方案由监测单位技术负责人审核签字并加盖单位公章，报送监理单位后方可实施。

监测单位应当按照监测方案开展监测，及时向建设单位报送监测成果，并对监测成果负责；发现异常时，及时向建设、设计、施工、监理单位报告，建设单位应当立即组织相关单位采取处置措施。

第二十一条 对于按照规定需要验收的危大工程，施工单位、监理单位应当组织相关人员进行验收。验收合格的，经施工单位项目技术负责人及总监理工程师签字确认后，方可进入下一道工序。

危大工程验收合格后，施工单位应当在施工现场明显位置设置验收标识牌，公示验收时间及责任人员。

第二十二条 危大工程发生险情或者事故时，施工单位应当立即采取应急处置措施，并报告工程所在地住房城乡建设主管部门。建设、勘察、设计、监理等单位应当配合施工单位开展应急抢险工作。

第二十三条 危大工程应急抢险结束后，建设单位应当组织勘察、设计、施工、监理等单位制定工程恢复方案，并对应急抢险工作进行后评估。

第二十四条 施工、监理单位应当建立危大工程安全管理档案。

施工单位应当将专项施工方案及审核、专家论证、交底、现场检查、验收及整改等相关资料纳入档案管理。

监理单位应当将监理实施细则、专项施工方案审查、专项巡视检查、验收及整改等相关资料纳入档案管理。

第五章 监督管理

第二十五条 设区的市级以上地方人民政府住房城乡建设主管部门应当建立专家库，制定专家库管理制度，建立专家诚信档案，并向社会公布，接受社会监督。

第二十六条 县级以上地方人民政府住房城乡建设主管部门或者所属施工安全监督机构，应当根据监督工作计划对危大工程进行抽查。

县级以上地方人民政府住房城乡建设主管部门或者所属施工

安全监督机构，可以通过政府购买技术服务方式，聘请具有专业技术能力的单位和人员对危大工程进行检查，所需费用向本级财政申请予以保障。

第二十七条 县级以上地方人民政府住房城乡建设主管部门或者所属施工安全监督机构，在监督抽查中发现危大工程存在安全隐患的，应当责令施工单位整改；重大安全事故隐患排除前或者排除过程中无法保证安全的，责令从危险区域内撤出作业人员或者暂时停止施工；对依法应当给予行政处罚的行为，应当依法作出行政处罚决定。

第二十八条 县级以上地方人民政府住房城乡建设主管部门应当将单位和个人的处罚信息纳入建筑施工安全生产不良信用记录。

第六章 法律责任

第二十九条 建设单位有下列行为之一的，责令限期改正，并处1万元以上3万元以下的罚款；对直接负责的主管人员和其他直接责任人员处1000元以上5000元以下的罚款：

（一）未按照本规定提供工程周边环境等资料的；

（二）未按照本规定在招标文件中列出危大工程清单的；

（三）未按照施工合同约定及时支付危大工程施工技术措施费或者相应的安全防护文明施工措施费的；

（四）未按照本规定委托具有相应勘察资质的单位进行第三方监测的；

（五）未对第三方监测单位报告的异常情况采取处置措施的。

第三十条 勘察单位未在勘察文件中说明地质条件可能造成的工程风险的，责令限期改正，依照《建设工程安全生产管理条例》对单位进行处罚；对直接负责的主管人员和其他直接责任人员处1000元以上5000元以下的罚款。

第三十一条 设计单位未在设计文件中注明涉及危大工程的

重点部位和环节，未提出保障工程周边环境安全和工程施工安全意见的，责令限期改正，并处 1 万元以上 3 万元以下的罚款；对直接负责的主管人员和其他直接责任人员处 1000 元以上 5000 元以下的罚款。

第三十二条 施工单位未按照本规定编制并审核危大工程专项施工方案的，依照《建设工程安全生产管理条例》对单位进行处罚，并暂扣安全生产许可证 30 日；对直接负责的主管人员和其他直接责任人员处 1000 元以上 5000 元以下的罚款。

第三十三条 施工单位有下列行为之一的，依照《中华人民共和国安全生产法》《建设工程安全生产管理条例》对单位和相关责任人员进行处罚：

（一）未向施工现场管理人员和作业人员进行方案交底和安全技术交底的；

（二）未在施工现场显著位置公告危大工程，并在危险区域设置安全警示标志的；

（三）项目专职安全生产管理人员未对专项施工方案实施情况进行现场监督的。

第三十四条 施工单位有下列行为之一的，责令限期改正，处 1 万元以上 3 万元以下的罚款，并暂扣安全生产许可证 30 日；对直接负责的主管人员和其他直接责任人员处 1000 元以上 5000 元以下的罚款：

（一）未对超过一定规模的危大工程专项施工方案进行专家论证的；

（二）未根据专家论证报告对超过一定规模的危大工程专项施工方案进行修改，或者未按照本规定重新组织专家论证的；

（三）未严格按照专项施工方案组织施工，或者擅自修改专项施工方案的。

第三十五条 施工单位有下列行为之一的，责令限期改正，并处1万元以上3万元以下的罚款；对直接负责的主管人员和其他直接责任人员处1000元以上5000元以下的罚款：

（一）项目负责人未按照本规定现场履职或者组织限期整改的；

（二）施工单位未按照本规定进行施工监测和安全巡视的；

（三）未按照本规定组织危大工程验收的；

（四）发生险情或者事故时，未采取应急处置措施的；

（五）未按照本规定建立危大工程安全管理档案的。

第三十六条　监理单位有下列行为之一的，依照《中华人民共和国安全生产法》《建设工程安全生产管理条例》对单位进行处罚；对直接负责的主管人员和其他直接责任人员处1000元以上5000元以下的罚款：

（一）总监理工程师未按照本规定审查危大工程专项施工方案的；

（二）发现施工单位未按照专项施工方案实施，未要求其整改或者停工的；

（三）施工单位拒不整改或者不停止施工时，未向建设单位和工程所在地住房城乡建设主管部门报告的。

第三十七条　监理单位有下列行为之一的，责令限期改正，并处1万元以上3万元以下的罚款；对直接负责的主管人员和其他直接责任人员处1000元以上5000元以下的罚款：

（一）未按照本规定编制监理实施细则的；

（二）未对危大工程施工实施专项巡视检查的；

（三）未按照本规定参与组织危大工程验收的；

（四）未按照本规定建立危大工程安全管理档案的。

第三十八条　监测单位有下列行为之一的，责令限期改正，并处1万元以上3万元以下的罚款；对直接负责的主管人员和其他直接责任人员处1000元以上5000元以下的罚款：

（一）未取得相应勘察资质从事第三方监测的；

（二）未按照本规定编制监测方案的；

（三）未按照监测方案开展监测的；

（四）发现异常未及时报告的。

第三十九条 县级以上地方人民政府住房城乡建设主管部门或者所属施工安全监督机构的工作人员，未依法履行危大工程安全监督管理职责的，依照有关规定给予处分。

第七章 附则

《危险性较大的分部分项工程安全管理规定》有关问题的通知

（建办质［2018］31号）

各省、自治区住房城乡建设厅，北京市住房城乡建设委、天津市城乡建设委、上海市住房城乡建设管委、重庆市城乡建设委，新疆生产建设兵团住房城乡建设局：

为贯彻实施《危险性较大的分部分项工程安全管理规定》（住房城乡建设部令第37号），进一步加强和规范房屋建筑和市政基础设施工程中危险性较大的分部分项工程（以下简称危大工程）安全管理，现将有关问题通知如下：

一、关于危大工程范围

危大工程范围详见附件1。超过一定规模的危大工程范围详见附件2。

二、关于专项施工方案内容

危大工程专项施工方案的主要内容应当包括：

（一）工程概况：危大工程概况和特点、施工平面布置、施工要求和技术保证条件；

（二）编制依据：相关法律、法规、规范性文件、标准、规范及施工图设计文件、施工组织设计等；

（三）施工计划：包括施工进度计划、材料与设备计划；

（四）施工工艺技术：技术参数、工艺流程、施工方法、操作要求、检查要求等；

（五）施工安全保证措施：组织保障措施、技术措施、监测监控措施等；

（六）施工管理及作业人员配备和分工：施工管理人员、专职安全生产管理人员、特种作业人员、其他作业人员等；

（七）验收要求：验收标准、验收程序、验收内容、验收人员等；

（八）应急处置措施；

（九）计算书及相关施工图纸。

三、关于专家论证会参会人员

超过一定规模的危大工程专项施工方案专家论证会的参会人员应当包括：

（一）专家；

（二）建设单位项目负责人；

（三）有关勘察、设计单位项目技术负责人及相关人员；

（四）总承包单位和分包单位技术负责人或授权委派的专业技术人员、项目负责人、项目技术负责人、专项施工方案编制人员、项目专职安全生产管理人员及相关人员；

（五）监理单位项目总监理工程师及专业监理工程师。

四、关于专家论证内容

对于超过一定规模的危大工程专项施工方案，专家论证的主要内容应当包括：

（一）专项施工方案内容是否完整、可行；

（二）专项施工方案计算书和验算依据、施工图是否符合有关标准规范；

（三）专项施工方案是否满足现场实际情况，并能够确保施工安全。

五、关于专项施工方案修改

超过一定规模的危大工程专项施工方案经专家论证后结论为“通过”的，施工单位可参考专家意见自行修改完善；结论为“修改后通过”的，专家意见要明确具体修改内容，施工单位应当按照专家意见进行修改，并履行有关审核和审查手续后方可实施，修改情况应及时告知专家。

六、关于监测方案内容

进行第三方监测的危大工程监测方案的主要内容应当包括工程概况、监测依据、监测内容、监测方法、人员及设备、测点布置与保护、监测频次、预警标准及监测成果报送等。

七、关于验收人员

危大工程验收人员应当包括：

（一）总承包单位和分包单位技术负责人或授权委派的专业技术人员、项目负责人、项目技术负责人、专项施工方案编制人员、项目专职安全生产管理人员及相关人员；

（二）监理单位项目总监理工程师及专业监理工程师；

（三）有关勘察、设计和监测单位项目技术负责人。

八、关于专家条件

设区的市级以上地方人民政府住房城乡建设主管部门建立的

专家库专家应当具备以下基本条件：

（一）诚实守信、作风正派、学术严谨；

（二）从事相关专业工作 15 年以上或具有丰富的专业经验；

（三）具有高级专业技术职称。

九、关于专家库管理

设区的市级以上地方人民政府住房城乡建设主管部门应当加强对专家库专家的管理，定期向社会公布专家业绩，对于专家不认真履行论证职责、工作失职等行为，记入不良信用记录，情节严重的，取消专家资格。

《关于印发〈危险性较大的分部分项工程安全管理办法〉的通知》（建质〔2009〕87 号）自 2018 年 6 月 1 日起废止。

附件 1　危险性较大的分部分项工程范围

一、基坑工程

（一）开挖深度超过 3m（含 3m）的基坑（槽）的土方开挖、支护、降水工程。

（二）开挖深度虽未超过 3m，但地质条件、周围环境和地下管线复杂，或影响毗邻建、构筑物安全的基坑（槽）的土方开挖、支护、降水工程。

二、模板工程及支撑体系

（一）各类工具式模板工程：包括滑模、爬模、飞模、隧道模等工程。

（二）混凝土模板支撑工程：搭设高度 5m 及以上，或搭设跨度 10m 及以上，或施工总荷载（荷载效应基本组合的设计值，以下简称设计值）$10kN/m^2$ 及以上，或集中线荷载（设计值）15kN/m 及以上，或高度大于支撑水平投影宽度且相对独立无联系构件的混凝土模板支撑工程。

（三）承重支撑体系：用于钢结构安装等满堂支撑体系。

三、起重吊装及起重机械安装拆卸工程

（一）采用非常规起重设备、方法，且单件起吊质量在 10kN 及以上的起重吊装工程。

（二）采用起重机械进行安装的工程。

（三）起重机械安装和拆卸工程。

四、脚手架工程

（一）搭设高度 24m 及以上的落地式钢管脚手架工程（包括采光井、电梯井脚手架）。

（二）附着式升降脚手架工程。

（三）悬挑式脚手架工程。

（四）高处作业吊篮。

（五）卸料平台、操作平台工程。

（六）异型脚手架工程。

五、拆除工程

可能影响行人、交通、电力设施、通讯设施或其他建（构）筑物安全的拆除工程。

六、暗挖工程

采用矿山法、盾构法、顶管法施工的隧道、洞室工程。

七、其他

（一）建筑幕墙安装工程。

（二）钢结构、网架和索膜结构安装工程。

（三）人工挖孔桩工程。

（四）水下作业工程。

（五）装配式建筑混凝土预制构件安装工程。

（六）采用新技术、新工艺、新材料、新设备可能影响工程施工安全，尚无国家、行业及地方技术标准的分部分项工程。

附件2 超过一定规模的危险性较大的分部分项工程范围

一、深基坑工程

开挖深度超过5m（含5m）的基坑（槽）的土方开挖、支护、降水工程。

二、模板工程及支撑体系

（一）各类工具式模板工程：包括滑模、爬模、飞模、隧道模等工程。

（二）混凝土模板支撑工程：搭设高度8m及以上，或搭设跨度18m及以上，或施工总荷载（设计值）15kN/m^{2}及以上，或集中线荷载（设计值）20kN/m及以上。

（三）承重支撑体系：用于钢结构安装等满堂支撑体系，承受单点集中荷载7kN及以上。

三、起重吊装及起重机械安装拆卸工程

（一）采用非常规起重设备、方法，且单件起吊重量在100kN及以上的起重吊装工程。

（二）起重量300kN及以上，或搭设总高度200m及以上，或搭设基础标高在200m及以上的起重机械安装和拆卸工程。

四、脚手架工程

（一）搭设高度50m及以上的落地式钢管脚手架工程。

（二）提升高度在150m及以上的附着式升降脚手架工程或附着式升降操作平台工程。

（三）分段架体搭设高度20m及以上的悬挑式脚手架工程。

五、拆除工程

（一）码头、桥梁、高架、烟囱、水塔或拆除中容易引起有毒有害气（液）体或粉尘扩散、易燃易爆事故发生的特殊建（构）筑物的拆除工程。

（二）文物保护建筑、优秀历史建筑或历史文化风貌区影响

范围内的拆除工程。

六、暗挖工程

采用矿山法、盾构法、顶管法施工的隧道、洞室工程。

七、其他

（一）施工高度 50m 及以上的建筑幕墙安装工程。

（二）跨度 36m 及以上的钢结构安装工程，或跨度 60m 及以上的网架和索膜结构安装工程。

（三）开挖深度 16m 及以上的人工挖孔桩工程。

（四）水下作业工程。

（五）质量 1000kN 及以上的大型结构整体顶升、平移、转体等施工工艺。

（六）采用新技术、新工艺、新材料、新设备可能影响工程施工安全，尚无国家、行业及地方技术标准的分部分项工程。

附录二　《关于建筑施工特种作业人员考核工作的实施意见》

（建办质［2008］41号）

为规范建筑施工特种作业人员考核管理工作，根据《建筑施工特种作业人员管理规定》（建质［2008］75号），制定以下实施意见：

一、考核目的

为提高建筑施工特种作业人员的素质，防止和减少建筑施工生产安全事故，通过安全技术理论知识和安全操作技能考核，确保取得《建筑施工特种作业操作资格证书》人员具备独立从事相应特种作业工作能力。

二、考核机关

省、自治区、直辖市人民政府建设主管部门或其委托的考核机构负责本行政区域内建筑施工特种作业人员的考核工作。

三、考核对象

在房屋建筑和市政工程（以下简称“建筑工程”）施工现场从事建筑电工、建筑架子工、建筑起重信号司索工、建筑起重机械司机、建筑起重机械安装拆卸工、高处作业吊篮安装拆卸工以及经省级以上人民政府建设主管部门认定的其他特种作业的人员。

《建筑施工特种作业操作范围》见附件一。

四、考核条件

参加考核人员应当具备下列条件：

（一）年满 18 周岁且符合相应特种作业规定的年龄要求；

（二）近三个月内经二级乙等以上医院体检合格且无妨碍从事相应特种作业的疾病和生理缺陷；

（三）初中及以上学历；

（四）符合相应特种作业规定的其他条件。

五、考核内容

建筑施工特种作业人员考核内容应当包括安全技术理论和安全操作技能。《建筑施工特种作业人员安全技术考核大纲》（试行）见附件二。

考核内容分掌握、熟悉、了解三类。其中掌握即要求能运用相关特种作业知识解决实际问题，熟悉即要求能较深理解相关特种作业安全技术知识，了解即要求具有相关特种作业的基本知识。

六、考核办法

（一）安全技术理论考核，采用闭卷笔试方式。考核时间为 2 小时，实行百分制，60 分为合格。其中，安全生产基本知识占 25%、专业基础知识占 25%、专业技术理论占 50%。

（二）安全操作技能考核，采用实际操作（或模拟操作）、口试等方式。考核实行百分制，70 分为合格。《建筑施工特种作业人员安全操作技能考核标准》（试行）见附件三。

（三）安全技术理论考核不合格的，不得参加安全操作技能考核。安全技术理论考试和实际操作技能考核均合格的，为考核合格。

七、其他事项

（一）考核发证机关应当建立健全建筑施工特种作业人员考核、发证及档案管理计算机信息系统，加强考核场地和考核人员队伍建设，注重实际操作考核质量。

（二）首次取得《建筑施工特种作业操作资格证书》的人员实习操作不得少于三个月。实习操作期间，用人单位应当指定专人指导和监督作业。指导人员应当从取得相应特种作业资格证书并从事相关工作3年以上、无不良记录的熟练工中选择。实习操作期满，经用人单位考核合格，方可独立作业。

附件一　建筑施工特种作业操作范围

一、建筑电工：在建筑工程施工现场从事临时用电作业；

二、建筑架子工（普通脚手架）：在建筑工程施工现场从事落地式脚手架、悬挑式脚手架、模板支架、外电防护架、卸料平台、洞口临边防护等登高架设、维护、拆除作业；

三、建筑架子工（附着式升降脚手架）：在建筑工程施工现场从事附着式升降脚手架的安装、升降、维护和拆卸作业；

四、建筑起重信号司索工：在建筑工程施工现场从事对起吊物体进行绑扎、挂钩等司索作业和起重指挥作业；

五、建筑起重机械司机（塔式起重机）：在建筑工程施工现场从事固定式、轨道式和内爬升式塔式起重机的驾驶操作；

六、建筑起重机械司机（施工升降机）：在建筑工程施工现场从事施工升降机的驾驶操作；

七、建筑起重机械司机（物料提升机）：在建筑工程施工现场从事物料提升机的驾驶操作；

八、建筑起重机械安装拆卸工（塔式起重机）：在建筑工程施工现场从事固定式、轨道式和内爬升式塔式起重机的安装、附着、顶升和拆卸作业；

九、建筑起重机械安装拆卸工（施工升降机）：在建筑工程施工现场从事施工升降机的安装和拆卸作业；

十、建筑起重机械安装拆卸工（物料提升机）：在建筑工程施工现场从事物料提升机的安装和拆卸作业；

十一、高处作业吊篮安装拆卸工：在建筑工程施工现场从事高处作业吊篮的安装和拆卸作业 。

附件二　建筑施工特种作业人员安全技术考核大纲（试行）（塔式起重机安拆）

8　建筑起重机械安装拆卸工（塔式起重机）安全技术考核大纲（试行）

8.1　安全技术理论

8.1.1　安全生产基本知识

1　了解建筑安全生产法律法规和规章制度

2　熟悉有关特种作业人员的管理制度

3　掌握从业人员的权利义务和法律责任

4　掌握高处作业安全知识

5　掌握安全防护用品的使用

6　熟悉安全标志、安全色的基本知识

7　了解施工现场消防知识

8　了解现场急救知识

9　熟悉施工现场安全用电基本知识

8.1.2　专业基础知识

1　熟悉力学基本知识

2　了解电工基础知识

3　熟悉机械基础知识

4　熟悉液压传动知识

5　了解钢结构基础知识

6　熟悉起重吊装基本知识

8.1.3　专业技术理论

1　了解塔式起重机的分类

2　掌握塔式起重机的基本技术参数

3　掌握塔式起重机的基本构造和工作原理

4　熟悉塔式起重机基础、附着及塔式起重机稳定性知识

5　了解塔式起重机总装配图及电气控制原理知识

6　熟悉塔式起重机安全防护装置的构造和工作原理

7　掌握塔式起重机安装、拆卸的程序、方法

8　掌握塔式起重机调试和常见故障的判断与处置

9　掌握塔式起重机安装自检的内容和方法

10　了解塔式起重机的维护保养的基本知识

11　掌握塔式起重机主要零部件及易损件的报废标准

12　掌握塔式起重机安装、拆卸的安全操作规程

13　了解塔式起重机安装、拆卸常见事故原因及处置方法

14　熟悉《起重吊运指挥信号》(GB5082)内容

8.2　安全操作技能

8.2.1　掌握塔式起重机安装、拆卸前的检查和准备

8.2.2　掌握塔式起重机安装、拆卸的程序、方法和注意事项

8.2.3　掌握塔式起重机调试和常见故障的判断

8.2.4　掌握塔式起重机吊钩、滑轮、钢丝绳和制动器的报废标准

8.2.5　掌握紧急情况处置方法

附件三　建筑施工特种作业人员安全操作技能考核标准(试行)(塔式起重机安拆)

8　建筑起重机械安装拆卸工(塔式起重机)安全操作技能

考核标准（试行）

8.1 塔式起重机的安装、拆卸

8.1.1 考核设备和器具

1 QTZ型塔机一台（5节以上标准节），也可用模拟机；

2 辅助起重设备一台；

3 专用扳手一套，吊、索具长、短各一套，铁锤2把，相应的卸扣6个；

4 水平仪、经纬仪、万用表、拉力器、30米长卷尺、计时器；

5 个人安全防护用品。

8.1.2 考核方法

每6位考生一组，在实际操作前口述安装或顶升全过程的程序及要领，在辅助起重设备的配合下，完成以下作业：

A 塔式起重机起重臂、平衡臂部件的安装

安装顺序：安装底座→安装基础节→安装回转支承→安装塔帽→安装平衡臂及起升机构→安装1～2块平衡重（按使用说明书要求）→安装起重臂→安装剩余平衡重→穿绕起重钢丝绳→接通电源→调试→安装后自验。

B 塔式起重机顶升加节

顶升顺序：连接回转下支承与外套架→检查液压系统→找准顶升平衡点→顶升前锁定回转机构→调整外套架导向轮与标准节间隙→搁置顶升套架的爬爪、标准节踏步与顶升→拆除回转下支承与标准节连接螺栓→顶升开始→拧紧连接螺栓或插入销轴（一般要有2个顶升行程才能加入标准节）→加节完毕后油缸复原→拆除顶升液压线路及相应电器。

8.1.3 考核时间：120min。具体可根据实际考核情况调整。

8.1.4 考核评分标准

A 塔式起重机起重臂、平衡臂部件的安装

满分 70 分。考核评分标准见表 8.1.4.1，考核得分即为每个人得分，各项目所扣分数总和不得超过该项应得分值。

表 8.1.4.1 考核评分标准

序号	扣分标准	应得分值
1	未对器具和吊索具进行检查的，扣 5 分	5
2	底座安装前未对基础进行找平的，扣 5 分	5
3	吊点位置确定不正确的，扣 10 分	10
4	构件连接螺栓未拧紧或销轴固定不正确的，每处扣 2 分	10
5	安装 3 节标准节时未用（或不会使用）经纬仪测量垂直度的，扣 5 分	5
6	吊装外套架索具使用不当的，扣 4 分	4
7	平衡臂、起重臂、配重安装顺序不正确的，每次扣 5 分	10
8	穿绕钢丝绳及端部固定不正确的，每处扣 2 分	6
9	制动器未调整或调整不正确的，扣 5 分	5
10	安全装置未调试的，每处扣 5 分；调试精度达不到要求的，每处扣 2 分	10
合计		70

B 塔式起重机顶升加节

满分 70 分。考核评分标准见表 8.1.4.2，考核得分即为每个人得分，各项目所扣分数总和不得超过该项应得分值。

表 8.1.4.2 考核评分标准

序号	扣分标准	应得分值
1	构件连接螺栓未紧固或未按顺序进行紧固的，每处扣 2 分	10
2	顶升作业前未检查液压系统工作性能的，扣 10 分	10
3	顶升前未按规定找平衡的，每次扣 5 分	10
4	顶升前未锁定回转机构的，扣 5 分	5
5	未能正确调整外套架导向轮与标准节主弦杆间隙的，每处扣 5 分	15
6	顶升作业未按顺序进行的，每次扣 10 分	20
合计		70

说明：

1. 本考题分 A、B 两个题，即塔式起重机起重臂、平衡臂部件的安装和塔式起重机顶升加节作业，在考核时可任选一题；

2. 本考题也可以考核塔式起重机降节作业和塔式起重机起重臂、平衡臂部件拆卸，考核项目和考核评分标准由各地自行拟定。

3. 考核过程中，现场应设置 2 名以上的考评人员。

8.2 零部件判废

8.2.1 考核器具

1 吊钩、滑轮、钢丝绳和制动器等实物或图示、影像资料(包括达到报废标准和有缺陷的)；

2 其他器具：计时器 1 个。

8.2.2 考核方法

从吊钩、滑轮、钢丝绳、制动器等实物或图示、影像资料中随机抽取 3 件（张），判断其是否达到报废标准并说明原因。

8.2.3 考核时间：10min。

8.2.4 考核评分标准

满分 15 分。在规定时间内能正确判断并说明原因的，每项得 5 分；判断正确但不能准确说明原因的，每项得 3 分。

8.3 紧急情况处置

8.3.1 考核设备和器具

1 设置突然断电、液压系统故障、制动失灵等紧急情况或图示、影像资料；

2 其他器具：计时器 1 个。

8.3.2 考核方法

由考生对突然断电、液压系统故障、制动失灵等紧急情况或图示、影像资料中所示紧急情况进行描述，并口述处置方法。对每个考生设置一种。

8.3.3 考核时间：10min。

8.3.4 考核评分标准

满分15分。在规定时间内对存在的问题描述正确并正确叙述处置方法的，得15分；对存在的问题描述正确，但未能正确叙述处置方法的，得7.5分。

附录三 特种作业人员的权利义务和法律责任

一、特种作业从业人员的权利、义务和法律责任

1. 从业人员的权利

（1）生产经营单位与从业人员订立的劳动合同，应当载明有关保障从业人员劳动安全、防止职业危害的事项，以及依法为从业人员办理工伤社会保险的事项。生产经营单位不得以任何形式与从业人员订立协议，免除或者减轻其对从业人员因生产安全事故伤亡依法应承担的责任。

（2）生产经营单位的从业人员有权了解其作业场所和工作岗位存在的危险因素、防范措施及事故应急措施，有权对本单位的安全生产工作提出建议。

（3）从业人员有权对本单位安全生产工作中存在的问题提出批评、检举、控告；有权拒绝违章指挥和强令冒险作业。生产经营单位不得因从业人员对本单位安全生产工作提出批评、检举、控告或者拒绝违章指挥、强令冒险作业而降低其工资、福利等待遇或者解除与其订立的劳动合同。

（4）从业人员发现直接危及人身安全的紧急情况时，有权停止作业或者在采取可能的应急措施后撤离作业场所。生产经营单位不得因从业人员在前款紧急情况下停止作业或者采取紧急撤离措施而降低其工资、福利等待遇或者解除与其订立的劳动合同。

（5）因生产安全事故受到损害的从业人员，除依法享有工伤

社会保险外，依照有关民事法律尚有获得赔偿权利的，有权向本单位提出赔偿要求。

2. 从业人员的义务和法律责任

（1）从业人员在作业过程中，应当严格遵守本单位的安全生产规章制度和操作规程，服从管理，正确佩戴和使用劳动防护用品。

（2）从业人员应当接受安全生产教育和培训，掌握本职工作所需的安全生产知识，提高安全生产技能，增强事故预防和应急处理能力。

（3）从业人员发现事故隐患或者其他不安全因素，应当立即向现场安全生产管理人员或者本单位负责人报告；接到报告的人员应当及时予以处理。

（4）从业人员不服从管理，违反安全生产规章制度或者操作规程的，由生产经营单位给予批评教育，依照有关规章制度给予处分；造成重大事故、构成犯罪的，依照刑法有关规定追究刑事责任。

二、塔式起重机安装拆卸工的职责与权利

1. 塔式起重机安装拆卸工的职责

塔式起重机（以下简称塔机）安装拆卸工的职责，归纳起来有以下几个方面：

（1）持有效期内的、塔机操作类别的特种作业操作证上岗；无取得起重机械安装资格的人员，不得参与塔机的安装（含顶升加节）、拆卸作业。

（2）严格遵守安全操作规程，自觉地抵制违章作业；严禁酒后作业。

（3）熟悉塔机的性能，认真做好塔机安装、拆卸施工方案，确保安全；安装及拆卸作业前，必须认真研究作业方案，严格按照架设程序分工负责，统一指挥。

（4）发现塔机存在技术故障或安全隐患，要及时向主管人员

反映。故障或隐患不排除，塔机不得运行，包括不得由他人操作运行。

（5）进入现场必须遵守施工安全生产纪律。拆卸作业人员应按空中作业的安全要求，包括必须戴安全帽、系安全带、穿防滑鞋等，不要穿过于宽松的衣物，应穿工作服，以免被卷入运行部件中，发生安全事故。

（6）装拆及顶升加节前，要检查吊索、吊环、吊钩等用具必须符合安全要求。作业时严禁超载。

（7）安装和拆卸过程中，要有专人统一指挥，并熟悉图纸、安装程序及检查要点。

（8）安装完毕进行整机运行调试，合格后方能投入使用。

（9）塔机必须按照现行国家标准及说明书规定，安装上下极限限位器、起重量限制器、起升高度限制器等安全装置。

（10）安装、拆卸场地应清理干净，并用标志杆围起来，禁止非工作人员入内。

（11）雷雨天、雪天或风速超过六级大风的恶劣天气下不能进行安装、拆卸作业。

2. 塔机安装拆卸工的权利

塔机安装拆卸工与其他劳动者一样，均享有《中华人民共和国劳动法》所规定的所有权利，包括享有平等就业和选择职业的权利、取得劳动报酬的权利、休息休假的权利、获得劳动安全卫生保护的权利、接受职业技能培训的权利、享受社会保险和福利的权利、提请劳动争议处理的权利以及法律规定的其他劳动权利。

对于塔机安装拆卸工，由于其属于特种作业，为了确保其人身安全，根据《中华人民共和国安全生产法》和《中华人民共和国建筑法》的相关规定，依法享有相关的权利和承担相关的义务和法律责任。

参考文献

[1] 国家标准 . GB 5144—2006 塔式起重机安全规程 [S]. 北京：标准出版社，2007：8-10.

[2] 国家标准 . GB 5082—1985 起重吊运指挥信号 [S]. 北京：标准出版社，1985

[3] 国家标准 . GB/T 5972—2016 起重机 钢丝绳 保养、维护、检验和报废 [S]. 北京：中国标准出版社，2010：

[4] 国家标准 . GB/T 5031—2008 塔式起重机 [S]. 北京：标准出版社，2008：2，3，21-23.

[5] 国家标准 . GB/T 13752—2017 塔式起重机设计规范 [S]. 北京：标准出版社，1993：7-10.

[6] 国家标准 . GB/T 33080—2016 塔式起重机安全评估规程 [S]. 北京：标准出版社，2017：3-6.

[7] 行业标准 . JGJ 196—2010 建筑施工塔式起重机安装、使用、拆卸安全技术规程 [S]. 北京：中国建筑工业出版社，2010：21，38.

[8] 行业标准 . JGJ 33—2012 建筑机械使用安全技术规程 [S]. 北京：中国建筑工业出版社，2012：22.

[9] 行业标准 . JGJ/T 187—2009 塔式起重机混凝土基础工程技术规程 [S]. 北京：中国建筑工业出版社，2009：8-31.

[10] 行业标准 . JG/T 5037—1993 塔式起重机分类 [S]. 北京：中国建筑工业出版社，1994：1.

[11] 张希望，等 . 北京建工集团有限责任公司塔机安拆方案编制标准 [Z]. 北京：北京建工集团有限责任公司，2016.

[12] 张希望，等 . 北京市房屋建筑工程应急抢险大队历史记录 [Z]. 北京：北京市机械施工有限公司，2018.

[13] 四川建设机械（集团）股份有限公司 . C7050 塔式起重机使用说明书 [Z]. 四川：四川建设机械（集团）股份有限公司，2012.

[14] 四川建设机械（集团）股份有限公司 . C7030 塔式起重机使用说明书 [Z]. 四川：四川建设机械（集团）股份有限公司，2016.
[15] 四川建设机械（集团）股份有限公司 . F0/23B 塔式起重机使用说明书 [Z]. 四川：四川建设机械（集团）股份有限公司，2005.
[16] 四川建设机械（集团）股份有限公司 . 川建塔式起重机培训课件 [Z]. 四川：四川建设机械（集团）股份有限公司，2015.
[17] 沈阳建筑机械有限公司 . K50/50 塔式起重机使用说明书 [Z]. 四川：沈阳建筑机械有限公司，2003.
[18] 北京永茂建工机械制造有限公司 . ST 7030 塔式起重机使用说明书 [Z]. 北京：北京永茂建工机械制造有限公司，2015.
[19] 北京永茂建工机械制造有限公司 . STT 293 塔式起重机使用说明书 [Z]. 北京：北京永茂建工机械制造有限公司，2016.
[20] 北京永茂建工机械制造有限公司 . ST 6015 塔式起重机使用说明书 [Z]. 北京：北京永茂建工机械制造有限公司，2016.
[21] 北京永茂建工机械制造有限公司 . STL 720 塔式起重机使用说明书 [Z]. 北京：北京永茂建工机械制造有限公司，2016.
[22] 北京永茂建工机械制造有限公司 . STT 403 塔式起重机使用说明书 [Z]. 北京：北京永茂建工机械制造有限公司，2016.
[23] 中昇建机（南京）重工有限公司 . ZSL 1150 塔式起重机使用说明书 [Z]. 南京：中昇建机（南京）重工有限公司，2017.
[24] 中昇建机（南京）重工有限公司 . ZSL 750 塔式起重机使用说明书 [Z]. 南京：中昇建机（南京）重工有限公司，2017.
[25] 长沙中联重工科技发展股份有限公司 . D1100 塔式起重机使用说明书 [Z]. 长沙：长沙中联重工科技发展股份有限公司，2013.
[26] 张家港波坦建筑机械公司 . MC300K12 塔式起重机使用说明书 [Z]. 张家港：张家港波坦建筑机械公司，1998.
[27] 澳洲法福克起重机公司 . M600D 塔式起重机使用说明书 [Z]. 澳大利亚：澳洲法福克起重机公司，1997.
[28] 上海市机械施工集团有限公司 . 上海中心项目塔机滑移方案 [Z]. 上海：上海市机械施工集团有限公司，2012.